U0379589

苏州文化丛书

姑苏食话

王稼句 著

苏州大学出版社

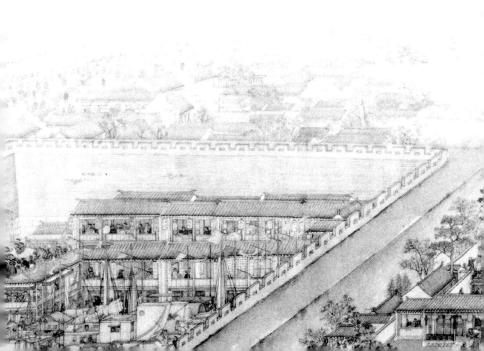

图书在版编目(CIP)数据

姑苏食话/王稼句著. —苏州：苏州大学出版社，
2004.4(2022.7重印)
（苏州文化丛书/高福民,高敏主编）
ISBN 978-7-81090-209-0

Ⅰ.苏…　Ⅱ.王…　Ⅲ.饮食－文化－苏州市
Ⅳ.TS971

中国版本图书馆 CIP 数据核字(2003)第 121138 号

姑 苏 食 话		王稼句　著
责任编辑　郑亚楠		责任校对　刘　海

出版发行	苏州大学出版社 （苏州市十梓街 1 号　215006）
经　　销	江苏省新华书店
印　　刷	丹阳兴华印务有限公司 （丹阳市胡桥镇　212313）
开　　本	850mm×1 168mm　1/32
字　　数	241 千字
印　　张	12.25
版　　次	2004 年 4 月第 1 版　2022 年 7 月第 6 次印刷
印　　数	13 501 - 14 500 册
标准书号	ISBN 978-7-81090-209-0
定　　价	28.00 元

《苏州文化丛书》总序

梁 保 华

苏州的历史源远流长，建城二千五百多年以来，文化积淀十分深厚。在这块得天独厚而又美丽富饶的土地上，世世代代的苏州人在创造物质文明的同时，也创造了灿烂的吴地文化，并以其独树一帜的风格而在华夏文化史上占有着重要的位置。

苏州地灵水秀，人文荟萃。先辈们在这里留下了丰厚的文化遗产。其丰厚性体现在古城名镇、园林胜迹、街坊民居以至丝绸、刺绣、工艺珍品等丰富多彩的物化形态，体现在昆曲、苏剧、评弹、吴门画派等门类齐全的艺术形态，还体现在文化心理的成熟、文化氛围的浓重，等等。千百年来苏州人才辈出，如满天繁星，闪烁生辉。文化底蕴的厚重深邃和文化内涵的丰富博大，是苏州成为中华文苑艺林渊薮之区的重要原因。

面对这么丰厚的文化遗产，我们有理由

为此感到光荣与自豪,但不应当因之而自我陶醉。文化之生命力在于繁衍不绝、生生不息的传承和开拓,文化长河之内在生机在于奔腾不息、永不终止的流淌与前进。苏州的文化经久不衰,源于世世代代不息的继承和传播,在继承优秀传统的同时,又正是由于一代一代人的辛勤探索与不断创新,使苏州的文化日益根深叶茂,绚丽多彩。

我们处在一个伟大的时代,苏州人民正沿着建设有中国特色的社会主义道路阔步前进。我们的目标是,努力把苏州建设成为一个经济发达、科教先进、文化繁荣、生活富裕、社会文明的地区,成为二十一世纪新的"人间天堂"。社会主义现代化应该有繁荣的经济,也应该有繁荣的文化。文化的繁荣,渊源于悠久的历史,植根于今天的实践。全面、系统而深入地研究苏州文化资源开发与现代化建设之间的关系,这是我们社会主义文化建设的题中应有之义。历史赋予我们这一代人的一项任务,就是要认真总结、研究与继承优秀传统文化,充分挖掘苏州文化的丰富宝藏,博采八方精华,古为今用,推陈出新,更好地为社会主义现代化建设服务。

苏州市文化局和苏州大学出版社编辑出版一套《苏州文化丛书》,是苏州文化建设中一件很有意义的事情。有感于斯,写了以上的话,聊以为序。

1999 年夏

《苏州文化丛书》总序

陆 文 夫

苏州是个得天独厚的地方。得天独厚不完全是土地肥沃，气候温和，还在于它的文化积淀的深厚；地理的优势是得于天，文化的优势是得于人，天人合一形成了苏州这一座历史文化名城。

每一个地方都有它的历史与文化。历史是人类生活的轨迹，文化是人类精神的产品，产品有多有少，有高有低，从一个地区的总体上来看，人们拥有精神产品的多少与高低与人的素质是密不可分的。

我不敢说苏州是全国文化最发达的地区，也不敢说苏州的伟人和名家就比其他的地区多，但是有一点要感谢我们的祖先和时代的先驱，是他们全方位地发展了苏州的文化，使得苏州文化的综合实力在全国占有优势。一个国家的强大与否，要看它的综合国力，一个地区的文化是否昌盛，也要看它的综合实力。苏州文化的优势是在于它的综合实力强大,文化门类比较齐全,从古到今一脉相承,只有发展,没有中断,使得每一个文化的门类都有一定的成就。

苏州园林已经列入了世界文化遗产,这仅仅是苏州文化的一个侧面,即使从这一个侧面来看,就能看出造园艺术的登峰造极需要多少文化精品的汇合,诸如建筑、绘画、雕刻、堆山叠石、花木盆景、诗词楹联、家具陈设……每一项都是苏州文化的一个门类,都能写几部书。

苏州市文化局与苏州大学出版社推出一套《苏州文化丛书》,囊括了苏州的戏剧、绘画、园林、街坊、名人、名胜、民俗、考古、工艺……向世人展示苏州文化的综合实力,用以提高苏州人的文化素养,提高人的素质,用以吸引与沟通五湖四海的朋友。文化的沟通是一种心灵的沟通,具有一种强大的凝聚力,谁都知道,一个民族的凝聚力主要来自于其民族文化,一个地区的吸引力和凝聚力恐怕也是如此。

1999 年 7 月 21 日

目　　录

— 3 —

引　言

　　苏州形胜,得天独厚,地处长江三角洲平原,濒临碧波浩渺的三万六千顷太湖,境内土地肥沃,湖泊星罗,水港交错,气候温湿,雨水沛然,日照充足,故稻粮种植可得一年三熟的条件。在自然灾难史上,很少看到关于苏州的记载,即使偶然有之,也很快就能恢复。自古以来,苏州就富庶繁华,被誉为人间天堂。范成大《吴郡志》卷二写道:"江南之俗,火耕水耨,食鱼与稻,以渔猎为业。虽无蓄积之资,然而亦无饥馁。"王士性《广志绎》卷一也写道:"毕竟吴中百货所聚,其工商贾人之利又居农之什七,故虽赋重,不见民贫。"虽然苏州赋税之重为天下之最,但城乡百姓大都能得以温饱度日,这里有经济政策和风俗转移的因素。雍正帝胤禛于二年(1724)六月御批鄂尔泰奏折曰:"如苏州等处酒船戏子匠工之类,亦能赡养多人,此辈有游手好闲者,亦有无产无业就此觅食者,倘禁之骤急,恐不能别寻生理,归农者无地可种,且亦不能任

— 1 —

劳,若不能养生,必反为非,不可究竟矣。"钱泳说得更具体,《履园丛话》卷一写道:"昔苏子瞻治杭,以工代赈,今则以风俗之所甚便,而阻之不得行,其害有不可言者。由此推之,苏郡五方杂处,如寺院、戏馆、游船、青楼、蟋蟀、鹌鹑等局,皆穷人之大养济院。一旦令其改业,则必至流为游棍,为乞丐,为盗贼,害无底止,不如听之。潘榕皋农部《游虎丘冶芳浜诗》云:'人言荡子销金窟,我道贫民觅食乡。'真仁者之言也。"即更多地提供就业机会,以此来维持苏州的社会稳定和经济繁荣。

由于具有优越的自然环境、相对安定的社会生活以及聪颖灵慧的思维方式,苏州人以极大的热情,表现出对生活情趣的追求,将日常的衣食住行不断升华到新的高度。《吴郡志》卷二写道:"吴中自昔号繁盛,四郊无旷土,随高下悉为田。人无贵贱,往往皆有常产。以故俗多奢少俭,竞节物,好遨游。"袁景澜《苏州时序赋序》也写道:"江南佳丽,吴郡繁华。土沃田腴,山温水软。微歌选胜,名流多风月之篇;美景良辰,民俗侈岁时之胜。"苏州人几乎对每一个生活层面都十分讲究,体现了生活的丰富性和多样性。这样一种讲究,创造了许多物化了的精神产品,其中就包括了饮食。

苏州饮食,实在是一个丰厚博大的文化形态,细细道来,当是长篇巨制,作为一本普及性读物,本书只是浅近地作点介绍和描述,有时还稍稍延伸开去,让读者从饮食的角度,能够更多地知道一点苏州文化史上的往事。

天 堂 物 产

　　苏州物产丰饶,朱长文《吴郡图经续记》卷上记道:"吴中地沃而物夥,其原隰之所育,湖海之所出,不可得而殚名也。其稼,则刘麦种禾,一岁再熟。稻有早晚,其名品甚繁,农民随其力之所及,择其土之所宜,以次种焉。惟号'箭子'者为最,岁供京师。其果,则黄柑香硕,郡以充贡。橘分丹绿,梨重丝蒂,函列罗生,何珍不有?其草,则药品之所录,《离骚》之所咏,布护于皋泽之间。海苔可食,山蕨可掇,幽兰国香,近出山谷,人多玩焉。其竹,则大如筼筜,小如箭桂,含露而班,冒霜而紫,修篁丛笋,森萃萧瑟,高可拂云,清能来风。其木,则栝柏松梓,棕栟杉桂,冬岩常青,乔林相望,椒栻柜实,蕃衍足用。其花,则木兰辛夷,著名惟旧;牡丹多品,游人是观,繁丽贵重,盛亚京洛。朱华凌雪,白莲敷沼,文通、乐天,昔尝称咏。重台之菡萏,伤荷之珍藕,见于传记。其羽族,则水有宾鸿,陆有巢翠,鹔鸡鹄鹭、鸂鹈鸥鹥之类,巨细参差,无不咸备。华亭仙禽,其相如经,或鸣皋原,或扰樊笼。其鳞介,则鲦鲿鳡鲤、鮔鳝鲩鲨、乘鲨鼋鼍、蟹鳌螺蛤之类,怪诡舛错,随时而有。秋风起则鲈鱼肥,练木华而石首至,岂胜言哉!海濒之民,以网罟蒲蠃之利而自业者,比于农圃焉。又若太湖之怪石,包山之珍茗,千里之紫莼,织席最良,给用四方,皆其所产也。"

历史上,苏州许多土产都向朝廷进贡。朝贡制度的滥觞,可追溯至远古,华夏族的夏、商、周在与周围的"蛮夷戎狄"打交道时,就要求他们朝贡。东方的夷人很早就向夏朝贡;西北方的戎狄曾攻周,武王伐纣,放逐戎夷于泾水、洛水以北,要他们按时入贡,称为"荒服";南方的蛮在唐、虞时代称为"要服",也就是夷蛮"要结好信而服从"华夏族之意。据说,夏的租税制度就是赋贡,"赋,上之所求于下;贡,下之所纳于上",从国土四方"聚敛城阙"。这种各地臣属或藩属向君主进献的土贡,乃是赋税的原始形式,自秦汉至明代并未废除,清代虽陆续取消各地进贡,但臣属仍报效如故。

苏州土贡,除丝缎绫罗诸物外,还有稻米、果品、水产等,都可得口福之乐。唐代贡品,据《吴郡志》卷一引《唐书》,有"大小香粳、柑、橘、藕、鲻皮、鲅腊、鸭胞、肚鱼、鱼子、五石脂、蛇粟";又引《大唐国要图》,有"柑子、橘子、菱角"。宋代贡品,据《吴郡志》卷一引《九域图》,有"柑、橘、咸酸果子、海味、鳖鱼肚、糟姜"。又据《大明一统志》卷八记苏州土产,有柑橘、杨梅、河豚鱼、韩墩梨、樱桃李、四腮鱼、针口鱼、脍残鱼、莼莼等。

既为土贡,它具有品种的珍贵性、产地的单一性、享受的至尊性、价值的多重性。苏州为物华天宝所在,物产的丰饶,无与伦比,土贡之外,实在还有很多,这里略举几样。

塘　藕

说藕得先说莲,莲也称为荷、芙蕖、芙蓉、菡萏等,为多年生水生草本。它的根茎最初细瘦如指,称为蔤,也就是莲鞭,蔤上有节,节再生蔤,至夏秋生长末期,莲鞭先端数节入土后膨大成藕。故王祯《农书》称"莲,荷实也;藕,荷根也"。藕的外形如美人之臂,白而丰腴,内则多窍,玲珑剔透。前人有道是"公子调冰,佳人雪藕",还有"一弯西施臂,七窍比干心"的巧对,实在是很能说出它的特别地方来。

藕有田藕和塘藕之分,苏州所产大都是塘藕。以一节者为佳,双节者次之,三节者更次之。三角形者,窍小肉厚;圆筒形者,窍大肉薄。如今画家写藕,多以双节、

塘　藕

三节者,画在纸上固然好看,滋味实在是很有差别的。

苏州的藕,在唐代就是贡品。李肇《唐国史补》卷下记道:"苏州进藕,其最上者名曰伤荷藕。或云叶甘为虫所伤,又云欲长其根,则故伤其叶。近多重台荷花,花上复上一花,藕乃实中,亦异也。有生花异,而其藕不变者。"据说,伤叶藕就产

于石湖行春桥北的荷花荡,凡花为白色的,藕味佳妙,而中为九窍的,食之无滓。伤荷藕作为苏州历史上的名品,享有很好的声誉,被人念念不忘。

晚近以来,葑门外黄天荡、杨枝塘的藕名满江南,以产于黄天荡金字圩的为最佳,作浅碧色,俗呼青莲子藕,爽若哀梨,味极清冽。此外,梅湾北莲荡的藕也很有名,它的甘嫩不减宝应、高邮所出。车坊的藕松脆无比,但由于皮色粗恶,有失观瞻,也就不十分讨人喜欢了。吴江唐家坊的藕,早在明代就名闻遐迩,宁祖武《吴江竹枝词》咏道:"唐家坊藕太湖瓜,消暑冰肌透碧纱。水上纳凉何处好,垂虹亭子看荷花。"

苏州人吃藕,方法很多,最简单的就是将鲜藕片片切了,盛在小碟里,用牙签挑着,放入口中,慢慢咀嚼,能得藕的真味,尤其宜于酒后进食。如在豆棚瓜架之下,晚风清凉,矮几竹椅,闲人数位,小菜数款,酒后奉上一碟藕片,情味尤胜。藕片除可生吃之外,人们还将鲜藕刨成丝丝,用葛布沥汁,也就是淀粉,和入糖霜,然后以沸水冲之,清芬可口,胜于市上出售的西湖藕粉多多;或可将藕片调以面粉,入油锅煎之,做成藕饼;或用藕丝与青椒炒成一盆,青白分明,实在十分可口。苏州人家还将糯米实入藕孔,蒸之为熟藕,称为焐熟藕;或更和之以糜,煮为藕粥,都属于家厨清品。

叶圣陶有一篇《藕与莼菜》,回忆故乡风物,其中写道:"同朋友喝酒,嚼着薄片的雪藕,忽然怀念起故乡来了。若在故乡,每到新秋的早晨,门前经过许多人:男的紫赤的胳膊和小腿肌肉突起,躯干高大而挺直,使人起健康的感觉;女的往往裹着白地青花的头巾。虽然赤脚,却穿短短的夏布裙,躯干固然不及男的那样高,但是别有一种健康的美的风致;他们各挑着一副担子,盛着鲜嫩的玉色的长节的藕。在产藕的池塘里,在城外曲曲弯弯的小河边,他们把这些藕一再洗濯,所以这样洁白。仿佛他们以为这是供人品味的珍品,这是清晨的画境里的重要题材,倘若涂满污泥,就是人家欣赏的浑凝之感打破了;这是一件罪过的事,他们不愿意担在身上,故而先把它们洗濯得这样洁白,才挑进城里来。他们要稍稍休息的时候,就把竹扁担横在地上,自己坐在上面,随便拣择担里过嫩的'藕枪'或是较老的'藕朴',大口地嚼着解渴。过路的人就站住了,红衣衫的小姑娘拣一节,白头发的老公公买两支。清淡的甘美的滋味于是普遍于家家户户了。这样情形差不多是平常的日课,直到叶落秋深的时候。"

周作人的感受似乎与叶圣陶不同,他在《藕的吃法》里写道:"当作水果吃时,即使是很嫩的花红藕,我也不大佩服,还是熟吃觉得好。其一是藕粥与蒸藕,用糯米煮粥,加入藕去,同时也制成了蒸藕了,因为藕有天然的空窍,中间也装好了糯米去,切成片时很是好看。其二是藕脯,实在只是糖煮藕罢了,把藕切为大小适宜的块,同红枣、白果煮熟,加入红糖,这藕与汤都很好吃,乡下过年祭祖时,必有此

焙熟藕

一品，为小儿辈所欢迎，还在鲞冻肉之上。其三是藕粉，全国通行，无须赘说。三者之中，藕脯纯是家常吃食，做法简单，也最实惠耐吃。藕粥在市面上只一个时候有卖，风味很好，却又是很普通的东西，从前只要几文钱就可吃一大碗，与荤粥、豆腐浆相差不远。藕粉我却不喜欢，吃时费事自是一个原因，此外则嫌它薄的不过瘾，厚了又不好吃，可以说是近于鸡肋吧。"

周作人还有一篇《藕与莲花》，也谈到藕的吃法："其实藕的用处由我说来十九是在当水果吃，其一，乡下的切片生吃；其二，北京的配小菱角冰镇；其三，薄片糖醋拌；其四，煮藕粥藕脯，已近于点心，但总是甜的，也觉得相宜，似乎是他的本色。虽然有些地方做藕饼，仿佛是素的溜丸子之属，当作菜吃，未尝不别有风味，却是没有多少别的吃法，以菜论总是很有缺点的。擦汁取粉，西湖藕粉是颇有名的，这差不多有不文律规定只宜甜吃。想来藕的本性与荸荠很有点相近，可以与甘蔗老头同煮，可以做糕，可以取粉，可以切片加入荤菜，如炒四宝内是一根台柱子，但压根儿还是水果，你没法子把他改变过来。"

藕固然以新鲜为佳，但由于时令关系，不能时时得之，旧时保藏的办法有两种，一是将它埋在阴湿的泥地里；二是将它用烂泥包裹。后一种办法，保藏时间比较经久，也方便捎带寄远，即使不在苏州，也能品尝到苏州的藕，当然不会有那种鲜嫩的味觉了。如果将藕节悬于屋檐下，越一寒暑，风干了，取下煎汤，凡是患胸膈闷塞的，服饮后能得舒解，也算是药用的功效。

菱 芰

陂塘鲜品，秋来首数及菱。菱端出叶，略成三角形，浮于水面。夏末初秋开白色小花，或淡红色小花。花没入水中，长成果实，即为菱。菱分为两角菱、三角菱、四角菱、乌菱等，故称之为菱角。段成式曾说及菱芰的区别，《酉阳杂俎》前集卷十九写道："芰，今人但言菱芰，诸解草木书亦不分别，惟王安贫《武陵记》言：四角三角曰芰，两角曰菱。今苏州折腰菱多两角。"唐人对菱芰已不甚分别，何况今人。但民间对菱还是有一些特别的称呼，凡角为两而小者，称为沙角菱；角圆者称为圆角菱，也称和尚菱；四角而野生者，称为刺菱。文震亨《长物志》卷十一称菱"有青红二种，红者最早，名水红菱，稍迟而大者，曰雁来红；青者曰鹦哥青，青而大者，曰馄饨菱，味最胜，最小者曰野菱。又有白沙角，皆秋来美味，堪与扁豆并荐"。此外，因为荸荠既称为地栗，菱也就称为水栗，而程棨《三柳轩杂识》称菱为"水客"，实在也是个雅致的名字。水红菱最为艳丽，旧时妇女竟尚缠足，似乎越小越俏，窄窄于裙下者，时人辄以水红菱相况。如张岱《陶庵梦忆》卷八记南京朱市妓女王月生，便是"楚楚文弱，纤趾一牙，如出水红菱"。

采　菱(摄于 1948 年前)

初秋时采菱,实在是欢乐的劳动场景,水上绿盈盈的一片,妇女们各用小舫,或红漆的菱桶,箕坐其上,擎牵菱索,纤手乱摘,拥腰满膀,女伴相逢,歌声袅袅不绝。青年男女也往往在采菱之时互诉衷肠,调风弄月,鲍皋《姑苏竹枝词》便咏道:"阿侬自泛采菱船,岩上郎持打橘竿。郎欲剥菱防刺手,侬将剖橘怕心酸。"

苏州河荡遍布,故处处有菱。段成式说的"苏州折腰菱",为唐时名产,产于太湖之滨。《吴郡志》卷三十记道:"今苏州折腰菱多两角。折腰菱,唐甚贵之。今名腰菱,有野菱、家菱二种。近世复出馄饨菱,最甘香。腰菱废矣。"然而至明代,折腰菱依然有名,卢熊《苏州府志》记道:"折腰菱,干之曰风菱,又有软尖花蒂一种,出长洲顾邑墓,实大而味胜,名顾窑荡菱。"王世懋《瓜蔬疏》记道:"菱即芰也,而多种,有红有绿,有深水有浅水,有角有腰,而产于郡城者曰哥窑荡,产于昆山者曰娄县,皆佳甚,须其种种之。"顾禄《桐桥倚棹录》卷十二则记了虎丘的菱:"菱荡在虎丘后山浜与西郭桥一带。菱有青、红两种,青色而大者名馄饨菱,小者名小白菱,然馄饨菱本荡不多得,小白菱为多。又小者名沙角菱。七八月间,菱船往来山塘河中叫卖,其整艇采买者散于各处水果行,鬻于贩客。今虎丘地名尚有称'菱行码头'者。"故沈朝初《忆江南》咏道:"苏州好,湖面半菱窠。绿蒂戈窑长荡美,中秋沙角虎丘多。滋味赛蘋婆。"吴江盛泽徐家荡的菱,性糯角圆,沈云《盛湖竹枝词》咏道:"秋来乡味半

红菱

湖菱,肉软香清得未曾。剥与郎尝不伤手,徐家荡产最堪称。"
李日华《紫桃轩杂缀》卷三还记有吴江的小青菱:"两角而弯者
为菱,四角而芒者为芰。吾地小青菱,被水而生,味甘美,熟之
可代飧饭。其花鲜白幽香,与蘋蓼同时,正所谓芰也。春秋时
吾地入楚,屈原所嗜,其即此耶。此物东不至魏塘,西不逾陡
门,南不及半路,北不过平望,周遮止百里内耳。"故张尚瑗《莺
湖竹枝词》咏道:"西湖莲叶苏台柳,曾否平川芰占多。若据日
华题品后,竹枝歌合改菱歌。"

　　初秋时节,暑气未消,将菱盛盘,临窗剥啖,清隽之味,无
与伦比。唐东屿有《菱》一首咏道:"交游萍藻侣菰蒲,怀玉藏
珍类隐儒。叶底只因头角露,此生不得老江湖。"寓意寄托,也
是很深远的。

　　苏州人对水特别有感情,因而对藕和菱这两样水生食物
也十分青睐,不但作为夏秋间饷客的珍品,还常常作为馈赠的
土宜,走亲访友,手里拎的白藕红菱,用碧绿的荷叶包裹了,真
十分好看。

芡　实

　　芡实产于江南水乡,三月生叶,叶大似荷,浮于水面,面青
背紫,茎叶皆有芒刺,夏日茎端开紫花,结实如栗球而尖,所裹
之实累累如珠玑,仿佛石榴,然而其中圆仁则白如鱼目。古人
称芡实为鸡壅、卵菱、鸡头、雁喙、雁头、鸿头、水流黄等,京剧
《沙家浜》里称为鸡头米,是苏州一带的叫法。

　　苏轼《仇池笔记》卷上引舒州医人李惟熙语,记道:"菱芡

皆水物,菱寒而芡暖者,菱花开背日,芡花开向日,故也。"因为芡实性暖,可以入药,有益精气、利耳目、止烦渴、除虚热等功效。人们爱吃芡实,不但因为它具有营养滋补价值,还因为它佳妙可口,比起其他水生食物,别有一种风味。

芡实上市,正值初秋,时暑气未褪,买得新鲜的,用清水加冰糖做成芡实汤,清隽无匹,芡实汤与绿豆汤、冰西瓜、青莲藕一样,都是消暑的妙品;还可以将芡实研成粉末,与双弓米煮粥,也是难得的清味。文震亨《长物志》卷十一记道:"芡花昼合宵展,至秋作房如鸡头,实藏其中,故俗名鸡豆。有粳糯二种。有大如小龙眼者,味最佳,食之益人。若剥肉和糖捣为糕糜,真味尽失。"文震亨说的芡实糕,也曾有店家做过。

苏州洼田水塘处处皆是,故芡实也处处皆有,以吴江所出为最佳。《古今图书集成·博物汇编·草木典》记道:"物产鸡头,实大而甘,植荡田中。北过苏州,南逾嘉兴,皆给于此。浙之西湖有之,不及此也。"吴江芡实,壳薄色绿,滋味腴美,如今以同里为最多,街头巷口,处处有售。黄天荡、车坊一带产的芡实也很有名。沈朝初《江南好》咏道:"苏州好,葑水种鸡头。莹润每疑珠十斛,柔香偏爱乳盈瓯。细剥小庭幽。"其实,车坊芡实色黄,且有粳糯之分。芡实以新鲜为佳,南货店卖的

芡 实

干芡实，滋味是远不及新鲜的。更有冒牌芡实，民国三十六年(1947)出版的《苏州游览指南》就这样提醒来苏游人："若东山南湖之不种自生者，其名鸡头者，与芡实不同，外行人购买，恐一时莫辨，游客最宜注意。"

范烟桥在《茶烟歇》里写道："苏之黄天荡在城南，故称南荡，夏末秋初产鸡头肉颇有名，叫货者即以'南荡鸡头'成一词。顾鸡头有厚壳，须剥去之，乃有软温之粒，银瓯浮玉，碧浪沉珠，微度清香，雅有甜味，固天堂间绝妙食品也，海上罗致四方饮食殆遍，惟此物独付缺如，或以隔宿即变味，而主中馈者惮烦耳。"

芡实果然好吃，剥芡实却是一件苦事，因为它的壳十分坚硬，得用剪刀剪开，才能剥肉。如今集市上，每到这一季节，便有人手戴铜指甲，现剥现卖新鲜芡实。旧时江南水乡的蓬门贫女，乃至中等人家的妇女，都将"剪鸡头"作为一项副业，以贴补家用。民国时有人写了这样一首诗，说的就是"剪鸡头"的辛苦："蓬门低檐瓮作牖，姑妇姊妹闪第就。负喧依墙剪鸡头，光滑圆润似珍珠。珠落盘中溜溜，谑嬉娇嗔笑语稠。更有白发瞽目妪，全凭摸索利剪剖。黄口小女也学剪，居然粒粒是全珠。全珠不易剪，克期交货心更忧。严寒深宵呵冻剪，灯昏手颤碎片多。岂敢谩夸十指巧，巧手难免有疏漏。十斤剪了有几文，更将碎片

芡　实

按成扣。苦恨年年压铁剪，玉碎珠残泪暗流。"节俭人家，还将芰壳晒干，作为冬季的燃料，放在手炉、脚炉、掇炉里可以代替炭墼。

荸荠

荸荠，也写做荸脐，因为它的形状逼真人的肚脐，古人还称它为芍、凫茈、凫茨、地栗、黑三棱等。王世懋《瓜蔬疏》记道："荸脐，《方言》曰地栗，亦种浅水。吴中最盛，远货至京，为珍品，红嫩而甘者为上。"实际上，荸荠老熟后，呈深栗色或枣红色，苏州产的近乎黑色，相当甘美，它的色泽，沉着而宁静，髹漆木器即有所谓荸荠漆。

荸荠产于浅水田中，初春留种，等其芽生，埋泥缸里，二三月后，复移入田。茎高三尺许，中空似管，无枝无叶，嫩碧可爱，花穗聚于茎端，泥里的茎块也就是荸荠，秋后结实。荸荠之茎可供观赏，庭院的荷花缸中，植以荸荠数枚，则碧玉苗条，与莲叶莲花相掩映，别具雅观。

苏州荸荠，出葑门外。吴宽《题荸荠图册》诗曰："累累满筐盛，上带葑门土。咀嚼味还佳，地栗何足数。"据顾震涛《吴门表隐》卷七记载："荸荠出葑门外湾村，色黑；出华林，色红，味皆甘嫩。"葑门城外湾村、尹山、车坊、郭巷一带都产荸荠，以车坊最为有名，叫卖者必称车坊荸荠，销行京杭沪宁等地。据许云樵《姑胥》所记，车坊荸荠也称虎口荸荠，虎口是手的拇指和食指之间，比喻其大，说是清末时运至北京，每只要卖三钱银子,这大概是夸饰其辞了。然而北京民间确实有"天津鸭儿梨不敌苏州大荸荠"的说法,黑大而又带泥的车坊荸荠,出现在北京市肆,因其滋味清冽甘甜,能解渴而泻肠热,人们争相购买,大概也是事实。

荸荠介于果蔬之间,味清而隽。周作人有篇《关于荸荠》,其中写道:"荸荠自然最好是生吃,嫩的皮色黑中带红,漆器中有一种名叫荸荠红的颜色,正比得恰好。这种荸荠吃起来顶好,说它怎么甜并不见得,但自有特殊的质朴新鲜的味道,与浓厚的珍果正是别一路的。乡下有时也煮了吃,与竹叶和甘蔗的节同煮,给小孩吃了说可以清火,那汤甜美好吃。荸荠熟了只是容易剥皮,吃起来实在没有什么滋味了。用荸荠做菜做点心,凡是煮过了的,大抵都没有什么好吃,虽然切了片像藕片似的用糖醋渍了吃,还是没啥。"

荸荠

荸荠固然是生吃能得真味,但最烦人的是削皮,于是市上小贩就有将荸荠削皮后串以待买的,称为"扦光荸荠",白嫩如脂,爽隽无比,只是往往浸在冷水里,有碍卫生。荸荠不易腐烂,可放置筐中,悬挂檐间,苏州人称为"风干荸荠",风干后的荸荠皮皱易剥,更有一种甘美的滋味。据说,鲁迅最喜欢吃风干荸荠。

历史上,荸荠救荒,活人无数。《东观汉记》记王莽末年,南方枯旱,饥民群入野泽,掘而食之;《合肥县志》和《巢县志》

都记嘉靖二十三年(1544)大旱,因地产荸荠,灾民得以存活。王鸿渐《题野荸荠图》诗曰:"野荸荠,生稻畦,苦薅不尽心力疲,造物有意防民饥。年来水患绝五谷,尔独结实何累累。"可见水患时,荸荠也是灾民的度荒之食。

白　果

苏州山间平畴,颇多银杏树,高高耸矗,蔽阴数亩。银杏树的木质肌理细密,可作建筑栋梁或工艺雕镂之用。北宋前并无银杏之名,称之为鸭脚,它的果实就被称为鸭脚子。李时珍《本草纲目》卷三十写道:"原生江南,叶似鸭掌,因名鸭脚。宋初始入贡,改呼银杏,因其形似小杏而色白也,今名白果。梅尧臣诗'鸭脚类绿李,其名因叶高',欧阳修诗'绛囊初入贡,银杏贵中州'是矣。"将银杏实称为白果,也有五百多年历史了。苏州人则将实圆者称"圆珠",实长者称"佛手",都是肖其形状的称呼。

独立的银杏树不能结实,即所谓雌雄异株,古人于此早有说法,郭橐驼《种树书》写道:"银杏树有雌雄,雄者有三棱,雌者有二棱,合二者种之,或在池边能结子,而茂盖临池照影亦生也。"彭乘《墨客挥犀》写道:"银杏叶如鸭脚,独窠者不实,偶生或丛生者乃实。"银杏结实,一枝上约有百馀颗,初青后黄,八九月熟后,击下储存,待其皮腐烂后,取其核洗净曝干,以"圆珠"为佳,"佛手"则略带苦味。梅尧臣《鸭脚子》诗曰:"高林似吴鸭,满树蹼铺铺。结子蔡黄李,炮仁莹翠珠。神农本草阙,夏禹贡书无。遂压葡萄贵,秋来遍上都。"杨万里《银杏》诗曰:"深灰浅火略相遇,小苦味甘韵最高。未必鸡头如鸭脚,不妨银杏作金桃。"王鏊退居东山,遣人将山中白果馈贻吴宽,吴宽有《谢济之送银杏》,诗曰:"错落朱提数百枚,洞庭秋色满盘堆。霜馀乱摘连柑子,雪里同煨有芋魁。不用盛囊书复写,料非钻核意无猜。却愁佳惠终难继,乞与山中几树栽。"

白 果

白果的吃法很多,惟不能生吃,忽思慧《饮膳正要》称"炒食煮食皆可,生食发病"。炒熟来吃,尤其甘芳可口,有特殊滋味。旧时,长街深巷有卖烫手热白果的担子,这常常是在暮色苍茫之时,卖白果者的歌讴叫卖,清宵静尘,往往闻之,也是苏州昔年烟景。周作人《吃白果》这样写道:"它的吃法我只知道有两种。其一是炒,街上有人挑担支锅,叫道'现炒白果儿',小儿买吃,一文钱几颗,现买现炒。其二是煮,大抵只在过年的时候,照例煮藕脯,用藕切块,加红糖煮,附添白果红枣,是小时候所最期待的一种过年食品。此外似乎没有什么用处了,古医书云,白果食满千颗杀人,其实这种警告是多馀的,因为谁也吃不到一百颗,无论是炒了或煮了来吃。"

白果不但能入肴,还可入药。熟食能温肺益气、定喘嗽、缩小便、止白浊,生食能降痰,还有消毒、杀虫的功效,捣烂后外敷,可治多种皮肤病。

枇　杷

　　枇杷，吴船入贡，汉苑初栽，诗人喻为"黄金丸弹"，可称绝妙，人们对它的宠爱，也是极少有的。古人称它为卢橘，苏轼《真觉寺有洛花，花时不暇往，四月十八日与刘景文同往赏枇杷》有"魏花非老伴，卢橘是乡人"之句；又称它为炎果，谢瞻《安成郡庭枇杷树赋》有"肇寒葩于结霜，承炎果乎纤露"之句。卢橘是否即是枇杷，还是有点疑问的，因为在司马相如的赋里，既有卢橘，又有枇杷。不过说卢橘曾是枇杷的别名，大概还是可以的。

　　枇杷树大都植于山麓，高一二丈，粗枝大叶，浓阴如幄，四季常绿，经霜不凋，《广群芳谱》称它"秋萌，冬花，春实，夏熟，备四时之气，他物无与类者"。它的花期正值风雪寒冬，淡黄白色的小花点缀叶间，微有芳香，故人称"枇杷晚翠"。春间花落结实，暮春初夏时采摘上市，满筐满箩，负担唤卖者，声闻数里。

　　全国有三大枇杷产区，一是浙江杭州塘栖，二是福建莆田宝坑，三便是苏州洞庭东山。黄裳《东山之美》写道："枇杷，是见过也吃过的，也欣赏过沈石田所画的枇杷折枝。只是这回才真地看到了巨大的老枇杷树，正在开着一球球的花。不用请教，我认得那叶子，但使人吃惊的是它们垂阴如盖的风姿，而且也是成林的。"东山枇杷有照种、青种诸品，皮色有深黄有淡黄，去皮后，肉色有红有白，红的称为红沙，也称大红袍，产于湾里；白的称为白沙，产于槎湾。白沙较红沙味佳，大的状如核桃,小的状如荸荠,故小的白沙枇杷亦称荸荠种,洁白如雪,厚而多汁,味甘如蜜,可惜产量较少。尤侗《枇杷》诗曰:"摘得东山纪革头,金丸满案玉膏流。唐宫荔子夸无赛,恨不江南一骑收。"沈朝初《忆江南》词曰:"苏州好,沙上枇杷黄。笼罩青丝堆蜜蜡,皮含紫核结丁香。甘液胜琼浆。"拣选枇杷,宜取长形者,因为圆形者核多汁少,长形者核少汁多。仅有一核者,称为"金蜜罐"、"银蜜罐"。文震亨《长物志》卷十一称:"枇杷独核者佳,株叶皆可爱,一名款冬花,荐之果食,色如黄金,味绝美。"枇杷以无核者为上品,但因为产量少,不容易尝得。

枇杷熟时,因其甜香,飞鸟往往来啄食。吴昌硕题画诗曰:"五月天气换葛衣,山中卢橘黄且肥,鸟疑金弹不敢啄,忍饥空向林间飞。"事实并非如此,人们往往在枇杷将熟而未尽熟时就去采摘。陆游《山园屡种杨梅,皆不成,枇杷一株独结实可爱,戏作长句》诗曰:"杨梅空有树团团,却是枇杷解满盘。难学权门推火齐,且从公子拾金丸。枝头不怕风摇落,地上惟忧鸟啄残。清晓呼僮乘露摘,任教半熟杂甘酸。"并注道:"枇杷尽熟时,鸦鸟不可复御,故熟七八分则取之。"果农将枇杷采下后装入花篓或筒篮,贩运出山,至苏州、上海等地销售,因属时令佳品,可以卖得善价。

枇 杷

枇杷的果肉营养丰富,滋味鲜甜爽口,除随手剥啖之外,还可加工制作罐头、果酱、果酒等。枇杷冻为清隽食品,人家都可自制,将枇杷去皮去核,切成薄片,加适量的水,以文火煮之,然后沥取其汁,和入糖霜,再调融煮沸,灌入瓶盎,放置冷水或冰窖里,即明莹成冻。中成药枇杷膏以枇杷叶为主要原料,用于清肺、止咳、润喉、解渴、和胃,效果甚好。

枇杷向为贡品,唐太宗李世民《枇杷帖》便写道:"使至得所进枇杷子,良深慰悦,嘉果珍味独冠时新,但川路既遥,无劳更送。"谢绝再进贡枇杷,然而在明代又成了贡品,李东阳、吴宽等人都有记咏赐食枇杷之诗,于慎行《赐鲜枇杷》诗曰:"嘉名汉苑旧标奇,北客由来自不知。绿萼经春开笼日,黄金满树入筐时。江南漫道珍卢橘,西蜀休称荐荔枝。千里梯航来不易,怀将馀核志恩私。"枇杷毕竟是江南的寻常之物,大臣得以赐食,仅仅体味"皇恩浩荡"而已。

关于枇杷的佳话,即它与琵琶的渊源,有人送友人枇杷,附一笺称之"琵琶",受礼者便笑话他说:"若使琵琶能结果,满城箫管尽开花。"沈周也有过这样的事,友人送他枇杷,附笺也将"枇杷"写成"琵琶",沈周便覆他一笺,写道:"承惠枇杷,开奁骇甚,听之无音,食之有味,乃知古来司马泪于浔阳,明妃怨于塞上,皆为一啖之需耳。今后觅之,当于杨柳晓风、梧桐秋雨之际也。"与友人开了一个有趣的玩笑。将"枇杷"写成"琵琶",真十分可笑吗?也未必,因为琵琶形制与枇杷叶形相似。琵琶起源于秦汉,方以智《通雅》卷三十称"琵琶本借枇杷,转为鼙婆","《说文》止有枇杷字,借当乐器,遂作琵琶"。

杨 梅

宋之问诗称"冬花采卢橘，夏果摘杨梅"，枇杷落市后，就是杨梅的天下了。苏州盛产杨梅，喜夸其味，也是常情。相传有闽人和吴人晤谈，闽人夸荔枝，吴人夸杨梅，旁人以诗调之曰："闽夸玉女含冰雪，吴美星郎驾火云。草木无情争底事，青明经对赤参军。"原来两者各有佳味，闽人和吴人遂相视一笑。

李时珍《本草纲目》记道："杨梅树叶如龙眼及紫瑞香，冬月不凋，二月开花，结实形如楮实子，五月熟，有红白紫三种。红胜于白，紫胜于红，颗大而核细，盐藏、蜜渍、糖收皆佳。"杨梅树高丈许，叶细，春开黄白花，杨梅熟时，垂垂枝头，红紫可爱。《北户录》称杨梅为"机子"，而《群碎录》又称它为"圣僧"，据说这是扬州人的说法，出典已无从稽考了。

西山以杨梅著名，吴中有"东山枇杷西山杨梅"的俗谚。民国三十六年(1947)，周瘦鹃、范烟桥、程小青偕游西山，周瘦鹃在《杨梅时节到西山》里写道："跨上埠头时，瞥见一筐筐红红紫紫的杨梅，令人馋涎欲滴，才知枇杷时节已过，这是杨梅的时节了。闻达上人和山农大半熟识，就向他们要了好多颗深紫的杨梅，分给我们尝试，我们边吃边走，直向显庆寺进

杨 梅

发;穿过了镇下的市集,从山径上曲曲弯弯的走去,夹道十之
七八是杨梅树,听得密叶中一片清脆的笑语声,女孩子们采了
杨梅下来,放在两个筐子里,用扁担挑回家去,柔腰款摆,别有
一种风姿,我因咏以诗道:'摘来甘果出深丛,三两吴娃笑语
同。拂柳分花归缓缓,一肩红紫夕阳中。'这一带的杨梅实在
太多了,有的已把杨梅采光,有的还深紫浅红的缀在枝头,我
们尽拣着深紫的摘来吃,没人过问,小青兄就成了一首五绝:
'行行看峦色,幽径绝尘埃。一路杨梅摘,无须问主人。'"

　　西山的紫杨梅固然极盛,而特产的白杨梅却尤为人所珍
视,其形较紫杨梅为小,色洁白无瑕,食之甘而不酸,惜所产不
多,不能致远,苏州市上绝无售者。又《太湖备考》卷六记道:
"杨梅出东西山及马迹山,有一种脱核者,出东山西坞,味最
佳。马迹有一种,色白如玉,名曰'雪桃';又一种形方有楞,土
人呼为'八角杨梅',出桃花湾陈氏山垅,他处则无。"光福诸
山、横山诸坞也盛产杨梅,铜坑附近的安山,居民多种杨梅,当
地有钱武肃王庙,乡人世守其祀,每年杨梅初熟,必先供奉于
王,然后担出售卖。文震亨《长物志》卷十一写道:"杨梅,吴中
佳果,与荔枝并擅高名,各不相下。出光福山中者最美,彼中
人以漆盘盛之,色与漆等,一斤仅二十枚,真奇味也。生当暑
中,不堪涉远。吴中好事者或以轻桡邮置,或买舟就食。"王士
禛《玄墓竹枝词》咏道:"枫桥估客入山来,艓子多从木渎开。
玛瑙冰盘堆万颗,西林五月熟杨梅。"沈朝初《忆江南》词曰:
"苏州好,光福紫杨梅。色比火珠还径寸,味同甘露降瑶台。
小嚼沁桃腮。"此外,常熟宝岩的杨梅也极有名,康熙《常熟县
志》称"四月中,宝岩杨梅极盛,游人结队往观,名曰看杨梅",

诚然是虞乡风俗大观。民国时,汪青萍《常熟手册》写道:"五六月间,宝岩杨梅结子,树以百计,万绿丛中,得此累累红宝,亦足寓目。游人买棹置酒,放乎中流,或入宝岩寺少憩,或放舟西湖,清风徐来,水波不兴。在此炎热天气,得一清凉世界,较之酣歌恒舞者,洵别有佳趣也。"

苏州人吃杨梅,大都总得用盐渍过,为的是杀菌减酸,其实唐人就这样做了,李白《梁国吟》便有"玉盘杨梅为君设,吴盐如花皎白雪"之咏,用盐渍过后的杨梅,确实别有风味。杨梅除鲜食外,还可制酱、榨汁、酿酒、盐渍及做蜜饯等。将杨梅浸入烧酒中,能历久不坏,凡遇因风寒引起的腹泻,食之可止,疗效甚验。

柑　橘

木落天高,秋末冬初,或红或黄的柑橘是山野间的最好点缀。柑橘的品种以及自然界中的变种极多,因而名目纷繁,往往不易分辨。一般来说,柑的花较大,橘的花较小;柑的春梢叶片先端凹口模糊,橘的凹口明显;柑的果皮厚而难剥,橘的果皮薄而易剥。柑和橘的不同,大略只能作这样的区分。

柑橘树为常绿灌木,干高一二丈,茎多细刺,叶作长圆形,初夏开小白花,其香甚烈,六七月成熟,惟洞

橘子

庭东西山的橘柚，得霜气而始熟，故韦应物《答郑骑曹青橘绝句》诗有："书后欲题三百颗，洞庭须待满林霜"之咏。苏州东西山都盛产柑橘，罗愿《尔雅翼》记道："橘生于江南，素华丹实，皮既馨香，又有善味，尤生于洞庭之包山，过江北则无，故曰江南种橘，江北为枳。"叶梦得《避暑录话》更详细地记道："今吴中橘亦惟洞庭东西两山最盛，他处好事者，园圃仅有之，不若洞庭人以为业也。凡橘一亩比田一亩利数倍，而培治之功亦数倍于田。橘下之土几于用筛，未尝少以瓦甓杂之。田自种至刈，不过一二耘，而橘终岁耘无时，不使见纤草。地必面南，为属级次第，使受日。每岁大寒，则于上风焚粪壤以温之。"虽然果农生涯辛苦，但以柑橘为业，获利良多，诚然也是一方经济命脉。

关于东西山柑橘的品类，文震亨《长物志》卷十一写道："橘为木奴，既可供食，又可获利，有绿橘、金橘、蜜橘、扁橘数种，皆出自洞庭。"袁景澜《吴郡岁华纪丽》卷十记道："按《吴郡志》：'绿橘出洞庭东西山，比常橘特大，未霜深绿色，脐间一点先黄，味已全可啖，故名绿橘。又有平橘差小，纯黄可啖，品稍下，皮下药。'《姑苏志》有蜜橘，品最上。塘南橘色红如血，有猪肝、鳝血两种；其次者有脱花甜、早红橘，又有扁橘，吴江村落间多种之，实最大，其形扁，故名。金友理《太湖备考》卷六则将橘、柑、橙三者加以分述："橘，出东西两山，所谓'洞庭红'也。《本草》云：'橘非洞庭不香。唐代充贡，白居易刺苏州有《拣贡橘》诗。古人矜为上品，名播天下。'自明及今，屡遭冻毙，补植者少，品亦稍下，所产寥寥矣。真柑，《吴郡志》：'出洞庭东西两山。虽橘类而品特高，香味超胜，浙东、江西及蜀呆州皆产,悉出洞庭下。'今此产绝少。橙,皮香瓢酢,大者名蜜橙。"

"洞庭红"是柑橘的名品,以味甜、汁多、络少、色艳而闻名遐迩,早在明代就贩运海外,《今古奇观》第九卷《转运汉遇巧洞庭红》有一个故事,说倒运的文若虚突然转运,"信步走去,只见满街上筐篮内盛着卖的,'红如喷火,巨若悬星。皮未皱,尚有馀酸,霜未降,不可多得。原殊苏井诸家树,亦非李氏千头奴。较广似曰难兄,比福亦云具体'。乃是太湖中东西洞庭山,地暖土肥,与闽广无异。广橘福橘,名播天下。洞庭有一样橘树,绝与他相似,颜色正同,香气亦同,只是初出时味略少酸,后来熟了,却也甜美,比福橘之价,十分之一,名曰洞庭红。"文若虚花一两银子买了百馀斤,扬帆出海,在一个吉零国的地方,竟卖了一千多个银钱,一个八钱七分多重,合到五百多两银子。这正是海外贸易中的黄金梦。"洞庭红"又分为早红和料红两种,早红之名最早见于《具区志》,所谓"早红皮薄而先熟",实际上早红分粗皮和细皮两个品系,前者果皮粗而厚,汁少味甜,产量少;后者果皮细而薄,汁多味略酸,产量较高。早红比一般柑橘成熟得早,金秋时节就独步上市,因而受到人们的青睐;料红则要经霜后才能采摘,且可贮至春节前上市,故而料红几乎是新年里家家桌上待客的果品,或是走亲访友的礼物。凡来苏城的客人,也总买以携归,清初僧人宗信《续苏州竹枝词》咏道:"石晖桥下太湖通,日日归帆趁晚风。霜降莫愁时果少,客船争买洞庭红。"

古人爱柑橘,每宠之以诗,王世贞《橘》曰:"曾因骚客称嘉树,从此名留贡筐间。淮浦孤踪一水隔,洞庭千树两峰殷。烟

— 23 —

霞自与长生液,霜霰翻来渐老颜。棋局便须相伴住,未烦尘世访商山。"僧人妙声《谢惠橘》曰:"洞庭佳实正离离,满树黄金欲采迟。香比陆郎怀去后,霜如韦守寄来时。开尝直想千山晚,包贡空含万里悲。江汉风尘愁路绝,食新聊得一开眉。"沈朝初《忆江南》则咏道:"苏州好,朱橘洞庭香。满树红霜甘液冷,一团绛雪玉津凉。酒后倍思量。"读来实在很令人神往。

"一年好景君须记,最是橙黄橘绿时"。橘熟时节,气候爽适,于人最宜,这时很少有与药铛茶灶作伴的,故《续世说》称"枇杷黄,医者忙;橘子黄,医者藏"。而橘皮、橘核、橘络却都是药笼中物,有治病救人之功。故取柑橘加工为橘饼、橘红糕、橘羹汤、橘子酱、橘子酒等,都为食疗清品。

顶山栗

常熟顶山寺附近产的栗子,称为顶山栗,《吴郡志》卷三十记道:"顶山栗,出常熟顶山。比常栗甚小,香味胜绝,亦号麝香囊,以其香而软也,微风干之尤美,所出极少,土人得数十百枚,则以彩囊贮之,以相馈遗。此栗与朔方易州栗相类,但易栗壳多毛,顶栗壳莹净耳。"因为它十分香软,也称为软栗。

顶山栗的名声远播,不晚于南宋,王伯广《咏顶山栗》诗曰:"黄离抱中实,紫苞发外彩。寄踪蜂窠垂,藏头猬皮隘。讵堪鼯鼠窃,更复猿猱采。心怜使民畏,时须徇儿爱。荆山破金璞,骊珠掩微颣。缜密文自保,滋味身乃碎。筼笼贡厥珍,不在相梨外。罗筐加其仪,顾与菱芡对。易饱屏膏肉,馀功益肝肺。悬风当令坚,致湿忍使败。晋地枣非偶,宣城蜜佳配。谁

知麇香栗,可居天下
最。"至元代,僧人古潭
《顶山栗》诗曰:"峨峨
顶山高,十月寒霜肃。
霜栗大如拳,紫苞剥黄
玉。福荔及夏收,宣栗
亦早熟。独尔饱风霜,
香甘颇具足。"张雨曾
将顶山栗馈贻倪瓒,
《新栗寄倪元镇》诗曰:

顶山栗

"谒来常熟尝新栗,黄玉穰分紫壳开。果园坊中无买处,顶山
寺里为求来。囊盛稍共来禽帖,酒荐深宜蘸甲杯。首奉云林
三百颗,也胜酸橘寄书回。"可见也是当时的地方名产。

明代时,顶山栗几乎绝种。陆容《菽园杂记》卷一说了一
个故事:"常熟知县郭南,上虞人。虞山出软栗,民有献南者,
南亟命种者悉拔去,云'异日必有以此殃害常熟之民者'。其
为民远虑如此,因类记之。"郭南知道顶山栗的佳味,为了不让
它成为进贡之物来祸害百姓,"命种者悉数拔去",在当时也算
是明智之举。然而由明入清,顶山栗又在山间繁盛开来,至康
熙时,有"顶山栗甲天下"之说。

顶山栗是一种甘香的板栗,相传虞山北麓一带,栗树和桂
树杂植,中秋时节,桂花盛开,桂催栗熟,栗染桂香,故称滋味
独绝,当地人称为桂花栗子。生吃香甜脆嫩,熟吃则纯糯细
腻,满口溢香,诚然是不可多得的妙品。

旧时常熟王四酒家、山景园等名馆,都用顶山栗制成桂花

栗饼、桂花栗羹等,作为时令佳点,以饷贵宾。

茶　叶

苏州洞庭东西山产茶,久负盛名,采茶历史也十分悠久,据说已有一千三百多年,皮日休、陆龟蒙都有茶坞诗咏之。自唐时起,洞庭茶就成为贡品,北宋时以西山水月院僧人所制者最为佳妙。朱长文《吴郡图经续记》卷下记道:"洞庭山出美茶,旧入为贡。《茶经》云:'长洲县生洞庭山者,与金州、蕲州味同。'近年山僧尤善制茗,谓之'水月茶',以院为名也,颇为吴人所贵。"陈继儒《太平清话》也记道:"洞庭小青山坞出茶,唐宋人贡,下有水月寺,即贡茶院也。"水月茶虽为珍品,但由于年代久远,没有什么其他故实可以追寻。

水月茶之后,苏州的名茶有虎丘茶和天池茶。

虎丘茶,陈鉴《虎丘茶经注补》说是唐宋时就有,因点之色白,也称白云茶或白雪茶,相传苏轼品啜后,书题为精品。至明代,虎丘茶倍受士大夫激赏,谈迁《枣林杂俎》记道:"自贡茶外,产茶之地,各处不一,颇多名品,如吴县之虎丘、钱唐之龙井最著。"顾起元《客座赘语》称坐享清供时第一茶品即"吴门之虎丘"。许次纾《茶疏》写道:"若歙之松萝、吴之虎丘、钱唐之龙井,香气浓郁,并可雁行与岕颉颃。"虎丘茶的茶树在虎丘寺金粟山房附近,僧人在谷雨前采摘,撷取细嫩之芽,虽说叶色微黑,不甚青翠,但焙而烹之,其色如月下之白,其味如豆花之香,氤氲清神,涓滴润喉,令人怡情悦性。天池茶则产于天池山。王士性《广志绎》称"虎丘、天池茶今为海内第一","余人滇,饮太华茶,亦天池亚"。文震亨《长物志》写道:"虎丘、天池最号精绝,为天下冠,惜不多产,又为官司所据,寂寞山家得一壶两壶,便为奇品。"张大复《梅花草堂笔谈》称云雾茶为"天池之兄,虎丘之仲"。由于虎丘山上也间种一二株天池茶,有人认为天池茶就是虎丘茶,冯梦桢《快雪堂漫录》予以辨正,说虎丘茶色白如玉,"稍绿便为天池物,天池茶中,杂数茎虎丘,则香味迥别虎丘,其茶中王种耶"。又《虎阜志》卷十引《狯园》,称"虎丘山前周韬者,卖天池茶为生",在虎丘卖天池茶,另有标别,可见两茶并非一物,天池茶也数得上是茗中佳品。

尽管虎丘茶为天下名茶,却未成为贡品,大概有两个原因,一是赝种极多,寺僧于虎丘茶树中杂种其他,非品茶专家往往难辨真假。《快雪堂漫录》记了一位鉴赏名家徐茂吴,"茂吴品茶以虎丘为第一,常用银一两馀,购其斤许,寺僧以茂吴精鉴,不敢相欺,他人所得,虽厚值亦赝物"。二是不易贮存,得现采现焙,即时烹之,才得佳味。卜万祺《松寮茗政》写道:"虎丘茶,色味香韵,无可比拟。必亲诣茶所,手摘监制,乃得真产。且难久贮,即百端珍护,稍过时即全失其初矣。殆如彩云易散,故不入供御耶。"为了贮存虎丘茶,苏州人想尽办法,当时茶叶大都用纸包装,然而纸收茶气,也就改用瓷罐或锡罐,以保持它原本的色香味。

虎丘茶名声虽响,因为隙地极小,产量很少,真正的虎丘茶,一年不过数十斤,故十分名贵。至万历年间,苏州官吏都以虎丘茶奉承上司。每到春时,茗花将放,吴县、长洲县的县令就封闭茶园,然而抽芽之时,狡黠的吏胥便逾墙而入,抢先采得茶叶;后来者不能得,便怪罪僧人,常常将僧人痛笞一通,还要予以赔偿。僧人不堪其苦,只能攒眉蹙额,闭门而泣。至于寻常百姓,更是连茶香也闻不到。屠隆在《考槃馀事》里感叹:"虎丘茶最号精绝,为天下冠,惜不多产,皆为豪右所据,寂寞山家无由获购矣。"这种状况持续了三十馀年,僧人在无可奈何之下,只得将茶树尽数拔去。此事见于文震孟《薙茶说》。想不到清康熙年间,茶树又长了出来,官吏们又重蹈覆辙,巧取豪夺,时汤斌抚吴,严禁属员馈送,令行禁止。但寺僧看到茶树已经怕了,也懒于艺植,这些茶树便渐渐衰萎了。

值得一提的是,虎丘茶关键在于制法,采揉焙封法度,锱两不爽。安徽的松萝之所以成为名茶,便采用了虎丘茶的制法。冯时可在《茶谱》里写道:"茶全贵采造,苏州茶饮遍天下,专以采造胜耳。徽郡向无茶,近出松萝最为时尚。是茶始比丘大方。大方居虎丘最久,得采造法。其后于徽之松萝结庵,采诸山茶,于庵焙制,

观前街汪瑞裕西号茶庄
(悬"松萝"市招者　摄于1920年前)

远迩争市,价忽翔涌。人因称松萝,实非松萝所出也。"这段话说得明白,大方和尚将白云茶的制法,应用于松萝,于是松萝也成了名茶。

另外,据李振青《集异新钞》记载:"包山寺有白茶树,花叶皆白,烹注瓯中,色同与泉,其香味类虎丘。一寺止一林,不知种从何来,植数十年矣。山有素封,欲媚献者,厚价卖于寺僧,移栽以献茶,竟萎绝种。"这是否是从虎丘移栽而来,也不得细考了。

继虎丘茶和天池茶之后,碧螺春成为苏州的名茶。

碧螺春本是野茶,它的得名是康熙年间的事。王应奎《柳南续笔》卷二记道:"洞庭东山碧螺峰石壁产野茶数株,每岁土人持竹筐采归,以供日用,历数十年如是,未见其异也。康熙某年,按候以采,而其叶较多,筐不胜贮,因置怀间,茶得热气,异香忽发,采茶者争呼'吓煞人香'。'吓煞人'者,吴中方言也,因遂以名是茶云。自是以后,每值采茶,土人男女长幼必沐浴更衣,尽室而往,贮不用筐,悉置怀间。而土人朱正元,独精制法,出自其家,尤称妙品,每斤价值三两。己卯岁,车驾幸太湖,宋公购此茶以进,上以其名不雅,题之曰碧螺春。自是地方大吏岁必采办,而售者往往以伪乱真。正元没,制法不传,即其真者亦不及曩时矣。"康熙三十八年(1699),玄烨南巡,言行详记《苏州府志》卷首"巡幸",未见有题名碧螺春的事,想来王应奎所记,也是口耳之传。然而碧螺春这名字,实在非常贴切,它条索纤细,卷曲似螺,茸毛披覆,银绿隐翠,正蕴涵着无尽春色。

洞庭东西两山,气候温和,冬暖夏凉,云雾多,温度大,非常适宜茶树生长。山上有枇杷、杨梅、石榴、柑橘等二十多种果木，茶树与果木间植，枝桠相接，根脉相通，故碧螺春兼具花香、果味、茶韵。碧螺春采早摘嫩，每年春分前后开始采撷，至谷雨前后结束，以春分至清明采制的品质为最佳。一芽一叶初展，芽叶甚小，叶形卷如雀舌，嫩叶背面密生茸毛，也称做白毫，白毫越多，品质越好。炒制半斤好茶，约需七八万个芽叶，可见其精细。《洞庭东山物产考》记道："采茶以黎明，用指爪掐嫩芽，不以手揉，置筐中覆以湿巾，防其枯焦。回家拣去枝梗，随拣随做。"又徐珂《可言》谈到碧螺春制法时说："相传不用火焙，采后以薄纸裹之，著女郎胸前，俟干取出，故虽纤芽细粒，而无焦卷之患。"民国年间，某些富绅每年清明前十天至五天，以重金招请当地未婚少女上山采茶，采得茶后放入怀中或含在口里，以为是绝妙之品。

采 茶

苏轼诗称"对作小诗君莫笑,从来佳茗似佳人"。自古以来,人们多以女子喻茶,碧螺春似乎更有一种清丽可人的风姿。它碧色悦目,娇嫩易折,正如怀春少女含情脉脉。它最美好的时候,也只是清明后至谷雨前这短短的十五天,绚烂而短促,也正仿佛一个女子的青春,稍纵即逝。再说,采茶者大都为少女少妇,纤手轻摘,纳入怀中,未免让人想起这片片茶叶里满含的柔情。记不得谁曾这样咏道:"蛾眉十五采摘时,一抹酥胸蒸绿玉。纤袖不惜春雨干,满盏真成乳花馥。"虽说有几分轻薄,但实在也写出了它那如同少女一样的神韵了。

碧螺春的汤色碧绿清澈,叶底嫩绿明亮,香气浓郁,滋味醇厚,爽口而又有回甜的感觉。李慈铭《水调歌头》词曰:"谁摘碧天色,点入小龙团?太湖万顷云水,渲染几经年。应是露华春晓,多少渔娘眉翠,滴向镜台边。采采筠笼去,还道黛螺奁。龙井洁,武夷润,芥山鲜。瓷瓯银碗同涤,三美一齐兼。时有惠风徐至,赢得嫩香盈抱,绿唾上衣妍。想见蓬壶境,清绕御炉烟。"说尽了碧螺春的佳妙。

碧螺春外,花茶也是苏州的特产。

苏州花茶以特制绿茶和天然香花拌和窨制而成,有珠兰、茉莉、玳玳、白兰、栀子等,花茶叶色柔嫩,茶汤清澈,清冽爽口,茶味花香相得益彰,郁而不俗。苏州花茶始于南宋,发展于明清,远销东北和西北,也有近三百年历史。时虎丘山塘为花茶的集散地,钱希言有诗咏道:"斗茶时节买花忙,只选多头与干长。花价渐增茶渐减,南风十月满帘香。楼台簇簇虎丘山,斟酌桥边柳一湾。三尺绿波吹晓市,荡河船子载花还。"在民国四年(1915)巴拿马国际博览会上,苏州花茶获得优等奖。

自古至今,苏州采茶以节气论,将清明前采的,称"明前茶";谷雨前采的,称"雨前茶",以后再采的,就较为逊色了。正德《姑苏志》卷十四写道:"极细者贩于市,争先腾价,以雨前为贵也。"另外,还有一种十月间采焙的"小春茶",陈继儒《太平清话》写道:"吴人于十月中采小春茶,此时不独逗漏花枝,而尤喜日光晴暖。从此蹉过,霜凄雁冻,不复可堪矣。"要等到来年,春雨潇潇时,再有一番热热闹闹的茶事。

花　　露

花露为苏州虎丘特产,它并非花的露水,也不是称为"花露水"的香水,更不是翟灏《风俗编》谈及的"花露酒",它是从花中提取的液汁,可以点茶,可以入药,也可以作为食品的调味品。《吴郡岁华纪丽》卷三记道:"至于春之玫瑰,夏之珠兰、茉莉,秋之木樨,所在成市,为居人和糖熬膏,点茶酿酒煮露之用,色香味三者兼备,不徒供盆玩之娱,尤足珍也。"由此也可见其一端。

冒襄《影梅庵忆语》记董小宛擅制花露,写道:"酿饴为露,和以盐梅,凡有色香花蕊,皆于初放时采渍之,经年香味颜色不变,红鲜如摘,而花汁融液露中,入口喷鼻,奇香异艳,非复恒有。最娇者为秋海棠露,海棠无香,此独露凝香发,又俗名断肠草,以为不食,而味美独冠诸花。次则梅英、野蔷薇、玫瑰、丹桂、甘菊之属,至橙黄、橘红、佛手、香橼,去白缕丝,色味更胜。酒后出数十种,五色浮动白瓷中,解酲消渴,金茎仙掌,难与争衡也。"

苏州花露以虎丘仰苏楼僧人所制最为有名,顾禄《桐桥倚棹录》卷二写道:"仰苏楼自僧祖印创卖四时各种花露,颇获厚利。"前人咏唱颇多,舒位《虎丘竹枝词》咏道:"韦苏州后白苏州,侥幸香山占虎丘。四面红窗怀杜阁,一瓯花露仰苏楼。"郭麐《虎丘五乐府》有《咏花露·天香》词曰:"炊玉成烟,揉春作水,落红满地如扫。百末香浓,三宵夜冷,无数花魂招到。仙人掌上,迸铅水铜盘多少。空惹蜂王惆怅,未输蜜脾风调。谢娘理妆趁晓。面初匀,粉光融了。试手劈笺,重盥蔷薇尤好。欲笑文园病渴,似饮露秋蝉便能饱。待斗新茶,听汤未老。"

关于花露的药用功能,《桐桥倚棹录》卷十记道:"花露以沙甄蒸者为贵,吴市多以锡甄。虎丘仰苏楼、静月轩,多释氏制卖,驰名四远。开瓶香冽,为当世所艳称。其所卖诸露,治肝、胃气则有玫瑰花露;疏肝、牙痛,早桂花露;痢疾、香肌,茉莉花露;祛惊豁痰,野蔷薇露;宽中噎膈,鲜佛手露;气胀心痛,木香花露;固精补虚,白莲须露;散洁消瘿,夏枯草露;霍乱、辟邪,佩兰叶露;悦颜利发,芙蓉花露;惊风鼻衄,马兰根露;通鼻利窍,玉兰花露;补阴凉血,侧柏叶露;稀痘解毒,绿萼梅花露;专消诸毒,金银花露;清心止血,白荷花露;消痰止嗽,枇杷叶露;骨蒸内热,地骨皮露;头眩眼昏,杭菊花露;清肝明目,霜桑叶露;发散风寒,苏薄荷露;搜风透骨,稀莶草露;解闷除黄,海棠花露;行瘀利血,益母草露;吐衄烦渴,白茅根露;顺气消痰,广橘红露;清心降火,栀子花露;痰嗽劳热,十大功劳露;饱胀散闷,香橼露;和中养胃,糯谷露;霍乱吐泻,藿香露;凉血泻火,生地黄露;解湿热,鲜生地露;胸闷不舒,鲜金柑露;盗汗久疟,青蒿露;乳患、肺痈,橘叶露;祛风头怔,荷叶露;和脾舒筋,木瓜露;生津和胃,建兰叶露;润肺生津,麦门冬露。"

　　至咸丰年间,仰苏楼的花露,依旧闻名,袁景澜《续咏姑苏竹枝词》咏道:"堤上春留白傅舟,茶烹花露仰苏楼。胜游风月忙无了,养济贫民衣食谋。"潜庵《苏台竹枝词》咏道:"酿花作露细香浮,小小宣瓷贮一瓯。携得银铛瀹新茗,绿鬟笑上仰苏楼。"至晚近,依然为人们熟悉的花露,大概就是金银花露了,那是夏日里解暑清热的妙品。

莼　菜

　　莼菜,又名茆、凫葵、锦带、马蹄草等,为多年生宿性湖沼草木植物,明清以来,苏州东山太湖及杭州西湖、萧山湘湖都以出产莼菜闻名。《吴郡岁华纪丽》卷九记道:"莼菜出太湖洞庭山下,明时蔡以宁、邹舜五始种之,味甘滑,最宜芼羹。叶如凫葵,四月生,名雉尾莼。叶既放,茎细舅钗股,随水浅深,凝脂滑手,名丝莼,味亦肥美。袁石公云:'香脆柔滑,如鱼髓蟹脂,其品无得当者。宜为士衡所称美,季鹰所系思也。'"

　　"士衡所称美,季鹰所系思",说着了莼菜的两个典故,《世说新语》都采入,《识鉴》说张翰在洛阳做官,"见秋风起,因思吴中菰菜、莼羹、鲈鱼脍",于是便命驾而归。《言语》则记录陆机和王武子的对话,王对陆夸示羊酪,认为没有比它更好吃的了,陆回答说:"有千里莼羹,未下盐豉耳。"于是莼羹成为江东名菜,"千里莼羹"也就成为维系人们乡恋的纽带。据《齐民要术》记载,莼羹是以鲤鱼、莼菜为主料,煮沸后加上盐豉制成的。这当然是一种古老的烹调办法。

太湖产莼,且有因献莼而得官的故事,王应奎《柳南续笔》卷二记道:"太湖莼官,自明万历间邹舜五始。张君度为写《采莼图》,而陈仲醇、葛震甫诸公并有题句,一时传为韵事。康熙三十八年,

莼菜

车驾南巡,舜五孙志宏种莼四缸以献,而侑以《贡莼》诗二十首,并家藏《采莼图》。上命收莼送畅春苑,图卷发还,志宏着书馆效力。后以议叙,授山西岳阳县知县,时人目为'莼官'。"

太湖莼菜固然有名,但种植已晚,宋时则多记咏吴江莼菜,李彭老《摸鱼儿》词曰:"过垂虹,四桥飞雨,沙痕初长春水。腥波十里吴歈还,绿蔓半系船尾。连复碎,爱滑卷青绡,香袅冰丝细。山人隽味,笑杜老无情,香羹碧涧,空只赋芹美。归期早,谁似季鹰高致。鲈鱼相伴菰米,红尘如海丘园梦,一叶又秋风起。湘湖外,看采撷芳条,际晓随鱼市。旧游漫记,但望及江南,秦鬟贺镜,渺渺隔烟翠。"直至晚近,有人仍以为吴江庞山湖的莼菜最佳,范烟桥《茶烟歇》写道:"江浙间湖泽多产莼,惟吴江城东庞山湖所产,紫背丝细瘦,与他处白背丝粗肥者风味有别。余友许盥孚《话雨篷丛缀》云:宋杨万里有《咏莼》七律一首,明李长蘅曾取入画图,作长歌纪事。钱塘梁舟山、嘉禾曹仲梅题诗称赏。后武林余秋实为吴郡正谊山长时嗜莼,向庞山湖徐振之索之,至夏初莼已不生,秋实仍索不已,振之仍请夏茝谷绘莼成图册以报,秋实题'秋风乡味'四字,又系以诗云:'两桨凌晨逐浪开,筠篮轻载绿云来。柔丝温带龙

涎滑,香叶青分翠荇胎。雅尚欲书高士传,清标羞伴美人杯。阿谁未醒尘劳梦,甚欲凭君一唤回。'一时属而和者数十家。振之复搜罗前人名作,汇成一帙为'鲈乡物产',艺林传为佳话。春日买棹江村春台戏,以莼羹佐饭,可以急下数盂。故吾乡郑瘦山有'一箸莼香拥楫吟'之句,颇能状其妙趣。二月莼初生,三月多嫩蕊,秋日虽亦有之,顾不及春莼之鲜美,故因秋风而动念,不过季鹰之托词耳。莼之产地不广,故嗜者甚少,且有不识为何物者,有疑而不敢下箸者。西湖佳馔,宋四嫂醋鱼外,当推莼羹,惟黏液去之殆尽,减其柔滑,殊不及吾乡所制。江城及濒湖诸乡,每值春仲清晨,荷担呼卖莼菜者,悠扬相接。秋初则多掉舟问售,年来吴郡亦有此声矣。"

叶圣陶在《藕与莼菜》里也写道:"在故乡的春天,几乎天天吃莼菜。莼菜本身没有味道,味道全在于好的汤。但是嫩绿的颜色与丰富的诗意,无味之味真足令人心醉。在每条街旁的小河里,石埠头总歇着一两条没篷的船,满舱盛着莼菜,

鲜莼拌银鱼

是从太湖里捞来的。取得这样方便,当然能日餐一碗了。"

莼菜以嫩茎和嫩叶供食用,地下茎富含淀粉,可制馅心,嫩茎及幼叶外附透明胶汁,做汤入口润滑,清凉可口,别具风味,是夏季宴席上的佳肴。取莼菜最嫩之叶,名为卷心,以鸡汤加鲜笋、火腿为羹,味甚鲜美,其次为黄花鱼或菜花鱼汤。若不得佳汤,则淡涩不能下咽。

采莼多在晨光晞微之时,春寒料峭,揎臂赤足,劳作最是辛苦。吴时德《采莼歌》咏道:"采菱采莲儿女情,年年不断横塘行。独有西山采薇者,千秋谁得同芳馨。我今采莼太湖汭,紫丝牵向清波里。任尔渔郎笑我为,野鸥亦渐成知己。归来月下放歌频,一片幽心照古人。"这是诗人遥看采莼的联想,实在不是自己的亲身感受。

红莲稻

红莲稻也称"早红莲",为稻中名品,米粒清香,色泽殷红如鸭血,俗呼鸭血糯。唐宋人诗咏颇多,白居易称"稻饭红似花"、"红粒绿浑稻",韦庄称"秋雨几家红稻熟",梅尧臣称"霜前稻熟舂红秫",苏轼称"红稻白鱼饱儿女"等。龚明之《中吴纪闻》卷一记道:"红莲稻从古有之,陆鲁望《别墅怀归》诗云:'遥为晚花吟白菊,近炊香稻识红莲。'至今以此为佳种。"红莲稻栽种历史悠久,《吴郡志》卷三十记道:"唐人已书此米,中间绝不种。二十年来,农家始复种,米粒肥而香。"红莲稻,江南不少地方都有,晚近以来,惟常熟所产最为著名,《重修常昭合志》称"血糯,亦名红莲糯,出邑东水乡"。但由于红莲稻亩产仅两三百斤，常熟农田珍贵，一度也很少种植。

常熟鸭血糯，清香扑鼻，色泽鲜红，惹人喜爱。据医家言，食用血糯，能养血滋阴。因其性较白糯少粘，故烧煮时最好掺以白糯。以血糯做成的酒酿、粉圆子、八宝饭、红米酥、血糯糕等，不仅色泽美观，而且特别香糯。血糯八宝饭是苏州人家的寻常甜食，制作时佐以桂花、蜜枣，衬以白糖、莲心，糯饭紫红，莲心洁白，入口肥润香甜。

虎丘平畴间也产红莲稻，《虎阜志》卷六记道："红莲稻，《姑苏志》：'芒红粒大，有早晚二种。范成大《虎丘》诗：'觉来饱吃红莲饭，正是塘东稻熟天。'文《志》：'山下四周皆民畴，其稻之美非一。'"但虎丘所出远不及常熟。

清康熙时，玄烨在丰泽园试种红莲稻，后又移避暑山庄，相传即南巡时，地方以血糯进献，食之称佳，遂带回种子在御苑种植，进行实验。《康熙几暇格物编》有一篇《御稻米》，写道："丰泽园中有水田数区，布玉田谷种，岁至九月始刈登场。一日循行阡陌，时方六月下旬，谷穗方颖，忽见一科高出众稻之上，实已坚好，因收藏其种，待来年验其成熟之早否。明岁六月时，此种果先熟。从此生生不已，岁取千百。四十馀年来，内膳所进，皆此米也。其米，色微红，而粒长，气香而味腴，以其生自苑田，故名御稻米。一岁两种亦能成两熟。口外种稻，至白露以后数天，不能成熟，惟此种可以白露前

炒血糯

收割,故山庄稻田所收,每岁避暑用之,尚有赢馀。曾颁给其种
与江浙督抚、织造,令民间种之。闻两省颇有此米,惜未广也。"

康熙三十九年(1700),玄烨御制《畅春园观稻,时七月十
一日也》诗曰:"七月紫芒五里香,近园遗种祝祯祥。炎方塞北
皆称瑞,稼穑天工乐岁穰。"六十一年(1722),玄烨又御制《早
御稻》诗曰:"紫芒半顷绿阴阴,最爱先时御稻深。若使炎方多
广布,可能两次见秧针。"玄烨曾令苏州织造李煦和江宁织造
曹𬤊试种推广双季连作,惜未获成功。由于红莲稻曾作御苑
栽种,引为御膳珍品,故被称为"御田胭脂糯"。《红楼梦》第五
十三回,说黑山村庄头乌进孝向贾府缴纳各色农产品时,就有
"御田胭脂糯二石"的记载。

石 首 鱼

石首鱼,因耳石(鱼脑石)硕大坚硬,故以得名,《岭表录
异》称为"石头鱼",《临海异物志》称为"春来",《海槎馀录》则
称为"江鱼"。石首鱼是个大概念,这里只谈石首鱼科中的大
黄鱼、小黄鱼,又称黄花鱼。古代传说,石首鱼会化变为禽鸟,
《述异记》写道:"吴郡鱼城城下,水中有石首鱼,至秋化为凫,
凫顶中尚有石。"《太平寰宇记》引《吴地记》写道:"昆山县石首
鱼,冬化为凫,土人呼为鹭鸭。小鱼长五寸,秋社化为黄雀,食
稻,至冬还海,复为鱼。"这当然是神话,正说明人们认识自然
的艰难过程。

苏州人吃石首鱼的历史很早,甚至石首鱼的名字,也是吴
人给起的。《古今图书集成·博物汇编·禽虫典》引《吴地记》记

道："阖闾十年，东夷侵吴，吴王亲征之，逐之入海，据沙洲上相守月馀。时风涛，粮不得渡，王焚香祷之。忽见海上金色逼海而来，绕王所百匝，所司捞得鱼，食之美，三军踊跃。夷人不得一鱼，遂降。吴王以咸水腌鱼腹肠与之，因号逐夷。王归会群臣，索馀鱼，俱已曝干，其味美，因书'美'下著'鱼'，是为'鲞'字。鱼作金色，不知其名，见脑中有骨如白石，号为石首鱼。"

苏州人以石首鱼为时令珍品，《吴郡志》卷二十九记道："今惟海中，其味绝珍，大略如巨蟹之螯，为江海鱼中之冠。夏初则至，吴人甚珍之。以楝花时为候，谚曰：'楝子花开石首来，筒中被絮舞三台。'言典卖冬具以买鱼也。此时已微热，鱼多肉败气臭。吴人既习惯，嗜之无所简择，故又有'忍臭吃石首'之讥。二十年来，沿海大家始藏冰，悉以冰养，鱼遂不败。然与自鲜好者，味终不及。以有冰故，遂贩至江东金陵以西，此亦古之所未闻也。

苏州市上的石首鱼，都从太仓运载而来，陆容《菽园杂记》称"太仓近海之民，仅取以供时新耳"。太仓近海，颇多海鲜，《茜泾记略》录明人《竹枝词》曰："日出城中朝市哗，海边风味是鱼虾。吴侬未识温香土，深巷无从唤卖花。"咸丰时，太仓人汪承庆《烟村竹枝词》也咏道："七鸦海口水连天，青鲫红虾不值钱。一夕腥风吹满市，浮桥新到贩鲜船。"四五月之交，这海鲜船上便有石首鱼了。

石首鱼上市，正是楝树花开，也就在端午节前后，以为时新佳味。汪琬《有客言黄鱼事记之》诗曰："三吴五月炎蒸出，楝树著雨花扶疏。此时黄鱼最称美，风味绝胜长桥鲈。"叶方蔼《苏台新竹枝词》一首咏道："海门深锁浪头回，不放黄鱼人市来,晓起腥风满城郭,侯家今日绮筵开。"又沈云《盛湖竹枝词》咏道:"石首鱼来三月天,埠头日日到冰鲜。如何蒲绿榴红后,冯铗空弹食客筵。"词下小注写道:"石首鱼即黄花鱼,往时端阳节,家家食黄鱼,近则春末夏初冰鲜已到,每届端阳辄叹无鱼。"由此也可见得苏州人好吃石首鱼的风气。

白　鱼

白鱼,首尾俱昂,极细嫩腴美,向为人所爱食。遁园居士《鱼品》写道:"江东鱼国也,为人所珍,自鲥鱼、刀鳜、河豚外,有白鱼,身窄而长,鳞细肉白,甚美而不韧。"相传隋大业时,苏

白　鱼

州地方进贡白鱼卵至东都洛阳,炀帝杨广命在御苑池中养殖。故至唐时,洛阳尚有白鱼,北人得尝异品,不由推崇备至。

白鱼并非太湖特产,江淮间也有,杨万里《初食淮白鱼》便咏道:"淮白须将淮水煮,江南水煮正相违。霜吹柳叶都落尽,鱼吃雪化方解肥。醉卧糟丘名不恶,下来盐豉味全非。饔人且莫供羊酪,更买银刀二尺围。"然而正如叶梦得《避暑录话》所说,"太湖白鱼实冠天下也",太湖白鱼,色白如银,触箸纷解,味之鲜美,无与伦比。

黄梅时节,太湖白鱼最盛,结群千百,衔尾相接,从太湖经

漕湖一路向东入海而去，声如响雷，人称"白鱼阵"。这往往是在入梅十五天前后，《太湖备考》卷六记道："吴人以芒种日谓之入霉，后十五日谓之入时，白鱼至是盛出，名'时里白'。"此时渔人纷纷驾船而出，罾而取之，为一时鲜品。叶承桂《太湖竹枝词》咏道："熟梅天气酿轻寒，渔艇初过大小干。出网乱跳时里白，芦芽蕨笋共登盘。"又翁同龢《福山纪游杂诗十首》之一咏道："海雨江风气淼茫，落花时节白鱼香。残年饱吃生悲感，此味君亲未得尝。"

泪露白鱼

苏州人将白鱼作馔，大都清蒸，能得真味。店家所供清蒸白鱼，往往分段以买，以头段骨刺较少，且腴美鲜嫩，故常为食客点吃。

银　　鱼

银鱼，尖喙黑目，体长略圆，形如玉簪，光滑透明，色泽似白银，肉质肥嫩鲜美，白洁细腻。《震泽县志》称"长不过三寸，色明莹如银，细骨无鳞，煮食味甚鲜美，为脍可以致远，鱼中珍品也"。晚春银鱼，可与深秋鲈鱼媲美，宋人诗中便咏道："春后银鱼霜下鲈，远人曾到合思吴。"故旧时将银鱼列为贡品。

古籍里将银鱼记作脍残鱼，《尔雅翼》称为"王馀"，即吴王所馀之意，张华《博物志》卷三记道："吴王江行，食脍有馀，弃之中流，化为鱼。今鱼中有名吴王脍馀者，长数寸，大者如箸，犹有脍形。"这虽然说得颇为荒诞，但记录了吴人对银鱼的

银鱼

认识，因为它的异样，敷衍神奇故事，也是很自然的事。范成大《吴郡志》记吴王为孙权，吴伟业则认为是夫差，《脍残鱼》诗曰："弃掷诚何细，夫差信老饕。微茫轻匕箸，变化入波涛。风俗银盘荐，江湖玉馔高。六千残卒在，脱网总秋毫。"总之是颇为久远的事了。又因为银鱼既白又小，唐宋人呼为"白小"，杜甫《白小》便咏道："白小群分命，天然二寸鱼。细微沾水族，风俗当园蔬。入肆银花乱，倾箱雪片虚。生成犹拾卵，尽取义何如。"

元时吴郡薛兰英、薛蕙英姐妹作《苏台竹枝词》十首，其中一首咏道："洞庭金柑三寸黄，笠泽银鱼一尺长。东南佳味人知少，玉食无由进上方。"寻常银鱼仅长一寸左右，如何有一尺之长，人们都认为薛氏姐妹是夸饰之辞，其实这是冬月带子的银鱼，吴人称为"挨冰啸"。金友理《太湖备考》卷六写道："银鱼、脍残，旧志别为二种，愚谓银鱼即脍残之小者，脍残即银鱼之大者，非二种也。试观春后银鱼盛出时，此者小者未大，故无脍残，秋间脍残盈出之时，此时小者尽大，故无银鱼。至冬而更大，长乃盈尺，挨冰啸子，腹溃而毙；所啸之子，交春又生，又以渐而大。瞿宗吉诗'笠泽银鱼长一尺'，人以为夸词，我以

为实录,盖指冬月之银鱼也。此以渐而大之一证。"说白一点,小银鱼就是短吻银鱼,大银鱼也就是脍残鱼,渔民称为面条鱼或面杖鱼。遁园居士《鱼品》便记道:"江东鱼国也,有面条鱼,身狭而长,不逾数寸,银鱼之大者也,裹以面糊,油炸而荐之。"

太湖银鱼有名于时,每年五六月为捕捞汛期,王叔承《银鱼》诗曰:"冰尽溪痕绿,银鱼上急湍。紫波回旭日,溜藻破春寒。色动青丝网,鲜浮白玉盘。未须探丙穴,江女擢轻兰。"真切描绘了捕捞银鱼的场景。

然而旧时以吴江银鱼著名,皮日休《松江早春》诗曰:"松陵清净雪消初,见底新安恐未知。稳凭船舷无一事,分明数得脍残鱼。"可见在唐代已有此说。至明清,更具体为平望万家潭的银鱼,周廷谔《莺湖竹枝词》咏道:"四鳃缩项著江南,那及银鱼尾却三。细逐浪花看不见,打来只在万家潭。"尤侗《莺脰湖竹枝词》咏道:"万家潭口出银鱼,争道鲈腮味弗如。总被渔翁收拾尽,斜风细雨且归与。"又徐钪《竹枝词》咏道:"万家潭口银鱼美,滑似莼丝味更鲜。甚笑江东老张翰,只将鲈脍向人传。"此外,又相传平望安德桥下有一种金睛银鱼,黄梅时节略撮即可得之,以此制羹煮蛋,味胜虾蟹。

三丝银鱼

以银鱼烹调的菜肴有银鱼炒蛋、干炸银鱼、银鱼煮汤等,还可以做成银鱼丸、银鱼春卷、银鱼馄饨等,经曝晒后的银鱼干,其色香味形,经久不变,故可致远。

鲈　鱼

前人有道是"请君听说吴江鲈,除却吴江天下无",故吴江素称鲈乡。范成大《吴郡志》卷二十九记了这样一个故事:"鲈鱼,生松江,尤宜脍。洁白松软,又不腥,在诸鱼之上。江与太湖相接,湖中亦有鲈。俗传江鱼四鳃,湖鱼止三鳃,味辄不及。秋初鱼出,吴中好事者竞买之,或有游松江就脍之者。后汉左慈,尝在曹操坐。操曰:'今日高会,珍羞略备,所少吴江鲈鱼耳。'慈曰:'此可得也。'因求铜盘贮水,以竹竿饵钓于盘中。须臾,引一鲈鱼出,操曰:'一鱼不周坐席,可更得乎?'慈乃更饵,沉之须臾,复引出,皆长三尺馀,生鲜可爱。操使脍之,周浃会者。"

由此可见,早在三国时,吴江鲈鱼已名闻天下,并且鲈脍这道珍肴也由来已久。需要说明的是,古之松江并非指如今上海的属县,历史上,元至元十五年(1278)方改华亭府为松江府,也就是雅称"云间"的地方,在此之前,松江即三江之一,以吴江为主要流域。故曹操要点食的吴江鲈鱼,即松江四鳃鲈。

鲈鱼又名银鲈,体白而有黑斑,口大鳞细,鳍很坚硬,外形有点像鳜鱼而略为尖长,一般仅长数寸,大的可长达两尺馀。李时珍《本草纲目》引杨万里诗曰:"鲈出鲈乡芦叶前,垂虹桥下不论钱。买来玉尺如何短,铸出银梭直如圆。白质黑文三四点,细鳞巨口一双鲜。春风已有真风味,想来秋风更迥然。"将鲈鱼的形状描摹得十分真切。

至于鲈脍,据《烟花记》记载,隋大业时"吴都献松江鲈鱼",这鲈鱼并非鲜鱼,而是干脍,故炀帝杨广称之为"金齑玉脍"。朱长文《吴郡图经续记》卷下记道:"松江鲈鱼干脍六瓶,瓶容一斗,取香柔花叶相间,细切和脍,拨令调匀,鲈鱼肉白如雪不腥,所谓金齑玉脍,东南之佳味也;紫花碧叶,间以素脍,鲜絜可爱。"袁景澜《吴郡岁华纪丽》卷九引《大业拾遗》曰:"吴郡作鲈鱼脍,须八九月霜下时,收鲈鱼三尺以下者,作干脍置盘内,取香橙皮细切为缕,与鲈脍相和,拨令调匀。"苏轼《和文与可洋州金橙径》诗曰:"金橙纵复里人知,不见鲈鱼价自低。须是松江烟雨里,小船烧薤捣香齑。"范成大《秋日田园诗》曰:"细捣橙齑有脍鱼,西风吹上四腮鲈。雪松酥腻千丝缕,除却松江到处无。"这都是对鲈脍的赞叹。在北方吃鲈鱼,只有鲈脍的做法,既能贮存,又有佳味,但总不及新鲜鲈鱼。

旧时,吴江松陵有垂虹桥,也称长桥,为东南胜观,桥上有亭,名为鲈乡亭,俯视江湖,尤为绝景处。江边渔舟丛集,摊贩接踵,可称繁忙的水产集散地,当秋风乍起,各地前来游览赏景、买鲈尝鲜的人熙熙攘攘,自有一番热闹。唐寅《松陵晚泊》诗曰:"晚泊松陵系短篷,埠头灯火集船丛。人行烟霭垂虹上,月出蒹葭涌水中。自古三江多禹迹,长涛五夜是秋风。鲈鱼味老春醪浅,放箸金盘不觉空。"

据说,垂虹桥北的鲈鱼不及桥南的,孔平仲《谈苑》记道:"松江鲈鱼,长桥南所出者四腮,天生脍材也,味美肉紧切,终日色不变;桥北近昆山,大江入海所出者三腮,味带咸,肉稍慢,迥不及松江所出。"此外,太湖中也有鲈鱼,《吴郡岁华纪丽》卷九也称"鲈鱼生松江,太湖中亦有之,止三腮,味不及松江四腮鲈"。

鲈鱼往往与莼菜并提,所谓有"莼鲈之思"。张翰《秋风歌》咏道:"秋风起兮佳景时,吴江水兮鲈正肥。三千里兮家未归,恨难得兮仰天悲。"当时张翰见八王之乱,杀戮惨重,恐祸及己身,于是托词思念家乡的莼羹鲈脍,辞官返家。故陆龟蒙诗称"张翰深心怕祸机,不缘菰脆与鲈肥"。

鲚 鱼

鲚鱼有凤鲚、刀鲚、七丝鲚、短颌鲚种种,凤鲚又称凤尾鱼、烤子鱼,刀鲚又称刀鱼、毛鲚。凤鲚和刀鲚,春夏集群溯河,分别在河流上游或在河口产卵,形成渔汛,产卵后又返回海中。古籍里将鲚鱼称为鮆,《山海经·南山经》记道:"苕水出于其阴,北流注于具区,其中多鮆鱼。"可见远古时,太湖里就盛产鲚鱼,吴人称之为湖鲚,以有别于其他地方的鲚鱼。湖鲚头大鳞细,尾尖长,体形侧扁,银光闪闪,侧望如刀,宜清蒸,

太湖渔汛(摄于 1948 年前)

腴而不腻,鲜美称绝,惟多细骨,易鲠喉。黄梅天气时出水的,称为梅鲚。梅鲚有大小之分,大梅鲚肉肥骨嫩,口感腴美。据说,明洪武时起,年年进贡大梅鲚万斤。小梅鲚又称"螳螂子"、"黄尾鲚",往往晒干后,可贮存,可致远,《齐民要术》便记有"干鲚鱼医法",称鲚鱼干"味香美,与生者无殊异"。

叶承桂《太湖竹枝词》咏道:"捞虾射鸭傍芦碕,向晚渔罾挂夕晖。拨剌银刀刚出水,落花香里鲚鱼肥。"词下小注写道:"白居易《泛太湖书事诗》:'惊鼓跳鱼拨剌红。'《湖州府志》:鲚鱼出太湖,其形狭薄头大,长者尺馀,又名鲚鱼,小者可作鲝。《太湖备考》:鲚鱼一名刀鱼。《尔雅》:翼长头而狭,腹背如刀,故名。俗呼刀鲚,又名湖鲚,别于江产也。《异鱼图赞》:鲚鱼,蝴蝶所化,列甍长须。今太湖有之,大者名刀鲚,小者亦可作鲊。"

刘宰《走笔谢王去非遗馈江鲚》有:"鲜明讶银尺,廉纤非茧尾。肩耸乍惊雷,腮红新出水。笔以姜桂椒,未熟香浮鼻。河豚愧有毒,江鲈惭寡味"之咏。湖鲚实际比江鲚更为鲜美,可称江南时令佳味。湖鲚入馔之法很多,能清炖、红烧、油爆、水发、糖醋等,均松脆异常。农历二三月间,湖鲚肉嫩味鲜,清蒸红烧均可,因为鱼刺细而多,故取食时常以金花菜同食,可免鱼刺鲠喉。鱼刺在清明前较为细软,清明后变硬,故以清明前湖鲚为佳。其时肉极细嫩,一蒸后酥松脱骨,将剔除骨刺的鱼肉和在面粉里,制成面条,便是刀鱼面。还可将取去内脏的鲚鱼剁烂后加适量豆腐拌和成饼状油煎,再加佐料用文火烧炙,做成鲚饼,风味亦佳。渔民还有一种做法,将刚起水的梅鲚,加入调料,煮至七分熟,滤干水渍,用文火在锅里烤炙,直到鱼呈米黄色,称为烙梅鲚,色浓,味香,无腥,脆而不酥,肥而不腻,是佐酒的佳品。

旧时文人好事,毛胜《水族加恩簿》称鲚鱼为"白圭夫子",云是"貌则清臞,材极美俊,宜授骨鲠卿"。这"骨鲠",实在很能说出鲚鱼的特点来。

鲥　鱼

鲥鱼,《尔雅》称为"当魱",也称时鱼、三黎,形秀而扁,背部灰黑色,侧部及腹部银白色,丰腴肥硕,肉味鲜美,属名贵鱼类。古人将黄河鲤鱼、伊洛鲂鱼、松江鲈鱼、富春江鲥鱼喻为四大美鱼,谢墉将之比拟西施,诗曰:"网得西施真国色,诗云南国有佳人。朝潮拍岸鳞浮玉,夜月寒光掉尾银。长恨黄梅催盛夏,对寻白雪继阳春。维其时矣文无赘,旨酒端宜式燕宾。"鲥鱼生于海,至春末夏初入长江产卵,远不过南京,再上游便极少,小满至芒种间为旺汛。据说,鲥鱼最为娇贵,离水即死。鲥鱼的这一特性,王少堂评话《宋江》中有一段描述:"鲥鱼生得最娇。它最爱身上的鳞呀,它一声离了水,见了风,随时就死了。活鲥鱼很不易吃到。鲥鱼在八鲜之内,鲥鱼见早,八鲜就俱全了。"由此也可见得它的名贵。

明代时,鲥鱼为应天府上贡贡品,陆路用快马,水路用快船,南京和北京相距遥遥三千里,限三日内抵达,作为宫中御宴之需。时有鲥鱼席,邀大臣品尝。于慎行《赐鲜鲥鱼》诗曰:"六月鲥鱼带雪寒,三千江路到长安。尧厨未进银刀脍,汉阙先分玉露盘。赐比群卿恩已重,颁随元老遇犹难。迟回退食惭无补,仙馔年年领大官。"入清以后,鲥贡规模更扩大,官民都苦不堪言。吴嘉纪有《打鲥鱼》两首,一首咏道:"打鲥鱼,供上用。船头密网犹未下,官长已鞴驿马送。樱桃入市笋味好,今岁鲥鱼偏不早。观者倏忽颜色欢,玉鳞跃出江中澜。天边举匕久相迟,冰镇箬护付飞骑。君不见金台铁瓮路三千,却限时辰二十二。"另一首咏道:"打鲥鱼,暮不休,前鱼已去后鱼稀,搔白官人旧黑头。贩夫何曾偷得买,胥徒两岸争相持。人马销残日无算,百计但求鲜味在。民力谁知夜益穷,驿亭灯火接重重。山头食藿杖藜叟,愁看燕吴一烛龙。"又沈名荪《进鲜行》咏道:"江南四月桃花水,鲥鱼腥风满江起。朱书檄下如火催,郡县纷纷捉渔子。大网小网载满船,官吏未饱民受鞭。百千中选能几尾,每尾匣装银色铅。浓油泼冰养贮好,臣某恭封驰上道。钲声远来尘飞扬,行人惊避下道傍。县官骑马鞠躬立,打叠蛋酒供冰汤。三千里路不三日,知毙几人几马匹。马死人死何足论,只求好鱼呈至尊。"

鲥贡持续了二百馀年,至清康熙二十二年(1683),山东按察使参议张能麟奏请免供鲥鱼,《代请停供鲥鱼疏》写道:"康熙二十二年三月初二日,接奉部文:安设塘拨,飞递鲥鱼,恭请上御。值臣代摄驿篆,敢不殚心料理。随于初四日,星驰蒙阴、沂水等处,挑选健马,准备飞递。伏思皇上劳心焦思,廓清中外,正当饮食晏乐,颐养天和。一鲥之味,何关轻重。臣窃诏鲥非难供,而鲥之性难供。鲥从时字,惟四月则有,他时则无。诸鱼养可生,此鱼出网则息。他鱼生息可餐,此鱼味变极恶。因黎萑贫民,肉食艰难,传为异味。若天厨珍膳,滋味万品,何取一鱼。窃计鲥产于江南之扬子江,达于京师,二千五百馀里。进贡之员，每三十里一塘，竖立旗竿，日则悬旌，夜则悬灯，通计备马三千馀匹，夫数千人。东省山路崎岖，臣见州县各官，督率人夫，运木治桥，劙石治路，昼夜奔忙，惟恐一时马蹶，致于重谴。且天气炎热，鲥性不能久延，正孔子所谓鱼馁不食之时也。臣下奉法惟谨，故一闻进贡鲥鱼，凡此二三千里地当孔道之官民，实有昼夜恐惧不宁者。"

此疏写得情真意切，康熙帝玄烨天颜为动，准"永免进贡"，从此结束鲥贡。

因为鲥鱼是贡品，故价格昂贵。黎士宏《仁恕堂笔记》称"鲥鱼初出时，率千钱一尾，非达官巨贾，不得沾箸"。虽然鲥鱼名贵，但常熟滨临长江，有浒浦、福山等渔港，也是鲥鱼上岸之地，故近处百姓有上门送售者，想来价格不会太高。姚文起《支川竹枝词》咏道："时物携来巨镇消，冰鲜海上不停挑，牙郎食谱家家熟，一篓鲥鱼尽百条。"词下小注写道："海上贩鱼者谓之挑鲜，鲥鱼则各家送售，尽多必罄。俗有吃食支塘之称。他物亦称是。"从常熟贩运至苏州，便价格腾贵，清初僧人宗信《续苏州竹枝词》咏道："阊关𪨗货众商居，十万人家富有馀。赶节冰鲜何太早，南濠四月卖鲥鱼。"又康熙间张英《吴门竹枝词》咏道："杨花落后春潮长，入网霜鳞玉不如。骄语吴侬侥幸杀，千钱昨日吃鲥鱼。"某些豪家的穷奢极欲之态，也在鲥鱼上反映出来。钱泳《履园丛话》卷十七记道："国初苏州大猾有施商馀、袁槐客、沈继贤，吴县光福镇则有徐掌明，俱揽据要津，与巡抚两司一府二县，声息相通，鱼肉乡里，人人侧目。太傅金之俊归田后，屡受施商馀之侮，至患膈症而殁。施下乡遇雨，停舟某船坊内，主人延之登岸，盛馔款留。施见其家有兵器,遂挽他人以私藏军器报县拘查,施佯为之解救,事得释,曰:'以此报德。'而其人不知也,再三感谢,馈之银,不受。适鲥鱼新出,觅一担送施,以为奇货。施即命其人自挑至厨下,但见鲥鱼已满厨矣。"

至道光时,凡鲥鱼上市,必先进抚军,袁景澜《姑苏竹枝词》咏道:"秧针刺水绿参差,正是冰鲜出市时。万里长风催舶趠,官衙五月进头鲥。"词下注道:"葑门外冰窖,冬月藏冰,夏取以护鲜鱼,名冰鲜。梅雨乍过,有长风随海舶来,旬月不歇,名舶趠风。鲥鱼新出第一鲥,必进抚军,名头鲥。"这也是苏州历史上关于鲥鱼的一段故实。

鲥鱼以体重二斤左右为最佳,因鳞下多凝脂肪,故食时都不去鳞。通常有红烧和清炖两种做法,红烧用酱油、白糖,加葱姜等作料,入口肥而不腻;清炖配以香菇、笋片,加上精盐、葱姜和少许白糖,用旺火水蒸,肥嫩清鲜,历来为老饕称道。苏轼有诗咏道:"姜芽紫醋炙银鱼,雪碗擎来二尺馀。尚有桃花春气在,此中风味胜莼鲈。"王安石也有"鲥鱼出网蔽江渚,荻笋肥甘胜牛乳"之咏,其胜味可知。

白　虾

罗愿《尔雅翼》称"白虾、青虾各以其色",江湖沼泽都有,黄庭坚《客自潭府来称明因寺僧作静照堂求予作》有"市门晓日鱼虾白,邻舍秋风橘柚黄"之咏,道潜《淮上》也有"日出岸沙多细穴,白虾青蟹走无穷"之咏。然而太湖白虾负有盛名,与银鱼、鲚鱼并称"太湖三宝"。太湖白虾又称长臂虾,俗呼水晶虾,通体透明,晶莹如玉,略见棕色斑纹。头有须,胸有爪,两眼突出,尾成叉形,以水草繁茂、风平浪静的浅滩为安身栖息之处。金友理《太湖备考》卷六记道:"白虾,色白而壳

白 虾

软薄,梅雨后有子有育更美。"五六月间为产卵期,白虾大都抱卵,渔民称之为"蚕子虾"。这时上市的白虾,苏人称为"三虾",即虾子饱满、虾脑充实、虾肉鲜美,店家便有三虾面应市。

鲜活的白虾可以生吃,滋味独绝。龚明之《中吴纪闻》卷五记了一位苏州的虾子和尚:"承平时,有虾子和尚,好食活虾,乞丐于市,得钱即买虾,贮之袖中,且行且食,或随其所往,密视之,遇水则出哇,群虾皆游跃而去。后不知所众。"这虽然说的是虾子和尚的德行故事,但也可见得吴人生吃活虾的故实。然而鲜活的白虾,做呛虾最佳,先将活虾洗净后,放进调好的作料里,放至桌上,那虾仍在活蹦乱跳,箸夹活虾,蘸着调料,活吃鲜虾,其嫩异常。某年春天,金性尧游苏,至木渎石家饭店,对那盆呛虾,赞不绝口,他在《苏台散策记》里写道:"可惜这天因时令尚早,吃不到那边名产的鲃肺汤。但另外如与众不同之馒头、菜心、烧肉诸菜,大约一半是得土膏露气之真,一半确是烹调之得当。然而其中有不需烹调却令人念念不忘的,当推一盆活跃的河虾了。即刘恂在《岭表录异》中所记的'就口跑出,亦有跳出醋碟者谓之虾生'者是也。"需要说明的

是,苏州的呛虾和《岭表录异》所记的并不相同,调料中没有
葔菜、香蓼之属,只是将那活虾先放在酒中,让它醉去,然后加
入调料,其中不可少的是红乳腐露,实在是一种美味。

白虾的吃法很多,鲜食有盐水虾、油爆虾、虾片、虾仁、虾
圆、虾卷,虾仁可做成虾仁炒蛋、虾仁羹汤、石榴虾仁、碧螺虾
仁、虾绒蛋球、虾珠鲫鱼、孔雀虾蟹等百十道名菜。此外,白虾
之子味道鲜美,可制成虾子鲞鱼、虾子酱油及其他名贵调味
品。或将白虾煮熟后晒干,便成虾干,略呈淡红色,可长久贮
藏,食用方便,去掉干壳,就是虾米,称为湖开或湖米,为中馈
治肴所常用。

螃　蟹

苏州螃蟹,久负盛名,然蟹有小年大年,小年产量少,价格
高昂,大年产量多,价格也就稍低,但苏州历史上还有过蟹多
成灾的事。《国语》卷二十一《越语》记吴王夫差十三年(前
483),吴国"稻蟹不遗种",蟹吃尽了稻谷,甚至连稻种也吃尽
了,为害之烈,骇人听闻。又高德基《平江记事》记元大德十一
年(1307),"吴中蟹厄如蝗,平田皆满,稻谷荡尽,吴谚'虾荒蟹
乱'正谓此也"。回望历史,有时真让人不可思议。

苏州蟹的品种较多,《吴郡岁华纪丽》卷十记道:"蟹凡数
种,出太湖者,大而色黄,壳软,曰湖蟹,冬日益肥美,谓之十月
雄。出吴江汾湖者曰紫须蟹。莫旦《苏州赋》注:肥大有及斤
一枚者,出昆山蔚洲村者,曰蔚迟蟹;出常熟潭塘,曰潭塘蟹,
壳软爪拳缩,俗呼金爪蟹。至江蟹、黄蟹,皆出诸品下。"吴江

蟹,陆游曾啜食,《小酌》诗曰:"帘外桐疏见露蝉,一壶聊醉嫩寒天。团脐磊落吴江蟹,缩项轮困汉水鳊。"可见也是蟹中名品。常熟潭塘蟹,产于辛庄潭塘,蟹背宽厚,蟹脚既

螃 蟹

长又粗,爪尖带金黄色,大的可达半斤一只,雄者膏多,雌者黄实,肉头也特别结实,因潭塘不大,产量很少,故也就名贵起来。

　　然而苏州蟹之最美者,莫过于阳澄湖清水大闸蟹,实在是蟹中极品,个体硕大,一只宿年大蟹可重达七八两,肉肥脂厚,极受食家钟情。章太炎夫人汤国梨有诗咏道:"不是阳澄湖蟹好,人生何必住苏州。"沈藻采《元和唯亭志》卷三称"出阳城湖者最大,壳青,脚红,名金爪蟹,重斤许,味最腴"。大闸蟹的脚上之毛,作金黄色,背壳作青黛色,俗呼铁锈蟹。无论古今,都

油酱河蟹

有假冒阳澄湖大闸蟹的,检验真假的办法,就是将蟹置于漆盘里,因为漆盘极滑,惟有阳澄湖大闸蟹能够爬行自如,一是因为它的脚有力,二是因为它脚上的毛极长。

　　大闸蟹旺市,大抵起于寒露,止于立冬,苏州人有"九月团脐十月尖"、"九月团脐佳,十月尖脐佳"、"九雌十雄"等说法,也就是说,农历九月的雌蟹,十月的雄蟹,性腺发育得最好,长得卵满膏腻,个大肉多,诚如《红楼梦》第三十六回林黛玉所咏"螯封嫩玉双双满,壳凸红脂块块香"也。大闸蟹重七八两且雌雄各一只者,称为对蟹,最为难得。但蟹有季节性,所谓"蟹立冬,影无踪",一过立冬就很少见到了。有人将蟹养起来,到第二年再取出来吃,方法是在冬至前将蟹放在瓮里,放些稻草根,然后将瓮口封住,这样蟹不会死,早春时再取出来吃。

　　蟹的吃法一般有蒸、煮、酒呛、面拖,剔出蟹肉可作点心之馅,如蟹肉馅馒头、蟹肉馅馄饨,又可作菜肴,如蟹粉炒肉丝、炒蛋、炒虾仁等。或将蟹煮熟,将蟹肉剔出,连同蟹黄装入蟹壳内,配上花边,称"芙蓉蟹斗",成为筵席佳肴。苏州人还将较小的蟹,放在酒瓮里,越三天取食,其味隽永,最宜下酒,称之为醉蟹。吴江人金孟远《吴门新竹枝》咏道:"横行一世卧糟丘,醉蟹居然作醉侯。喜尔秋来风味隽,衔杯伴我酒泉游。"

河　豚

　　关于河豚的记载很早,《山海经·北山经》记的"赤鲑"和"鲐"就是河豚。又左思《吴都赋》有"王鲔鯸鲐",注称"鯸鲐鱼,状如蝌蚪,大者尺馀,腹下白,背上青黑,有黄文,性有毒"。可知河豚也是苏州地方特产。袁景澜《吴郡岁华纪丽》卷二记道:"河豚春初从海中来,吴人甚珍之,其膵尤腴美,俗名'西施乳'。然有毒,烹调失宜,能杀人。"苏州有句俗语,叫做"拼死吃河豚"，大概有两层意思，一是说吃河豚有死的危险，二是说吃了河豚死也值得。沿江一带，年年有因吃河豚而死的饕餮者，也有年年吃了河豚而安然无恙的美食家。

自古以来，"拼死吃河豚"的人极多，苏轼就是其中之一。孙奕《示儿编》记了一个故事："东坡居常州，颇嗜河豚。有妙于烹者，招东坡享。妇子倾室窥于屏间，冀一语品题。东坡大嚼，寂如暗者，窥者大失望。东坡忽下箸曰：'也直一死！'于是合家大悦。"又吴曾《能改斋漫录》也记苏轼吃河豚的事："东坡在资善堂中，盛称河豚之美，李原明问其味如何，答曰：'直那一死。'"为区区一尾河

卖河豚(选自《营业写真》)

豚而值得去死，可知是美味的极致了，还能用什么其他语言来表达呢？春天来了，苏轼第一想到的，就是又可以吃河豚了，《惠崇春江晚景》咏道："竹外桃花三两枝，春江水暖鸭先知。蒌蒿满地芦芽短，正是河豚欲上时。"正可见他那种喜悦的神情。宋人是很爱吃河豚的，开封吃不到河豚，店肆便有仿制的"假河豚"，聊以煞瘾，这见于《东京梦华录》。晚近以来，日本

吃河豚的风气极盛,河豚在那里一年四季都有,喜好者大有人在。某年岁末,鲁迅在上海,与两位日本朋友去一家日本馆子吃河豚,归来后赋诗一首,咏道:"故乡黯黯锁玄云,遥夜迢迢隔上春。岁末何堪再惆怅,且持卮酒吃河豚。"这河豚,大概是从日本运来的吧。

历代咏唱河豚者极多,如"如刀江鲚白盈尺,不独河豚天下稀","河豚羹玉乳,江鲚脍银丝"等等,赞美河豚的美味。也有人不以为然,如梅尧臣便是,其诗《戒食河豚》曰:"春洲生荻芽,春岸飞杨花。河豚当是时,贵不数鱼虾。其状已可怪,其毒亦莫加。忿腹若封豕,怒目犹吴蛙。炮煎苟失所,入喉为镆铘。若此丧躯体,何须资齿牙。持问南方人,党护复矜夸。皆言美无度,谁谓死如麻。吾语不能屈,自思空咄嗟。"这首诗不但劝戒吃河豚者,而且说出了河豚的习性。然陆容《菽园杂记》予以辨正,卷九写道:"而吾乡俗语则云:'芦青长一尺,莫与河豚作主客。'芦青即荻芽也,荻芽长,河豚已过时矣。而圣俞云然,予尝疑之,后观范石湖《吴郡志》,始知此鱼至春则溯江而上,苏、常、江阴居江下流,故春初已盛出,真、润则在二月,若金陵上下,则在二三月之交,池阳以上,暮春始有之。圣俞所云,始池阳、当涂之俗。"

河豚以清明前为佳,鱼皮外毛刺较短软,清明后毛刺变硬,滋味亦差。人称河豚有三美,其一是西施乳,即雄鱼的血白,鲜嫩胜于乳酪;其二是鱼皮,软糯胜于鳖裙;其三才是鱼肉,味在鲤鳊之间。

河豚有剧毒,如不懂选择,或不擅烹调,则会死人。毛祥麟《墨馀录》卷六记了一件事:"医家张麟祥,字玉书,有声于时,求治者踵相接,日得金数十,家顿裕。而供馔之盛,可拟贵官,凡遇时鲜异味,必以先尝为快。一日,出见肆有河豚,责问厨丁何不市,庖谓此似越宿物,或不宜食。张怒曰:'此我素嗜,尔何知?'庖即往市,得六尾,急烹以进。张呼弟与子同食。食时极口称美,独尽一器。有顷,子觉唇上微麻,以告张,张曰:'汝自心疑耳,我固无他也。'遂乘舆出诊。诊至第五家,忽谓舆夫曰:'速买橄榄来,河豚果有毒。'果至,初尚能嚼,顷之,口渐不能张。舆夫急舁归,入门但呼麻甚,扶坐椅上,仅半时许,气绝矣。初死,面如生,旋闻腹鸣如雷,遍体浮肿,色渐如青靛,继而红,继而黑,则七窍流血焉。同治丁卯二月三日事也。弟与子食幸不多,张归时,已吞粪水,故得不死。初,以其馀馈戚之同嗜者顾某,时正欲食,闻张耗,即命弃去。工人某曰:'生死,数也。食何害?'遂私取食,食且尽。稍顷,自觉舌如针刺,口渐收小,知有异,急自饮便壶中溺,饮已,大吐,遂昏绝,阅二日始醒。时有一猫,又食工人之馀,即腹膨如鼓死。"

可见河豚之毒,骇人听闻。因此吃河豚者,往往怀有矛盾的心理,陆云士《离亭燕》词曰:"三月桃花春水,网撒江鲜初起。不使纤尘沾鼎俎,乳炙西施甚美。下箸且徘徊,此事不如意矣。昨日传闻西第,醉饱翻成涕泪。子孝臣忠千古事,只是难拼一死。口腹亦可为,竟肯轻生如此。"又张岱《瓜步河豚》,题下注道:"苏州河豚肝,名西施乳,以芦笋同煮则无毒。"诗曰:"未食河豚肉,先寻芦笋尖。干城二卵滑,白璧十双纤。春笋方除箨,秋莼未下盐。夜来将拼死,蚤起复掀髯。"吃河豚时总有点担心,但清早起来,自己居然还活着,总是很欣慰的事。

岁 时 饮 馔

古代中国有"四时七十二候",即所谓岁时节令,它是农耕文化的反映,人类就是在顺应着万物春生、夏长、秋收、冬藏的自然法则中,逐渐认识宇宙的运动规律的。苏州岁时节令的食品颇有不同,这些不同的食品,使岁时节令各具特色,以多种多样的饮食活动营造了不同岁时节令的气氛,其蕴涵的意思是非常丰富的,有时令的关系,也有风俗与宗教信仰的关系。这些食品的象征意义,要比它们的营养价值重要得多。前人在这些饮食活动中,寄托自己的希望,抒发自己的情怀,享受自然的乐趣,品味多变的人生。

早在西晋时,左思《吴都赋》便有"竞其区宇,则并疆兼巷;矜其宴居,则珠服玉馔"之赞美。及至明清,苏州以繁华富庶称誉全国,张大纯《节序》写道:"江南佳丽,自昔为称。吴下繁华,于今犹著。驱车载笔,名流多游览之篇;美景良辰,土俗侈岁时之胜。"唐寅更有《江南四季歌》，咏道："江南人住神仙地，雪月风花分四季。满城旗队看迎春，又见鳌山烧火树。千门挂彩六街红，凤笙鼍鼓喧春风。歌童游女路南北，王孙公子河西东。看灯未了人未绝，等闲又话清明节。呼船载酒竞游春，蛤蜊上巳争尝新。吴山穿绕横塘过，虎丘灵岩复玄墓。提壶挈榼归去来，南湖又报荷花开。锦云乡中漾舟去，美人鬓压琵琶钗。银筝皓齿声继续，翠纱汗衫红映肉。金刀剖破水晶瓜，冰山影里人如玉。一天火云犹未已，梧桐忽报秋风起。鹊桥牛女渡银河，乞巧人排明月里。南楼雁过又中秋，悚然毛骨寒飕飕。登高须向天池岭，桂花千树天香浮。左持蟹螯右持酒，不觉今朝又重九。一年好景最斯时，橘绿橙黄洞庭有。满园还剩菊花枝，雪片高飞大如手。安排暖阁开红炉，敲冰洗盏烘牛酥。销金帐掩梅梢月，流酥润滑钩珊瑚。汤作蝉鸣生蟹眼，罐中茶熟春泉铺。寸韭饼，千金果，鳖裙鹅掌山羊脯。侍儿烘酒暖银壶，小婢歌阑欲罢舞。黑貂裘，红毾𣞻，不知蓑笠渔翁苦。"

唐寅的这首歌诗，描绘了一年四季苏州风俗的大略，其中各种饮食是个重要内容，断不可缺。但风气的奢华，又是事实。袁景澜《吴俗箴言》写道："衣食之原，在于勤俭。三吴风尚浮华，胥隶倡优，戴貂衣绣，炫耀矜奇。文人喜作淫词。病家听信巫觋，辄行祷禳，牲乐喧阗。贫民浪费称贷。或有假神生诞，赛会庆祝，杂扮故事，男女溷淆，为首科敛，举国若狂。或酗酒聚赌，致生事端。又有优觞妓筵，酒船胜会，排列高果，铺设看席，糜费不赀，争相夸尚。更有治丧举殡，戏乐参灵，尤为无礼。凡此皆百姓火耕水耨之资，恣其浪费，民力安得不竭，国税安得不逋。夫习俗之奢俭，动关闾阎之肥瘠。吴民家鲜盖藏,犹自浮费相尚。自后概行禁止,无得抗违滋罪。"

正因为如此,苏州在岁时饮馔上,清嘉与奢华并存,具有独特的文化景观。

正 月

二十四节气,立春为第一,若赶在春节之前,民谚则云:"两春夹一冬,无棉暖烘烘。"古人于立春十分重视,在这一天迎接春天的到来。明清时,苏州迎春典礼在娄门外柳仙堂举行。立春前一天,郡守率领属僚前往,车马开道,羽仪盛设,旗帜高张,前面是社火,后面是芒神和土牛,一路游行,观者如市,苏州人称为"行春"。至于"行春"食品,嘉靖《姑苏志》记道:"啖春饼、春糕,竞看土牛,集千卧龙街,老稚走空城。"《吴郡岁华纪丽》卷一也记道:"比户啖春饼、春糕,竞看土牛集护龙街,骈肩如堵,争手摸春牛,谓占新岁利市。"由此可见,苏州人"行春"时吃的,就有春饼和春糕。

卖春卷(选自《营业写真》)

春饼，东晋时就有了，《四时宝镜》记道："东晋李鄂立春日命以芦菔、芹芽为菜盘相馈贶。立春日春饼、生菜号春盘。"明人陈缵曾说："立春日啖春饼，谓之咬春；立春后出游，谓之讨春。""咬春"也就是"尝春"，苏轼有诗咏道："渐觉东风料峭寒，青蒿黄韭试春盘。"虽说立春时候天气尚寒，但春盘里的小小春饼，却已透露出春天的消息。至清代，北方和南方都以春饼为立春的重要食品，但各地春饼并不相同。《调鼎集》卷九记了三种不同的春饼：一是"干面皮加包火腿、肉、鸡等物，或四季时菜心，油炸供客"；二是"咸肉、腰、蒜花、黑枣、胡桃仁、洋糖共斩碎，卷春饼，切断"；三是"柿饼捣烂，加熟咸肉肥条，摊春饼作小卷，切断，单用去皮柿饼，切条作卷亦可"。苏州的情形，《清嘉录》卷一记道："春前一月，市上已插标供买春饼，居人相馈贶，卖者自署其标曰'应时春饼'。"苏州的"应时春饼"，确乎"吴侬制不同"。《吴郡岁华纪丽》卷一记道："新春市人卖春饼，居人相馈遗。饼薄形圆，裹肉脍及野菜熟之，以佐春盘，邻里珍为上供。"如今流行的春卷，似乎保留旧时春饼的遗制。春卷的做法，是将面粉和水搅成面糊，摊在平底锅中以小火烘出薄饼，即所谓春卷皮子，包入鲜肉馅或荠菜肉丝馅，入油锅，炸至金黄色即可。苏州人爱吃甜食，馅料还常用豆沙，即是甜馅春卷。立春那天，苏州人家凡有客来，都起油锅煎春

芝麻春卷

卷,金孟远《吴门新竹枝》咏道:"粗包细切玉盘陈,茗话兰闺盛主宾。每到立春添细点,油煎春卷喜尝新。"春饼或春卷,并不是立春才吃,作为节物,整个新年里几乎都吃,如初七人日,煎饼于庭中,称为"熏天";廿五日又大啖饼饵,称为"填仓"。这都是吴门旧俗。

至于春糕,也就是年糕,旧时称为节糕,乾隆《元和县志》和道光《元和唯亭志》都有"作春盘,啖节糕"的记载,春糕也是整个年节里的吃食。

元日为岁之朝、月之朝、日之朝,宗懔《荆楚岁时记》称"三元之日",韩鄂《岁华纪丽》卷一记道:"八节之端,三元之始,开甲子于新历,发风光于上春,七十二候之初,三百六旬之首。"

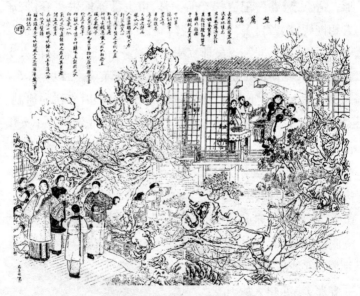

辛盘荐瑞(选自《点石斋画报》)

也就是今人所说的大年初一。唐寅《岁朝》咏道："海日团团生紫烟,门联处处揭红笺。鸠车竹马儿童市,椒酒辛盘姊妹筵。鬓插梅花人蹴鞠,架垂绒线院秋千。仰天愿祝吾皇寿,一个苍生借一年。"诗中的"椒酒辛盘",就是指椒柏酒和五辛盘,宗懔《荆楚岁时记》记元日食俗,写道："长幼悉正衣冠,以次拜贺,进椒柏酒,饮桃汤;进屠苏酒、胶牙饧,下五辛盘;进敷淤散,服却鬼丸;各进一鸡子。"周处《风土记》也写道："正月元日,五熏炼形。注曰:五辛,所以发五藏气。"可见椒柏酒具怯病的功效。所谓五辛盘,即盛"五辛"的春盘,《正一要旨》称"五辛者,大蒜、小蒜、韭菜、芸苔、胡荽是也",均为辛香之物,据孙思邈《食忌》说,食之可以辟疠气;又《养生诀》说,食之可以开五脏去伏热。可见古人在大年初一,首先想到的并不是享受口福,而是将对健康的追求,寄托在新年的第一天。

苏州人毕竟口味不同,椒酒和五辛或许也有,但还用其他来取代,一个极好的例子就是黄连头,《清嘉录》卷一记道："献岁,乡农沿门吟卖黄连头、叫鸡,络绎不绝。"小注道："黄连树,村落间俱有,极高大,其苗可食。今乡农于四五月间摘取其头,以甘草汁腌之,谓小儿食之,可解内热。"可见这黄连头也有五辛的功效。此外,还有所谓"饤盘果饵",《吴郡岁华纪丽》卷一记道："新年亲朋贺岁,相揖就坐;必陈髹漆盘,杂饤果品、糖饵以款客,殆古五辛盘之遗制欤。"苏州人称为九子冰盘,盘中共放九碟,想来无非是柿饼、蜜枣、莲子、瓜子、桂圆、果仁、胡桃仁之类,其中必不可少的是饧糖,也就是胶牙糖,是老幼皆宜的节物。

清末的情形,包天笑《衣食住行的百年变迁》记道："元旦起身,向父母及长亲拜年以后,便吃汤圆。汤圆以粉制,小如桂圆核,煮以糖汤,苏人称之曰'圆子',非仅是元旦,即年初三、立春日、元宵夜,亦吃圆子,大约以'圆'字口彩佳,有团圆之意。以下每晨每吃自制的点心,直至元宵为止。在此过程中,例不吃粥。但在年初五,俗称财神生日,则吃糕汤,又曰元宝汤,因年糕中有象形作元宝状者,切之煮糕汤,亦好彩也。"又记道:"所谓新年点心者,以吴人好甜食,大抵为甜品,如枣子糕、百果糕、玫瑰猪油糕种种。仅有两种是咸的,一为火腿粽子,一为春卷。吴人对于春卷,惟新春食之,不似他处的无论何时期,都可食春卷也。"

　　从元日起,至十五日上元节止,家家设宴,你邀我请,互为宾主,吴俗称为年节酒。因为这并不是为了品味佳肴,实在属于礼数应酬,况且走东家吃西家,要去的地方很多,一般只是稍稍吃几杯,就告辞出门,当然也有尽醉而归的。范来宗《留客》诗曰:"登门即去偶登堂,或是知心或远方。柏酒初开排日饮,辛盘速出隔年藏。老饕餍饫情忘倦,大户流连态怕狂。沿习乡风最真率,五侯鲭逊一锅香。"人间的世态炎凉,即使在年节酒时,也未曾被热闹的气氛所掩饰。及至民国,风气未移,因为新年无菜市,如有客来,就作"年东",也就是将过年所馀之菜,装成八碟,加一暖锅,称为"八盆一暖锅",金孟远《吴门新竹枝》咏道:"贺节纷纭宾客过,年东菜点费张罗。家常小宴无多味,装点八盆一暖锅。"吴江盛泽人家则较为简便,常常用海蜇丝打底,上面铺蛋饺、酱肉片等,同作一盆,称为"膳盆"。这酱肉是将鲜肉盐腌后,浸入酱油,数天后取出晒干,故别有一种滋味,蚾叟《盛泽食品竹枝词》咏道:"膳盆一品进筵前,交好亲知互拜年。酱肉满铺海蜇底,蛋皮包肉说新鲜。"

凡吃年节酒,或是拜年,都得点茶饷客,蔡云《吴歈》咏道:"大年朝过小年朝,春酒春盘互见招。近日款宾仪数简,点茶无复枣花挑。"明代苏州新年风俗,点茶有用诸色果及攒枣为花者,名为挑瓣茶。至清嘉庆时已久废,故有"点茶无复枣花挑"之说,并将挑瓣茶改为橄榄茶,即茶盏里放两枚橄榄,故苏州有"年初一请吃橄榄茶"的俗语,也称为元宝茶,不但讨吉利的口彩,也让油腻了胃口的人们,得到一点清香微苦的味道。金孟远《吴门新竹枝》咏道:"圆子年糕莲桂汤,满壶椒酒味甘芳。

拜年(选自《大雅楼画宝》)

醉来笑把茶经读,龙井春浮橄榄香。"民国三十一年(1942)《清乡新报》有署名阿宝的《新年竹枝词》,咏道:"锣鼓喧天岁事更,瓯香橄榄最知名。新春半月观前市,士女倾城第一声。"词下小注道:"新正半月,玄妙观中,热闹异常。观前一带茶坊,例于此际在茗碗上加鲜橄榄,游观者每称吃橄榄茶,此风各地仿佛也。"康熙《太仓州志》所记风俗,也很有意思,"宴客多具砂炒虚豆,以州人祈事济,曰凑投,取音类;又用马齿苋,曰开口菜"。那天是忌吃粥和汤茶淘饭的,据说,如果吃了,凡将出远门都会下雨。

旧时苏州典当极多,年初二便是典当延订或辞歇朝奉的日期,据说宾东于此都不启齿,只是在午饭时,如果东家要歇了那朝奉的生意,便请他吃一只熟鸡头。因为在典当做事很难,又因为苏州当铺朝奉大都是徽州人,因此有"新年年初二,徽州朝奉怕吃鸡"的俗语。

正月初七为人日,《吴郡岁华纪丽》卷一记道:"入春才七日,为人日。以七种菜为羹,剪彩或镂金箔为人,以贴帐粘屏,重人也。亦戴髻鬠,谓人入新年,容貌改旧从新也。维时野径梅香,草堂诗兴,最是雅人深致。顾孤山雪村、邓尉香海,此境何可蘧觅。但得矮墙半树、小窗一枝,佐以一壶酒、一卷书,闭门静坐,清对亦差强人意。若其投谒侯门,尘氛热局,呼庐轰饮,屠沽欢场,殊为烦耳。"

经过小年朝(年初三)、路头日(年初五),人们腻烦了连日来的鱼肉腥臊,也就想吃得稍为清淡一点,到了人日,就吃由七种蔬菜做的羹,也称为"七宝羹",又称为"六一菜"。唐人韦巨源《食谱》记长安"阊阖门外通衢有食肆,人呼为张手美家"

者,人日那天便有"六一菜"一款。民国《相城小志》所记则不
同,"七日,男吞豆七,女吞豆十四,以避疫症,曰赤小豆"。初
七日吃七蔬之羹或吃七豆十四豆,除了数字上以表吉祥外,可
能并无更多的含义。

　　人日除了吃七素之羹外,还有"补天穿"风俗,这或许与
"女娲补天"有关。陈元靓《岁时广记》卷一引《拾遗记》曰:"江
东俗号正月二十为天穿日,以红缕系煎饼饵置屋上,谓之补天
穿。"天穿日的日子,不尽相同,如褚人获《坚瓠集》便说正月廿
三为天穿日。"补天穿"大概便是熏天的遗意。苏州人熏天,
即将春饼供于庭中。吴谷人《春饼》咏道:"荐新群爱样团栾,
复叠如堆月一盘。次
第咬春宜酒配,纵横映
于趁灯看。记逢人日
煎曾约,莫信吾家说不
刊。回首红缕飘昨梦,
茆檐无恙且加餐。"

　　到了初七、初八,
人家在年前烧好的菜,
大都已经吃完了,故俗
语说:"拜年拜到初七
八,厨房里剩两只酸荠
薹。"也有吃到年初十
的,俗语说:"拜年拜到
年初十,只剩萝卜不剩
肉。"总之年初十以后,

"买得鸡灯无用处,厨房去看煮元宵"
（丰子恺画）

便不算新年了,俗话说:"只有年初十,呒不年十一。"

正月十五称为上元,也就是元宵节。旧时上元的风俗食品,洛阳有玉粱糕,金门有粉荔枝,临安市肆有卖乳糖丸子、澄沙团子。至于苏州,嘉靖《姑苏志》记道:"是日会饮,以米粉作丸子、油䭔之属。"民国《吴县志》记道:"市人簁米粉为丸,曰圆子。取粉杂豆馅作饼入油煎之,曰油䭔。为居民祀神享先节物。比户燃双巨烛蜡于中堂,或安排筵席饮宴。"如今世殊时异,其制已逐渐湮没,虽说这些都是口实小食,但忆往昔之风景,纪食单之品目,也是颇有意思的事。

上元节物之一的圆子,传说久远,《吴郡岁华纪丽》卷一引《三馀帖》曰:"嫦娥奔月,羿日系思,有童子诣告云:'正月元夕,月圆之候,君宜用米粉作丸,团团如月,置室西北隅,呼夫人名,三夕可降。'如期果然,后世遂有元夕粉团之制。"粉团一类食品,唐代已有了,王仁裕《开元天宝遗事》说唐宫中曾"造粉团角黍,贮于金盘中,以小角造弓子,纤妙可爱,架箭射盘中粉团,中者得食,盖粉团滑腻而难射也"。这粉团也就是汤团,只不过唐人是作为端午的节物。

至于油䭔,大概就是古人所说的焦䭔,《岁时杂记》写道:"京师上元节食焦䭔,最盛且久。又大者,名柏头焦䭔。凡卖䭔必鸣鼓,谓之䭔鼓。"捶鼓卖食的情景,如今已不可复见。《膳夫录》也记道:"汴中节物,上元油䭔。"可见这是一种油炸的面食。

苏州的圆子,则搓粉为丸,下锅煮熟盛出,加糖,讲究的再略加蜜渍桂花;苏州的油䭔,用粉抟饼,豆沙作馅,下油煎熬,类乎如今的油饺。《清嘉录》卷一注道:"盖始于永乐十年,元

三色圆子

夕以糖圆、油饼为节食,岁以为常,见《皇明通纪》。厉静香《事物异名录》引《表异录》载宇文护置毒糖馄,谓今之元宵子。周必大有《元宵浮圆子》诗:'时节三吴重,圆匀万里同。'又范成大《上元记吴下节物》:'捻粉团栾意。'即今圆子也。"关于圆子,吴宽《粉丸》诗曰:"净淘细碾玉霏霏,万颗完成素手稀。须上轻圆真易沸,腹中磊块便堪围。不劳刘裕呼方旋,若使陈平食更肥。既饱有人频咳唾,席间往往落珠玑。"杭人谓之上灯圆子。《正字通》呼蒸饼为馄,俗以油煎为馄。吴宽《油馄》诗曰:"腻滑津津色未干,聊因佳节助杯盘。画图莫使依寒具,书信何劳送月团。曾见范公登杂记,独逢吴客劝加餐。当筵一嚼夸甘美,老大无成忆胆丸。"苏州上元的市食,除油馄和圆子之外,还有糖粽、粉团、荷梗、宇娄、瓜子诸品。据《璜泾志略》记载,太仓璜泾地方,元宵那天得吃馄饨,称之为"兜财"。

正月十三是灯市的第一天,称为上灯,至十八夜落灯,也称散灯,其间社火鳌山,滚灯烟火,通衢委巷,星布珠悬,皎如白日,喧阗达旦,极尽吴中繁华。苏州人家在上灯那天要吃圆子,落灯那天要吃糕汤,故民间有"上灯圆子落灯糕"的俗语。凡新嫁女儿的人家,都要将油馓送到婿家去。至民国时,苏州人有"上灯吃面,落灯吃圆子"之语,金孟远《吴门新竹枝》咏道:"上灯面与落灯圆,灯市萧条月色妍。踏月香街谈笑去,宋仙洲巷烛如椽。"

正月里,苏州人家还要爆米花,《吴郡志》卷二记道:"爆糯谷于釜中,名字娄,亦曰米花。每人自爆,以卜一岁之休咎。"爆米花又称为孛娄花,据说以翻白多者为胜。李翊《爆孛娄》咏道:"东入吴城十万家,新春爆谷卜年华。就锅抛下黄金粟,转手翻成白玉花。红粉佳人占喜事,白头老叟问生涯。晓来妆饰诸儿女,数点梅花插鬓斜。"

二 月

中和节为二月初一,入清以后一度改为二月初二,或称为"龙抬头"。苏州俗语有"二月二,龙抬头",又有俗话"二月二,瓜菜落苏尽下地"。这时春日融融,该是播种的季节了。《新唐书·李泌传》记李泌请以二月朔为中和节,"民间以青囊盛百谷瓜果相问遗,号为献生子"。据说唐时,百官于此日献农书。过中和节,表达了人们祈求五谷丰收、人丁兴旺、国泰民安的美好愿望。

苏州风俗,中和节要吃撑腰糕,即是将剩下的隔年糕切成薄片,油煎了吃,以为可以强健筋骨、避免腰痛。蔡云《吴歈》咏道:"二月二日春正饶,撑腰相劝啖花糕。支持柴米凭身健,莫惜终年筋骨劳。"许锷《撑腰糕》咏道:"新年已去剩年糕,饱啖依然解老饕。从此撑来腰脚健,名山游遍不辞劳。"徐士铉《吴中竹枝词》咏道:"片切年糕作短条,碧油煎出嫩黄娇。年年撑得风难摆,怪道吴娘少细腰。"又清佚名者《姑苏四季竹枝词》有《撑腰糕》一首,咏道:"中虚近日喜年糕,汤煮油煎撑软腰。愿得崔符离海上,糖船进口有千艘。"常熟的情形也一样,佚名者《海虞风俗竹枝词》:"糕条忙向笼中蒸,朵朵霉花热气腾。那晓卫生忘命嚼,撑腰弗痛究何曾。"吃撑腰糕的风俗,其他地方是没有的。

二月初二是土地神诞日,例作春社,祭祀五土五谷之神。《吴郡岁华纪丽》卷二记道:"二月二日为土神诞日。城中廨宇,各有专祠,牲乐以酬。乡村土谷神祠,农民亦家具壶浆,以祝神釐。俗称田公、田婆,古称社公、社母。社公不食宿水,故社日必有雨,曰社公雨。醵钱作会,曰社钱。叠鼓祈年,曰社鼓。饮酒治聋,曰社酒。以肉杂调和铺饭,曰社饭。张籍诗:'今朝社日停针线,起向朱樱树下行。'故社日妇女不用针线。《月令》称:二月'择吉日,命民社'。郑《注》谓:祀社稷之神。元日谓近春分前后,戊日元吉也。则今日二月二日,犹古之社期欤?田事将兴,特祀社以祈农祥。"

作春社与吃撑腰糕都事关农事,两者是有点联系的,作春社是祈之于神,吃撑腰糕则是为了自身的健康,在来年的田间劳动中不得腰痛之疾。

社饭、社肉、社酒之外,别处还有社糕、社粥、社面等,都是祭品,祭神之后,分而食之,被认为是神的恩赐。社饭,据周处《风土记》记,荆楚社日,以猪羊肉调和其饭,称之社饭,以葫芦盛之相遗送。社肉,《史记·陈丞相世家》记陈平在乡里主持均分社肉的故事,陆游有《社肉》诗曰:"社日取社猪,燔炙香满村。饥鸦集街树,老巫立庙门。虽无牲牢盛,古礼亦略存。醉归怀馀肉,霑遗遍诸孙。"俨然是一幅宁静美好的乡村风俗画卷。关于社酒,陆游《社酒》诗有"社瓮虽草草,酒味亦醇酽"之句,人们饮罢社酒,再去看春台戏,锣鼓开场,连村哄动,茶篷酒幔,食肆饼炉,赌博压摊,喧聚成市,马元勋《乡村观剧》有"携稚来观多父老,日斜桑径醉扶筇"的描写,这大概因为社酒喝得太多,只能扶醉以归了。至于苏州风俗相传饮社酒能治耳聋,却是其他地方不曾听说的。

二月初,酒酿上市了,在街巷间唤卖。《吴郡岁华纪丽》卷二记道:"二月初旬,市人蒸糯米,制以曲药,造成酒酿,味甜逾蜜,色浮浅碧。担夫争投店肆贸贩,双檑肩挑,吹螺唤卖,赶趁春场,巡行巷陌。儿童游客,投钱争买,解渴充肠,润齐甘露。茶坊酒肆亦磁缸满

卖酒酿(选自《大雅楼画宝》)

贮,小杓分售,以供游衍,至立夏节方停酿造。俗亦称为酒娘,盖制成数日味老,酝为糟粕,即成白酒。《集韵》称酒滓谓之酪母。《说文》谓曲亦作酴,酒母也。酒娘之称,其亦酪母、酒母之意欤?李文塘云:烧酒,未蒸者为酒娘,饮之鲜美,以泉水烧酒和之,则成烧蜜酒。《梦香词》云'莺声巷陌酒娘儿'是也。"

这时玉兰花开了,闺中又纷纷做起玉兰饼来。玉兰花早于辛夷,花开九瓣,色白微碧,香味似兰,一树万蕊,不叶而花。二月间,风雨溟濛,云容黯淡,花叶飘零,远望树下如残雪,苏州人称之为薄命花。旧时,闺中之人纷纷拾取花瓣,和以粉面蔗糖,下油锅煎,称为玉兰饼,以佐小食。

其时,白蚬、菜花鱼、河豚先后上市。白蚬,相传为白蚬江所出,其实也未必,随处有之,渔人网得后,称量论斗,价格低廉,调羹汤甚鲜美,或剖肉去壳,与韭菜同炒,为村厨佳品。菜花鱼即土步鱼,也称竹姑,吴中称为菜花鱼或菜花鲈,因菜花盛时,此鱼怀卵,争出荇网,味尤肥美,烹调鱼羹,亦为村厨俊味。蒋元龙《菜花鲈》诗曰:"亦拟持竿学钓翁,湖天连日雨濛濛。菜花开后鱼方上,竹笋香时信早通。不识乡音呼土捕,何须归计说秋风。年来枉作吴淞梦,又误春帆一片东。"河豚则出太仓、常熟、张家港沿江一带,老饕争食,以为天下美味,然往往有误食而身亡者。

三 月

三月初三为上巳,古人有禊饮的习俗,即是在郊外水滨作野餐,当然首先是"禊",即以水洁身,然后是"饮",即以流杯为趣,赋诗为乐。杜甫《丽人行》便有"三月三日天气新,长安水边多丽人"之句,状写了长安郊外贵族禊饮的盛况。苏州四郊,山水平远,人们竞相出城,纷纷集于近水之地,效古人修禊故事。由于禊饮的形式,就是在水边饮酒作乐,也就可以舟楫代之,花船画舫就成为这一风俗演进的结果,船菜也就在这花船画舫上诞生了。

《吴郡岁华纪丽》卷三记道:"节届重三,山塘波渌,白堤士女,竞出寻芳,集池亭流觞曲水,效修禊故事"。"维时,鱼儵接流,凫鹥浮渚,香烟绀宇,翠柳亭台。杏花天十里一红白,游人鼻无他馥。莺呖呖,劝人去采兰也;蝶翩翩,引人出湔裙也。丹青开于远岫,笙歌和以好风。粥香饧白市,诗牌酒盏筵,藉以祓除不祥,陶写情兴焉。"

苏州人又称三月初三为"挑菜节",俗谚道"三月三,蚂蚁上灶山",挑些荠菜花放在灶上,可以驱虫蚁。那天清晨,村童叫卖荠菜花不绝。闺中妇女都将荠菜花簪髻上,据说可祈眼目清亮,故俗称为"眼亮花";有的还以隔年糕油煎食之,民国《相城小志》称"或以隔年菜油煎食之",据说也能眼目清亮,称之"眼亮糕"。乾隆《盛湖志》则称"妇女各戴荠花,谚云可免头晕"。周作人《故乡的野菜》,说的虽是浙东的事,苏州的情状也仿佛,其中写道:"荠菜是浙东人春天常吃的野菜,乡间不必说,就是城里只要有后园的人家都可以随时采食。妇女小儿各拿一把剪刀一只'苗篮',蹲在地上搜寻,是一种有趣味的游戏的工作。那时孩子们唱道:'荠菜马兰头,姊姊嫁在后门头。'后来马兰头有乡下人拿进城售卖了,但荠菜还是一种野菜,须得自家去采。关于荠菜向来颇有风雅的传说,不过这似乎以吴地为主。《西湖游览志》云：'三月三日男女皆戴荠菜花。谚云，三春戴荠花，桃李羞繁华。'顾禄的《清嘉录》上亦说：'荠菜花俗呼野菜花，因谚有三月三蚂蚁上灶山之语，三日，人家皆以野菜花置灶陉上，以厌虫蚁。侵晨村童叫卖不绝。或妇女簪髻上，以祈清目，俗号眼亮花。'但浙东却不很理会这些事情，只是挑来做菜或炒年糕吃罢了。"

荠菜的做法极多，如与肉作伴做成馅的春卷、馄饨，如荠菜炒肉丝、荠菜肉丝豆腐羹、荠菜肉丝炒年糕等，都十分清爽美味。至于以荠菜为主的素食，《调鼎集》卷六记了几种，一是东风荠，"采荠一二斤洗净，入淘米水三升，生姜一块，捶碎同煮，上浇麻油，不可动，动则有生油气，不着一些盐醋。如此知味，海陆八珍皆不足数也"；二是拌荠菜，"摘洗净，加麻油、酱油、姜米、腐皮拌"；三是炒荠菜，"配腐干丁，加作料、炒熟芝麻或笋丁炒"。

清明前数日，古有寒食节，《四民月令》称为"冷节"，又称"百五节"。寒食的起源，多以为春秋介子推焚骸之故。《后汉书·周举传》记道："太原一郡，旧俗以介子推焚骸，有龙忌之禁。至其亡月，

"扫墓归来日未迟"（丰子恺画）

咸言神灵不乐举火,由是士民每冬中辄一月寒食,莫敢烟爨。老小不堪,岁多死者。"后来改一月为三天,相沿成习。另有一种说法,说因为周代有禁火令,为的是防止森林起火。从风俗学的角度出发,更大的可能就是起源于古代的"改火"习俗。寒食在仲春之末,清明改新火,当季春之初。要改新火,必须断旧火,也就有了寒食,故杜甫《清明》诗有"朝来断火起新烟"之句。

　　既为寒食,也就不得起炊火,只能吃预先准备的熟食。关于苏州的情况,《吴郡岁华纪丽》卷三记道:"吴民于此时造稠饧 冷粉团、大麦粥、角粽、油馓、青团、熟藕,以充寒具口实之笾,以享祀祖先,名曰过节。又以冷食不合鬼神享气之义,故复佐以烧笋烹鱼。"可见苏州地方,即使寒食,也未必禁烟,借个"不合鬼神享气"的理由,烧笋烹鱼,享受口福。尤侗《清明》诗便有"不须乞火邻翁家,吴地从来未禁烟"之句。徐达源《吴门竹枝词》咏道:"相传百五禁厨烟,红藕青团各荐先。熟食安能通气臭,家家烧笋又烹鲜。"袁景澜《寒食》也咏道:"俗禁青烟百五时,门前插柳雨如丝。田家墓祭无多品,烧笋烹鱼酒一卮。"

　　寒食之后是清明,清明是一个隆重的祭祖节日,就饮食而言,清明与寒食几乎没有什么不同。《岁时杂记》记道:"清明节在寒食第三日,故节物乐事,皆为寒食所包。"《清嘉录》卷三记道:"市上卖青团、焐熟藕,为居人清明祀先之品。"民国《吴县志》记道:"清明,插桃柳枝于户上,食青苎团、焐熟藕,妇女结杨柳球戴鬓畔,云红颜不老。"光绪《周庄镇志》记道:"清明,插柳扫墓,食粽子,踏青。"可以见得苏州清明与寒食的食品是相同的。

这里说说青团和焐熟藕的制法,《调鼎集》卷九记曰:"青圆,捣夹麦青、菜、草为汁,和粉作圆,色如碧玉。"《调鼎集》卷十记道:"熟藕,藕须灌米加糖自煮,并汤极佳。外卖者多用灰水,味变不可用也。余性爱嫩藕,须软熟,须以齿决,故味在也。如老藕一煮成泥,恐无味矣。并忌入洋糖。"然而寒食清明之时,新藕尚未上市,用的必定是隔年泥裹保鲜的老藕。

苏州清明有"野火饭"的习俗,《吴郡岁华纪丽》卷三记道:"旧俗于清明改火。东坡《梦参寥》诗云:'寒食清明都过了,石泉槐火一时新。'唐时亦于清明日赐百官火。《吴门补乘》载:'吴俗清明日,儿童对鹊巢支灶,敲石火煮饭,名野火米饭,犹循改火钻燧遗风。'""野火饭"也称为"野饭",康熙《具区志》有"妇女踏青、炊饭(谓之野饭)以为乐"的记载。民国《光福志》则记道:"是日,百果和米对鹊巢支灶煮饭,曰清明饭,小儿食之可聪慧。"

三月桃花水涨之时,正是鳜鱼登网之候。鳜鱼也称石桂鱼,巨口细鳞,状如松江之鲈。文天祥《山中漫成柬刘方斋》有"明人主人酬一座,小船旋网鳜鱼肥"之咏,李东阳《鳜鱼图为掌教谢先生作》诗曰:"伴池雨过新水长,江南鳜鱼大如掌。沙边细荇时吞吐,水底行云递来往。"可见鳜鱼也受到食家的喜爱。其时燕子初来,山中有燕来笋者掀泥怒出,厥形尖细,异于其他山笋,苏州农家以入春馔,味殊甘美。许梅屋《烧笋》诗曰:"趁得山家笋蕨春,借厨烹煮自炊薪。情谁分我杯羹去,寄与中朝食肉人。"又钱杜《春笋》诗曰:"湖港阴阴野水平,江乡花事近清明。山厨烟起有人语,正是满园春笋生。"而此时甲鱼也是最为腴美,《吴郡岁华纪丽》卷三引《吴郡志》曰:"庖鳖所在有之,而吴中烹治为佳,食市以为奇品。鳖之裙尤肥美。"故苏州人以鳖裙羹著名,李渔《闲情偶寄》卷五写道:"'新粟米炊鱼子饭,嫩芦笋煮鳖裙羹。'林居之人述此以鸣得意,其味之鲜美可知矣。"

四　月

四月时,柳絮飘飞,樱桃红熟,落花流水春去也,苏州人家有饯春筵或送春会,也就是饯送春天的意思。饯春筵或送春会最迟也就在立夏举行,因为从那天开始,天气逐渐炎热起来,也就是夏天了。立夏是个大的节候,但民间没有什么大的典礼,只是入市买点时新的节物,祀先宴客。

立夏的节物很多,光绪《常昭合志稿》记道:"俗说立夏节物有曰樱桃九熟,谓即樱桃、青梅、新茶、麦蚕、蚕豆、玫瑰花、象笋、松花、谷芽饼也。"《清嘉录》卷四记道:"立夏日,家设樱桃、青梅、穤麦,供神享先,名曰立夏见三新。宴饮则有烧酒、酒酿、海蛳、馒头、面筋、芥菜、白笋、咸鸭蛋等品为佐,蚕豆亦于是日尝新。酒肆馈遗于主顾以酒酿烧酒,谓之馈节。"蔡云《吴歈》咏道:"消梅松脆樱桃熟,穤麦甘香蚕豆鲜。鸭子调盐剖红玉,海蛳入馔数青钱。"说的正是这几样时鲜食品。那天,凡卖酒店肆,以烧酒招饮长年的老主顾,不取分文,以致街巷之间尽是酒醉之人。袁景澜《立夏日即景》一首咏道:"茅檐煮蚕午风香,布谷声中菜荚黄。篓尾一杯酬芍药,时鲜百艇贩鲟鳇。鸣钲尚闹迎神会,食李争传疰夏方。腌蛋海蛳供节物,欢呼人醉遍街坊。"这种风俗盛观，实在是不多见的。常熟、太仓地方，立夏那天得吃麦蚕，光绪《常昭合志稿》记麦蚕的做法，"用新麦穗煮熟，去芒壳，磨成细条"。故佚名者《海虞竹枝词》咏道："海蛳蚕豆麦蚕黄，梅子樱桃酒酿浆。吃罢相争盘石磨，暑天食量胜平常。"

"樱桃豌豆分儿女，草草春风又一年"
（丰子恺画）

饯春筵或送春会，也称为樱笋厨，因为樱桃和新笋是席上绝不可缺少的。唐寅《社中诸友携酒园中送春》诗曰："三月尽头刚立夏，一杯新酒送残春。共嗟时序随流水，况是筋骸欲老人。眼底风波惊不定，江南樱笋又尝新。芳园正在桃花坞，欲伴渔郎去问津。"关于苏州的樱桃，《吴郡岁华纪丽》卷四记道："吴中樱桃出光福，赤如火齐，味甘崖蜜。笋出湖州诸山，商船远贩，昼夜兼行。粉箨绿苞，玉婴骈解。饯春迎夏，把盏开筵，厨人一半樱桃一半笋，真隽味也。"苏州樱桃有朱樱、紫樱、蜡珠、樱珠诸品，以朱紫两种为贵，山中人家在樱桃将熟之时，用鱼网覆盖，以防飞鸟啄食，陆龟蒙诗称"鱼网盖樱桃"是也。沈朝初《忆江南》咏道："苏州好，新夏食樱桃。异种旧传崖蜜胜,浅红新样口脂娇。小核味偏饶。"至于竹笋,味厚而肥鲜,以诸山所出毛竹笋为最。沈朝初《忆江南》也咏道:"苏州好,香笋出阳山。纤手剥来浑似玉,银刀劈处气如兰。鲜嫩砌瓷盘。"

立夏又时尚吃李子,《玄池说林》写道:"立夏食李,能令颜色美。闺中妇女多作李会,取李汁和酒饮之,谓之驻色酒。云是日啖李,则不疰夏。"苏州人将入夏后眠食不服称为疰夏。民间在立夏那天,就得预防疰夏,除吃李子之外,还有一些办法。《吴郡岁华纪丽》卷四写道:"吴俗以入夏眠食不安曰疰夏。盖吴下方言,谓所厌恶之人曰注,则疰夏之说,犹厌恶之意也。人家于立夏日,取隔岁撑门炭烹茶以饮,茗荈则乞诸邻舍左右,阅七家而止,谓之七家茶。或配以诸色细果,馈送亲戚、比邻,云饮此茶可厌疰夏之疾。又或煮麦豆和糖食之,或用蚕豆小麦煮饭,名夏至饭。是日天气虽寒,必试纱葛衣,并戒坐门槛,云俱令人夏中强健,可免疰夏。"以七家茶最为流行,袁景澜《姑苏竹枝词》咏道:"梅水盈池闹井蛙,比邻分送七家茶。樱桃穤麦时新出,四百楼台锁落花。"钱思元《吴门补乘》也有"立夏饮

卖时新

七家茶，免疰夏"的记载。此外，王鏊《姑苏志》称"夏至以束粽之草，系手足而祝之，名曰健粽，以解注夏之疾"；张寅《太仓州志》称"立夏日煮麦豆，和糖食之，曰不注夏"。还有人家将猫狗食盆中的剩馀米糁，给小儿吃，称之为猫狗饭，也以为可以预防疰夏。

立夏之后，蔬果鲜鱼之品，应候送出，市人担卖，不绝于市，据说五天就更出一品，苏州人称为"卖时新"。赵筠《吴门竹枝词》咏道："山中鲜果海中鳞，落索瓜茄次第陈。佳品尽为吴地有，一年四季卖时新。"特别值得一说的是蚕豆，立夏上市，最为食客欢迎，故沈朝初《忆江南》咏道："苏州好，豆荚唤新蚕。花底摘来和笋嫩，僧房煮后伴茶鲜。团坐牡丹前。"吴江所产的蚕豆，皮薄如缯而糯，肉细如粉而腻，特别腴美，称之为"吴江青"。范烟桥《茶烟歇》称"如在初穗时，摘而剥之，小如薏苡，煮而食之，可忘肉味"。苏州人家还将蚕豆剥去半壳，剪开豆瓣，下油锅炒松，作兰花样，称为兰花豆，下酒最佳。尤侗《兰花豆》咏道："本来种豆向南山，一旦熬成九畹兰。莫笑吴侬新样巧，满盘都作楚骚看。"

紫楝花开时，海鲜也上市了。葑门外海鲜行，为海舶渔商群集之所。凡鳖鲡、鲳鳊、着甲之属，靡不填萃，其中最名贵的是鲥鱼，最多的是石首鱼。海鲜必须放在冰里，可耐久不馁，称之为冰鲜。葑门外有冰窖二十四所，俱供海鲜之用。每当晓色朦胧，担夫争到海鲜行贸贩，摩肩接踵，投钱如水，牙人秤量，忙不暇给。马元勋《葑门即事》咏道："金色黄鱼雪色鲥，贩鲜船到五更时。腥风吹出桥边市，绿贯红腮柳一枝。"沈朝初《忆江南》也咏道："苏州好，夏月食冰鲜。石首带黄荷叶裹，鲥鱼似雪柳条穿。到处接鲜船。"

四月初八，相传佛祖阿弥陀佛诞辰，苏州各寺院建龙华会，香花供养，以小盆坐铜佛像，浸以香水，复以花亭铙鼓遍行闾里，男女布施钱财，居人持斋礼忏，也称为浴佛节。浴佛节时苏州的习俗食品，便是阿弥饭和阿弥糕。

《吴郡岁华纪丽》卷四记道："浴佛日，市肆采杨桐叶及细冬青，染饭作青色，名青精饭，或作糕式售卖。僧寺以乌叶染米，或取南天烛叶煮汁渍米，造黑饭，以馈檀越，编户以之供佛，名阿弥饭，亦名乌米饭。《本草纲目》称'乌饭乃仙家服食之法'；《燕都游览志》称'四月八日，梵寺造乌饭'；陆龟蒙诗云'乌饭新炊芼臛香，道家斋食以为常'。是则乌饭之制，释道家兼尚之矣。"周宗泰《姑苏竹枝词》咏道："阿弥陀佛起何时，经典相传或有之。予意但知啖饭好，底须拜佛诵阿弥。"又，清佚名者《姑苏四季竹枝词》有《阿弥饭》咏道："阿弥陀佛起何时，经典相传或有之。予意但知吃饭好，不须拜佛诵阿弥。"苏州人说的乌米饭、乌米糕，即是阿弥饭，取其谐音。康熙《具区志》又记其俗称为"黑草饭"。据顾震涛《吴门表隐》卷四记载，这染米的乌叶，"出支硎山墙壁间"。《调鼎集》所记则不同："乌米饭，每白糯米一斗，淘净，用乌桕或枫叶三斤捣汁拌匀，经宿取起蒸熟，其色纯黑。供时拌芝麻、洋糖，又名青精饭。"

城中皋桥东有福济观，俗呼神仙庙，奉祀吕洞宾。吕洞宾名岩，唐贞元十四年（798）四月十四日生人，苏州人将那天称为神仙生日。天没破晓，阖城士女骈集进香，游人杂闹。苏州人称拥挤为"轧"，故称之为"轧神仙"。相传吕洞宾化为褴褛乞丐，混迹观中，如有难瘳之疾者，那天便去烧香，往往不药而愈。袁景澜《姑苏竹枝词》咏道:"福济喧游四月天,笋鞋争踏运千年。神仙轧处香衢涌,剩有归人拾翠钿。"热闹可以想见。虎丘花农竞担小盆花卉,五色鲜艳,置于廊庑间售卖,称为神仙花;市售垂须钑帽,称为神仙帽;又有买楼葱回家种于盆盎的,因形似龙爪,称为龙爪葱;家家户户还去店肆买五色粉糕来吃,称为神仙糕,也称纯阳糕。蔡云《吴歈》咏道:"纯阳糕接阿弥饭,不礼仙宫即梵宫。残翠满街人踏运,手擎龙瓜认楼葱。"如今"轧神仙"卖盆栽的风俗尚存,而神仙糕却早已不见影迹了。

五　月

古人以五月为忌月,也称毒月或恶月。苏州人则讳言恶月,称为善月。百事多禁忌,不迁居,不婚嫁。僧人道士先期印送文疏于檀越,填注姓字,至五月初一焚化庙庭,称为修善月斋,其实并不修斋。

初五称端午,俗呼端五,也称端阳、重午,是一岁中的大节。苏州人过端午节很隆重,《清嘉录》卷五记道:"五日,俗称端五。瓶供蜀葵、石榴、蒲、蓬等物,妇女簪艾叶、榴花,号为端五景。人家各有宴会庆赏。端阳,药市酒肆馈遗主顾,则各以其所有雄黄、芷术、酒糟等品。百工亦各辍所业,群入酒肆哄饮,名曰白赏节。"端午那天,苏州家家都要吃粽子,粽子也称为角黍,以箬叶裹糯米为之,也有用菰叶的,凡用菰叶裹的,称为菱粽。就其外形而言,有三角粽(也称菱角粽)、一角粽(也称秤锤粽或小脚粽)、方粽,还有小粽,联束成串,在唐时称为百索粽,宋时称为九子粽,高濂《遵生八笺》有记,称"有九子粽,王沂公诗云'争传九子粽',章简公诗云'九子粘蒲玉粽香'是也"。九子粽往往为儿童所喜欢。就其味品而言,又有枣子粽、赤豆粽、火腿粽、肉粽、白水粽等。作为苏州端午节物粽子,可说是巧制具备,有的从店肆里买来,有的自家裹扎,在亲友邻里间互相馈赠。苏州人认为

包粽子(戴敦邦画)

端午这天不吃粽子是"勿识头"的,故俗语说:"勿吃端午粽,死仔呒人送。"常熟风习,佚名者《海虞风俗竹枝词》有"酒入雄黄粽子裹,要尝滋味到端阳"之咏;吴江盛泽则以菱白叶裹尖头小粽,称为菱秧,蛟叟《盛泽食品竹枝词》咏道:"记是端阳节又交,黄鱼白肉作家肴。分尝鱼泰相沿久,偏是菱秧细细包。"

端午节也是避邪的日子,那天得饮雄黄酒。《吴郡岁华纪丽》卷五记道:"孙思邈《千金月令》:'端五,以菖蒲或缕或屑,以泛酒,谓之蒲酒。'冯慕冈《月令广义》云:'五日,用朱砂酒辟邪解毒,实丹砂也。'《玉烛宝典》云:'洛阳人家端午造术羹艾酒。'《遵生八笺》称'端午日,以菖蒲一寸九节者,屑以浸酒'。

章简公诗所谓'菖蒲泛酒尧樽绿'是也。今吴俗,午日多研雄黄末屑、蒲根和酒以饮,谓之雄黄酒。又以馀酒染小儿额、胸、手足心,云无蛇虺之患。复酒馀沥于门窗墙壁间,以祛辟毒虫。"于此,蔡云《吴歈》咏道:"称锤粽子满盘堆,好侑雄黄入酒杯。馀沥尚堪祛五毒,乱涂儿额噀墙隈。"将雄黄酒随洒墙壁间,以避毒虫。《白蛇传》故事便说端午那天,白素贞装病入房中回避,许仙误以为得了风寒,劝服雄黄酒,白素贞酒后便显出了白蛇的原形。

端午节,苏州家家吃黄鱼,尤侗《黄鱼》诗曰:"杜陵顿顿食黄鱼,今日苏州话不虚。门客不须弹铗叹,百钱足买十斤馀。"袁景澜《姑苏竹枝词》咏道:"比户符悬五毒虫,黄鱼船集葑门东。画屏醉倒钟馗影,人在蒲香艾绿中。"当时黄鱼市集中于葑门外海鲜行,市人争买入馔。另外,太仓、昆山人家也在那天得吃黄鱼,吴江盛泽人家都吃黄鳝和黄鱼。

"枇杷石首得新尝"(丰子恺画)

五月十三日,相传为关帝诞辰,常熟的许多关帝社就要吃社酒,一般用八大碗,满装鸡鸭鱼肉,称为"老八样头",也有盛办筵席的。

夏至标志着炎夏的开始,人们颇有点畏惧,苏州人有"苦夏"之说。李渔《闲情偶寄》写道："酷夏毒可畏,最宜息机养生,否则神耗气索,力难支体,劳神役形,如火益热,信危关也。"夏至以后,苏州人非常讲究饮食,为的是有益于健康。《吴郡志》卷二记道:"夏至复作角黍以祭,以束粽之草系手足而祝之,名健粽,云令人健壮。"至明代时,吴江犹存遗风,弘治《吴江志》记道:"夏至日作麦粽,祭先毕则以相饷。"晚近以来,常熟、太仓人家这天吃夏至粥,光绪《常昭合志稿》记道:"夏至日,以新小麦和糖及苡仁、芡实、莲心、红枣煮粥食之,名曰夏至粥。"宣统《太仓州志》记道:"夏至日食夏至粥,以小麦、蚕豆、赤豆、红枣和米煮粥,互相馈遗。"由此可见,夏至粥意在清凉消暑,也就是炎夏的饮食要求。

六　月

六月宜热,吴谚有道是"六月弗热,米谷弗结"。赤日炎炎,农人最为辛苦。袁景澜《田家夏日》诗曰:"满树凉露树烟青,早作田家望晓星。妪起晨炊翁出户,牵牛前向踏车亭。""当午耘苗汗雨蒸,夏畦无处觅凉冰。田中粒米皆辛苦,寄语官仓莫浪徵。"

六月初四、十四、廿四这三天,苏州有"谢灶"习俗,比户都做素馅粉团,俗称"谢灶团子",另置素菜四样,来祭祀灶神,有"三番谢灶,胜做一坛清醮"的俗语。六月初六,又逢天贶节,《道经》有"六月初六为清暑日,宜修清暑斋"之说。苏州家家都得吃馄饨,周庄人家有吃素面的,太仓人家除吃馄饨外还得吃马齿苋。六月廿三为火神诞日,不吃荤酒,称为火神素。

雷尊生日,玄妙观雷祖殿进香者麇集(摄于 1920 年前)

六月廿四又是雷尊诞日,称为雷斋,苏州人信奉雷斋者十之八九,人们都去城中玄妙观雷祖殿或阊门外四图观,进香点烛,并且家家都吃素。如果并不在斋期,听到雷声,立即改吃素,称之为接雷斋或接雷素。六月廿四又是灌口二郎神诞日,苏州人纷纷去葑门内的二郎神庙素斋进香。六月廿五传为雷部辛天君诞日,又得吃素,俗称辛斋。苏州风俗,吃素之前,亲戚朋友都以荤菜馈贻,称为封斋;既开斋时又以荤菜馈贻,称为开荤。正因为如此,旧时苏州道观常雇用多名厨师掌勺,专办素斋,创建于民国十五年(1926)的功德林素菜馆,吸收了道观素菜精华,在雷斋期间推出各式素菜名馔,门庭若市,生意鼎盛。金孟远《吴门新竹枝》咏道:"三月清斋苜蓿肴,鱼腥虾蟹远厨庖。今朝雷祖香初罢,松鹤楼头卤鸭浇。"词下注道:"吴人于六七月间,好食雷素斋。开斋日,先至雷祖殿烧香,然后至松鹤楼食卤鸭面。"常熟情形有点不同,那天致道观雷祖殿里香客挤挤,通宵达旦,雷祖殿附近有一家近芳园菜馆,前面广场上排满酒席,食客一边踞坐大嚼,一边看男女烧香,俗话说"近芳园吃抬头",所谓"吃抬头"是不设整套酒席,只点吃精致小菜。

"中间虾壳笋头汤"(丰子恺画)

六月里吃素,不但是宗教节日的原因,且对健康有益,食宜清淡,薄滋味。旧时苏州人在六月里,凡腥臊肥腻的食品,几乎都摒除不吃,有的清斋素食一个月,最少的,也必以二十四天为度。因此六月里,苏州的生肉摊、熟肉铺都没有什么生意,点心店里,荤素也分得很清。

据《历忌释》记载,自夏至日起,至第三庚日为初伏,至第四庚日为中伏,至立秋后初庚为末伏,谓之三伏天。陆泳《吴下田家志》记夏至后的民谣曰:"一九至二九,扇子弗离手;三九二十七,冰水甜如蜜;四九三十六,拭汗如出浴。"正如俗语所说"夏至未来莫道热"。进入三伏天,真是火伞张空,天地为炉。《吴郡岁华纪丽》卷六记着三伏天里苏州的景象:"郡有好善之家,舍药裹,施凉茶。街市卖凉粉、冰果、瓜藕、芥辣诸爽口物。用物则有蒲葵叶扇、麻苎手巾、蒲鞋、凉帽、莞席、竹簟、青奴、藤枕之类,沿门担售。有纸剪萤灯,备诸巧样,实萤火以娱呆童。浴室停衅火。茶肆以忍冬花、菊花点汤,名双花饮。面店卖半汤面,未午即散,切肉作小块,曰臊子肉面。以肉汁为浇头,曰卤子肉面,配以黄鳝丝,名鳝鸳鸯。豪门贵宅多架凉棚,设碧纱厨于凉堂水榭,盆累珍珠兰,茉莉成山,中座列冰盘,香风四绕,凉欲生秋。"这鳝鸳鸯的面浇,十分著名,沈钦道《吴门杂咏》咏道:"流苏斗帐不通光,绣枕牙筒放息香。红日半窗刚睡起,阿娘浇得鳝鸳鸯。"由此可以知道一点苏州炎夏的饮食品目。

　　苏州的冰窨颇为有名,《越绝书》卷二便有"阊门外郭中冢者,阖庐冰室也"之记,可见由来已久了。旧时葑门外有冰窨二十四座,以按二十四节气。每在隆冬之际,戽水蓄于荡田,待结冰坚硬,移贮冰窨,这时便取出沿街坊担售,苏州人称之为卖凉冰。有的还杂以杨梅桃李等果品,即所谓冰果。鱼行里也来买去,以保存海鲜。豪门大家则买了冰来,琢叠成山,周围席畔,供以磁盆,六月虚堂,凉生四座,真不知外间正"赤日炎炎似火烧"矣。尤侗《冰窨歌》咏道:"古之凌阴备祭祀,今何为者惟谋利。君不见葑溪门外二十四,年年特为海鲜置。潭深如井屋高山,潴水四面环冰田。孟冬寒至水生骨,一片玻璃照澄月。窨户重裘气扬扬,指挥打冰众如狂。冰砰倏惊倒崖谷,淙琤旋疑响琼玉。穷人爱钱不惜命,赤脚踏冰寒割胫。捶春撞击声殷空,势欲敲碎冯夷宫。千筐万筥纷周遭,须臾堆作冰山高。堆成冰山心始快,来岁鲜多十倍卖。海鲜不发可奈何,街头六月凉冰多。"

　　这时,珠兰花和茉莉花上市了,茶叶店也就收购去,珠兰花撮取其子,称之撤梗,以为配茶之用;茉莉花则取其花蒂,称之为打爪花。山塘花肆成市,花农盛以马头篮沿门叫鬻,谓之戴花。蔡云《吴歈》咏道:"提筐唱彻晚凉天,暗麝生香鱼子圆。帘下有人新出浴,玉尖亲数一花钱。"除珠兰花和茉莉花外,春天的玫瑰膏子花,夏天的荷花,秋天的桂花,都为苏州人家和糖春膏、酿酒钓露之用。周瘦鹃在《茉莉开时香满枝》里写道:"把茉莉花蒸熟,取其液,可以代替蔷薇露;也可用作面脂,泽发润肌,香留不去。吾家常取茉莉花去蒂,浸横泾白酒中,和以细砂白糖,一个月后取饮,清芬沁脾。"

苏州农村人家,六月里便做麸豉瓜姜,用藊麦蒸熟,杂以小麦麸皮面,并将黄豆煮烂,一起放入盎中,加以盐屑,在烈日下曝晒,称之曰麸豉。采摘黄瓜、生瓜、嫩姜,切碎杂揽入盎,浸渍多日,取出晒干存贮,名为麸豉瓜姜。吃的时候,取出切细,以佐馐粥,味甜而脆,也是贫家的美食。《农圃六书》记载

西瓜上市

了酿瓜和十香豆豉的办法,记道:"酿瓜法,择有青瓜片去瓤,用盐搓其水,加生姜、陈皮、薄荷、紫苏切作丝,茴香、砂仁、砂糖拌匀入瓜内,投酱盎中,五六日取出,晒干收贮。又造十香豆豉法,摘生瓜并茄子相半,用盐腌一宿,加生姜、紫苏、甘草、花椒、茴香、莳萝、砂仁、藿香等品。将黄瓜煮烂,用麸皮拌,罨成黄色,热过筛去麸皮,止用豆豉。用酒一瓶,醋糟半碗,与前诸物拌和漉干,入瓮捺实,用箬裹盖扎口,封晒日中四十日,取出风干,入瓮收贮待用。"

西瓜也在六月里上市,《吴郡岁华纪丽》卷六记道:"今吴中初伏始交,街坊担卖西瓜,居人亦市为享先之用,并相馈遗,剖食怯暑,乡人小艇载贩,往来唤卖,所在成市。"又记苏州四郊的西瓜产地,写道:"其出双凤镇法轮寺左右者,名寺前瓜;生长洲大姚村者,名算筒瓜,色白;出昆山杨庄者,名金子瓜,形不甚钜,子小作金色;生吴县跨塘荐福山者,名荐福瓜;出虎丘者,名徐家青;甫里次之。近常熟有梅前结实者,俗称梅瓜。此数者皆瓜种之良,其味甜以松,其质脆以爽,豪贵家消暑之具,必于是焉取之,价且昂,不吝惜也。"这时小贩便小艇载瓜,往来河港叫卖,苏州人俗呼为叫浜瓜。沈宝禾《贩瓜》咏道:"算筒甘美密筒圆,柳下还来荐福船。什一利谁分步隰,两三畦自给施延。守凭舆父犹防履,战助豪家不值钱。浮忆南皮游宴集,何如哈密赐经筵。"苏州人家几乎家家有井,夏日常将西瓜用绳子悬入井水里,隔一两个时辰,取出剖开,饱啖一顿,暑气全消。

七 月

虽说立秋前一月，街坊已担卖西瓜。但到了立秋日，苏州人家始将西瓜荐于祖祢，并以之相馈贶，俗呼为立秋西瓜，取《豳风》"七月食瓜"之意。那天家家必定吃西瓜，以为可以解除暑热。或一边吃瓜，一边饮酒，以迎新爽。立秋日，太仓人家除吃西瓜外，还饮新汲之水，相传可免疟疾。常熟又有不同，崇祯《常熟县志》记道："立秋日，食瓜水，或以赤豆七粒和水吞之，以防疟痢。"这倒是颇为悠久的古俗，陈元靓《岁时广记》卷二十五引《四时纂要》曰："立秋日，以秋水吞赤小豆七粒，止赤白痢疾。"又范成大《立秋二绝》序称"戴楸叶，食瓜水，吞赤小豆七粒，皆吴中节物也"。

七月初七，相传牛郎织女鹊桥相会，在民间几乎也就是妇女的节日，苏州人便称为女儿节，也称小儿节。《吴郡岁华纪丽》卷七记道："吴中旧俗，七夕，市上卖巧果，以面和糖，绾作苎结形，或剪作飞禽之式，油煮令脆，总名巧果。闺中儿女，陈花果香灯、瓜藕之属，于庭中露台，礼拜双星，为乞巧会，令儿女辈悉与，谓之女儿节。以青竹戴绿荷，系于庭，作承露盘。男女罗拜月下，以线刺针孔辨目力。明日视盘中蜘蛛令丝者，谓之得巧。馀皆举露饮之。贵家钜族，结彩楼于庭，为乞巧楼，穿七孔针，名曰弄影之戏。见天河中耿耿白气，或耀五色，以为双星渡河微见，便拜得福。"沈朝初《忆江南》咏道："苏州好，乞巧望双星。果切云盘堆玉缕，针抛金井汲银瓶。新月挂疏棂。"

巧果是七夕的时令食品,常熟的巧果和苏州仿佛,佚名者《海虞风俗竹枝词》咏道:"制成巧果味堪夸,小剪新裁别样花。搓粉和糖油炮烙,外旁还糁黑芝麻。"太仓的巧果做法特别,与苏州等地的不同,宣统《太仓州志》称"溲面簇花及剪蚕豆入油煎之,曰巧"。

苏州人还有七夕天河占米价的习俗,《昆新合志》记道:"七夕天河去,以河来日久速,卜米价贵贱,大约十日则一两。"这是流传久远的民间习俗,吴中儿女,秋夕乘凉露坐,笑语喧哗,七夕后看银河显晦,以卜米价的低昂,说是暗淡则米贵,显明则米贱,一边看银河一边唱着歌谣:"天河斜搁,人家咬菱角;天河阑环,人家吃新米饭。"

八　月

八月初三为灶君诞日,家家具香烛素馔,以祀福济观灶君殿,进香者络绎不绝。有嗜斋为会者,称为灶君素,吃灶君素的,以妇女为多。

八月十五中秋,堪称大节。关于苏州中秋的时令食品,《吴郡岁华纪丽》卷八记道:"取藕之生枝者,谓之子孙莲;莲之不空房者,谓之和合莲;瓜之大者,细镂如女墙,谓之荷花瓣瓜。佐以菱芡银杏之属。以纸绢线香,作宝塔形,钉盘杂陈,瓶花樽酒,供献庭中,儿女膜拜月下。拜毕,焚月光纸,撤所供,散家人必遍。嬉戏灯前,谓之斋月宫。比户壶觞开宴,灯球歌吹,莫盛于阊门内外,南北两濠。妓馆青楼,陈设更为靡丽。士女围饮,谓之团圆酒。女归安,是日必返其夫家,曰团圆节也。"这样一种景况，实在最能见得苏州风俗的华奢繁靡。

中秋节物，最著名的当然是月饼，祁启萼《月饼》诗曰："中秋节物未为低，火爆罗罗出釜齐。一样饼师新制得，佳名先向月中题。"月饼，苏州人家都去茶食店买来。月饼的大小形制不一，小者径寸馀，大者有径一尺的，如今则更有大乎其大的。以糖和粉面为之，其馅有豆沙、玫瑰、蔗糖、百果诸品，还有鲜肉、火腿等，人家争相置买，馈赠亲友。十五日夜，则与瓜果等供祭月筵之前，月饼形象团圞，取人月双圆之意。董友文诗有"甘分禁内红绫啖，圆映天边白玉盘"之句，比喻实在很工。吴曼云《咏月饼》诗曰："粉膏圆影月分光，每际中秋得饱尝。只恐团圞空说饼，征人多半未还乡。"中秋月夜，确乎是一个怀人的时节。至民国初年，广式月饼在苏州已很有市场，都为广东店所制，卖得较贵，金孟远《吴门新竹枝》有"中秋一夕豪华甚，月饼蓉酥三百元"之咏。

中秋之夜，虎丘至阊门，七里笙歌，两濠灯火，人语喧哗，热闹非凡，画舫妖姬，徽歌赌酒，也是一次美食的盛会。清康熙时人章法《苏州竹枝词》咏道："银会轮当把酒杯，家家装束妇人来。中船唱戏傍酒船，歇在山塘夜不开。"郡中妇女盛装出游，携榼胜地，联袂踏歌。比邻同巷，互相往来，有终年不相过问者，也于此夕款门赏月，陈设月饼、菱芡、桂栗诸物，延坐烹茶。

这时秋风乍凉，又到了采菱之时，菱歌四起，髫男雏女，划舟往来，采撷盈筐，提携入市，人喧野岸，论斗称量。不但将菱作为中秋供月之品，并在秋禊宴中，剥尝佐酒，诚然是水乡俊味。剥菱啖食之时，芋艿也正上市。芋艿有红白两种，苏州水乡处处有之，味柔腻而甘，沿街叫卖不绝，店肆以黄砂糖并煨，名糖烧芋艿，以城中芝草灵桥的一家最为有名，其味甜香松美，为他处所不及。袁景澜《煨芋》诗曰："山家足清供，煨芋度残冬。风寒天欲雪，地炉火正红。熟时香满室，暖与榾柮同。画灰坐老叟，争食喧儿童。一饱万想灭，喜得饥充肠。廿年宰相业，无暇问禅翁。"这时，桂花栗子也在市间叫卖起来，吴曼云《江乡节物词》有"斗量毕竟人间少，桂栗新收万斛来"之咏。而塘藕至此时，则已莲房折尽，农夫踏取，语乱寒潭，午市争售，橹摇小艇。杜荀鹤"夜市卖菱藕"之咏，正是吴中新秋风景。

采菱(摄于 1965 年前)

八月廿四，俗传为稻藁生日，忌下雨，如果下雨，稻藁都要腐烂，苏州人称之为灶荒，即无干稻柴作爨也，所以吴中俗话有"烧干柴，吃白米"。这一方面祈祷天晴，另一方面又要祀灶，做糍团，也称作粢团，各家糕团店都有卖。旧时那天吃糍团，为小女孩缠足，据说能令其脚软，故蔡云《吴歈》咏道："白露迷迷稻秀匀，糍团比户尽尝新。可怜绣阁双丫女，初试弓鞋不染尘。"

九　月

袁宏道曾咏道："苏人三件大奇事,六月荷花二十四,中秋无月虎丘山,重阳有雨治平寺。"治平寺为重阳登高的去处,如果那天满城风雨,不但煞风景,并且疏风冷雨,人以为是立秋后第一个寒信,称之"重阳信",从此天气渐寒了。

重阳那天,苏州富贵人家都宴于台榭,载酒具、茶炉、食榼,或赁园亭,或闯坊曲,以为娱乐。寻常百姓也家家要吃重阳糕。金盈之《醉翁谈录》卷四记道："是日,天欲明时,以片糕搭儿头上,乳保祝祷之云:'百事皆高。'"又,谢肇淛《五杂组》卷二引吕公忌语曰:"九日天明时,以片糕搭儿女头额,更祝曰:'愿儿百事俱高。'此古人九日作糕之意。"重阳糕一名骆驼蹄,也称菊花糕,一般以蔗糖和米粉糅杂为之,糕面上有枣栗星星然,故也称花糕或栗粽花糕。袁景澜《姑苏竹枝词》咏道:"双螯新买佐茰觞,栗

卖重阳糕(选自《太平欢乐图》)

粽花糕满檐香。人对菊花诗思健,喜无租吏扰重阳。"糕团店还在糕上插彩色纸旗,称为花糕旗。还有用面和酒曲发成风糕,搀百果于其上,或以面裹肉炊之,或用面和脂蒸之,各不相同。还有所谓五色粉糕,宣统《太仓州志》称是"染粉红黄色相间作糕"。因此可以这样说,凡重阳节吃的糕,都可称为重阳糕。重阳那天,父母家必迎女儿回家,故也称为女儿节。据光绪《周庄镇志》记载,当地人家"以糯米和赤豆作饭祀灶,祀毕,长幼环坐食之,不啻茱萸会也"。另据弘治《吴江志》记载,"重九,作角黍、花糕以祀先",可见吃重阳糕外,还要吃粽子。盛泽又略有不同,乾隆《盛湖志》记道:"以赤豆杂黍为饭食之,取古题糕之意。"题糕也有小小典故,刘禹锡作《九日》诗,因五经中无糕字,诗中不用,宋祁以为不然,《周礼》中"糗饵粉糍"即是糕类,其《九日食糕》诗曰:"飙馆轻霜拂曙袍,糗糍花饮斗分曹。刘郎不敢题糕字,虚负诗家一代豪。"遂为古今重阳佳话之一。

清初僧人宗信《续苏州竹枝词》咏道:"风风雨雨又重阳,约伴登高走上方。白酒乌菱拼一醉,杏春步月到横塘。"重阳日登高,酒人们也以一醉为快。申时行《吴山登高》有"落帽遗簪拼酩酊,呼卢蹋鞠恣喧哗"之咏。沈朝初《忆江南》也咏道:"苏州好,冒雨赏重阳。别墅登高寻说虎,吴山脱帽戏牵羊。新酿酒城香。"

从重阳那天起,年市渐迫,百工都要"做夜作"了。《吴下田家志》写道:"河射角,好夜作。"又写道:"九月九,生衣出抖擞。"因为重阳之后,天气清凉,夜长蚊尽,机织工匠都在夜间作业,蔡云《吴歈》咏道:"蒸出枣糕满店香,依然风雨古重阳。

织工一饮登高酒,簧火鸣机夜作忙。"簧灯连巷,刀尺声催,促织鸣阑,小窗人语。这时市廛小民,明灯荷担,在街巷间兜卖供夜工们充饥的点心小食,如糖炒栗、熟银杏、汤水圆、茶叶蛋、火腿粽、油豆腐、大包子馒头等,他们一路络绎叫卖,直至残漏,街巷间始寂人声。

秋渐渐深了,野茭穗结成米,即是菰米,也称雕胡,其中黑者称为乌郁,渔人采作粮食。莼菜也已肥美,香脆柔滑,如鱼髓蟹脂。而霜降后的鲈鱼,肉白如雪,鲜美不腥,诚可谓是东南佳味。

十　月

十月初一,古人有开炉之俗,因为十月起,天气渐寒,人家都开始作围炉饮啖,故于此日作暖炉会。《吴郡志》卷二记道:"十月朔,再谒墓,且不贺朔。是日开炉,不问寒燠,皆炽炭。"范成大六十岁时在石湖别墅,有《乙巳十月开炉》三首,其中两首咏道:"石湖今日开炉,纸窗雪白新糊。童子烧红榾柮,老夫睡暖氍毹。""石湖今日开炉,四壁仍安画图。万事篆烟曲几,百年氆衲团蒲。"明清时,吴中贵家,于此日新装暖阁,妇女垂绣帘,浅斟缓酌,以应开炉之节。

苏州地沃民稠,俗勤种艺,秋尽冬初,正是收获的时节,据记载,苏州的稻品,有红莲、穄秠、小籼、香珠、紫芒、金钗、百日、中秋、鹅脂、羊须等。其时,刈割的刈割,挑担的挑担,打谷的打谷,碾的碾,筛的筛,一片繁忙景象,农家乐事,无过于此。旧时收成之后也就是交租米的日子,顾莼《吴郡冬日诗曰:

"六城门外水如烟，料峭轻风挂席便。画舫珠帘收拾起，小桥挤满送租船。"小注写道："十月朝，游船歇绝，惟有送租船矣。"天气已寒，画舫游船固然没有生意了，但农船挤挤交租米的情景，让人觉得这大千世界里贫富的悬殊，面对收成的年景，心情是不同的。

十月间，乡村人家开始做冬酿酒。《吴郡岁华纪丽》卷十记道："酿酒以小麦为曲，用辣蓼汁一杯，和面一斗，调以井水，揉踏成片，或楮叶包悬当风，两月可用为酒药。自八月至三月，皆可酿酒。惟以小雪后下缸，六十日入糟者为佳，可留数年不坏。吴俗，田家多效之，谓之冬酿酒。有秋露白、靠壁清、十月白、三白酒诸名，有名榨头酒，初出糟酒也，俗谓之杜茅柴。有以木樨花合糯米同酿，香洌而味杂，名桂香；有以淡竹叶煎汤代水，色最清冷，名竹叶青。市中又有福珍、天香、玉露诸名，其酒醇厚，盛在杯中，满而不溢，甘甜胶口，品之上也。其酿而未煮者，名生泔酒，其品最下。吴俗，收获后，取秫米酿白酒，谓之十月白，过此则色味不清洌矣。"许

做酒（选自《营业写真》）

姑苏食话

青浮《酿白酒》咏道:"江南秫田秋获早,粒粒红香绽霜饱。茅屋疏灯促夜春,酒泉走檄新移封。大缸小缸春拍拍,家家酿成十月白。白酒之白白如乳,开缸泼面香风起。定州花瓷潋滟明,秋水无痕清见底。东家银瓶琥珀红,西家玉碗珍珠浓。何如此酒有别趣,糟印直与温柔通。雪花晓压林梢重,地炉不暖黄梅冻。倘有骑驴觅句人,不惜殷勤更开瓮。"

前人有道是"秋末晚菘",菘即是白菜,九月栽下,十月长成,沃壤一车重数斤,味含土膏,气饱风露。立冬以后,吴中农家将白菜盐藏缸瓮。或去其心,名为藏菜,亦称盐菜。有经水浸而淡者,名水菜。或可断菜心,或并缕切萝卜条,撒盐紧压瓶中,倒埋灰窖,过冬不坏,称为春不老。蔡云《吴歈》咏道:"晶盐透渍打霜菘,瓶瓮分装足御冬。寒溜滴残成隽味,解醒留待酒阑供。"又许青浮《腌藏菜》咏道:"鸭脚树黄鸦柏醉,西风送寒吹雁骨。旨高商量可御冬,吴侬比屋腌藏菜。菜心松美菜叶甜,满盘白雪堆吴盐。溪流新汲器新涤,殷勤十指搓掺掺。烹羊焘羔记时节,拍手乌乌双耳热。醉倒柴门不可呼,大儿拥背小儿扶。阿翁吻渴诗肠枯,醉乡天地空模糊。瓮中忽忆冬菹绿,一寸霜茎抵寒玉。"至于城中人家也都买菜来腌,袁景澜有一首《咏菜》,摹绘情景如画,诗曰:"霜晓门停卖菜船,人家秤买度残年。一绳分晒斜阳里,留佐盘餐小雪天。"古人都以腌菜为御冬之物,其实并不尽然,周作人在《腌菜》里说:"金黄的生腌菜细切拌麻油,或加姜丝,大段放汤,加上几片笋与金钩,这样便可以很爽口的吃下一顿饭了。只要厨房里有地方搁得下容积二十加仑的一只水缸,即可腌制,古人说是御冬,其实它的最大用处还是在于过夏,上边所说的也正是夏天晚饭的供应。"这是很有体味的话。

十 一 月

俗话说"冬至大如年",苏州人最重冬至节,亲朋以食品相馈遗,提筐担榼,充斥道路,俗呼为送冬至盘。徐士铉《吴中竹枝词》咏道:"相传冬至大如年,贺节纷纷衣帽鲜。毕竟勾吴风俗美,家家幼小拜尊前。"这个习俗,称之为拜冬。周遵道《豹隐纪谈》记道:"吴门风俗,多重至节,谓曰肥冬瘦年,人家互送节物。"最为可笑的是,自家送出的冬至盘,竟然几经转送又被他人送了回来,颜度《冬至节》咏道:"至节家家讲物仪,迎来送去费心机。脚钱尽处浑闲事,原物多时却再归。"冬至前一夜称为冬至夜,柴萼《梵天庐丛录》卷三十三记道:"旧称七夕用六日,清明用前前一日,不知何本。吴俗以冬至前一日之夜,谓之冬至夜,次日冬至,谓之冬至朝。相传其俗起自张士诚,士诚以冬至不宜当日宴贺,宜先一日置酒高会,乃得迎阳。民间因循成俗,至今尚然。"冬至夜家家开筵饮,称为节酒或分冬酒。钱大昕《竹枝词和王凤喈韵六十首》有小注曰:"冬至节前一夕饮酒,谓之分冬酒。谚云:'三朝迷露刮西风。'"分冬酒也称冬阳酒或冬酿酒,味甜色绿,由酱园特制售客,金孟远《吴门新竹枝》咏道:"冬阳酒味色香甜,团坐围炉炙小鲜。今夜泥郎须一醉,笑言冬至大如年。"

冬至节前,苏州家家户户磨粉制团,以糖肉、菜果、豆沙、萝卜丝等物为馅,名为冬至团。冬至团有大小之分,大者俗称稻窠团,冬至夜祭先品也;小而无馅者称粉团,冬至朝供神品也,故蔡云《吴歈》有"大小团圆两番供,殷雷初听磨声旋"之咏。从那时起,苏州人家纷纷制糕做团,有年节糕、谢灶团、春朝粉圆、年朝粉圆等,直至岁暮,里巷间磨声不绝。

俗说从冬至日数起,至九九八十一天而寒尽,苏州人称为"连冬起九",即寒冬来临之候。时朔风号野,寒景萧条,无论大街小巷,酒帘尽偃,故谚语有"大寒须守火,无事不出门"。富贵人家以花户油窗避寒,以新装纸阁通明,以深护绣帏聚暖。文人雅士则结侣为消寒会,团坐围炉,浅斟低唱,大蟹肥鱼,分曹促席,诗牌酒笺,排日为欢,前人称之为暖冬。暖冬席间,最得宜的是暖锅,荤素杂陈,吃得热气腾腾、酣畅淋漓。

寒冬时的吃食,实在很多,最有时令特色的,大概就是乳酪和饧糖。《吴郡岁华纪丽》卷十一记道:"《吴郡志》称'牛乳出光福诸山,田家畜乳牛,冬日取其乳,如菽乳法,点之为乳饼。其精者为酥,或作泡螺、酥膏、酥花'。莫旦《苏州赋》注:'吴县顾搭村,出乳饼最佳。'《吴门补乘》:'北街安雅堂酏酪,为郡城第一。'寒冬农家畜乳牛,取乳汁入瓶,日担于城,鬻于富家,呼为乳酪。"饧糖,也就是麦芽糖,以麦芽熬米而成。冬时风燥糖脆,利人齿牙。寒宵担卖,锣声铿然,凄绝街巷,夜作人资以疗饥。儿童闻声,启户而买,入口甘甜,欢然语笑,也是西风篝火中一景也。汪豊玉《卖饧锣》咏道:"担行钲且击,铿尔昏黄衢。寒食箫已古,声换江乡吴。岁丰市弛禁,煎制贫家炉。灯凄风闪纸,屦滑冰穿蒲。远鸣渐渐近,开户人相呼。所得嗟有几,儿女抛青蚨。雕盘丝互结,事记繁华都。画灰但清话,好句司空无。"常熟严公祠畔茶肆出的剪松糖,常熟直塘出的葱管糖,昆山出的麻粽糖,都是饧糖的名品。另据《盛湖志》

记载，吴江盛泽产的饴饧，以米为之，用以练绸，洁白甘鲜，食之绝佳，而他处都用杂粮，故皆不及。沈云《盛湖竹枝词》咏道："米制饴饧异杂粮，练绸光洁味甘芳。初非养老兼粘牡，惠蹠何劳论短长。"

这时在农村里，则将一岁之粮，舂白后存放仓房，称为冬舂米，陆容《菽园杂记》卷二记道："吴中民家计一岁食米若干石，至冬月舂白以蓄之，名冬舂米。尝疑开春务农将兴，不暇为之，及冬预为之。闻之老农云，春气动，则米芽浮起，米粒亦不坚，此时舂者多碎而为粞，折耗颇多。冬月米坚，折耗少，故及冬舂之。"冬舂米是古已有之的，范成大《冬舂行》咏道："腊中储蓄百事利，第一先舂年米计。群呼步碓满门庭，运杵成风雷动地。筛匀箕健无粞糠，百斛只费三日忙。齐头圆洁箭子长，隔篱辉日雪生光。土仓瓦瓮分盖藏，不蠹不腐尝新香。去年薄收饭不足，今年顿顿炊白玉。春耕有种夏有粮，接到明年秋刈熟。邻叟来观还叹嗟，贫人一饱不可赊。官租私债纷如麻，有米冬舂能几家。"可见当时有米可舂的人家，也还是不多的。

十 二 月

相传释迦成佛之前，曾修苦行多年，饿得骨瘦如柴，想放弃苦行，这时遇见一牧女送他乳糜，食后体力恢复，端坐在菩提树下沉思，于十二月八日成道。中国佛教徒为纪念此事，以米和果物煮粥供佛。因唐代即以十二月为腊月，故此日称为腊八，所煮之粥称腊八粥，也称佛粥。《百丈清规》卷二记道："腊月八日,恭遇本师释迦如来大和尚成道之辰,率比丘众,严备香花灯烛茶果珍羞,以申供养。"陈耀文《天中记》记道:"宋时东京十二月初八,都城诸大寺作浴佛会,并送七宝五味粥,谓之腊八粥。《譬喻经》谓诸谷米、果煮粥,取逼邪、祛寒、却疾病。"苏州寺院也不例外,僧人以乳蕈、胡桃、百合等,煮五味粥,馈送门徒,以矜节物。寻常百姓则以菜果杂煮,和以莲实枣栗,以多为胜。袁景澜《姑苏竹枝词》咏道:"入秋无鲎慰村农,欲发西风宿雾浓。腊八林间喧粥鼓,年丰新米足冬舂。"又佚名者《姑苏四季竹枝词》有《腊八粥》一首,咏道:"霜降牵连五九风,粥名腊八菜名冬。调和百果成佳味,有碗先盛曝背翁。"

腊八粥

过了腊八,家家得准备年糕。年糕用糯米粉和以蔗糖为之,有黄白之分,大径尺而形方,俗称方头糕,为元宝式者,名为元宝糕,俱以备年夜祀神、岁朝供先及馈赠亲友之需。凡赏赍仆婢者,则形狭而长,俗称条头糕;稍阔者称为条半糕。富贵人家因用量大，大都雇糕工到家，磨粉自制自蒸；寻常百姓则在市间采买，故腊月糕肆，门市如云。蔡云《吴歈》咏道："腊中步碓太喧嘈，小户米囤大户廒。施罢僧家七宝粥，又闻年节要题糕。"

将过年了，苏州人家争入市廛，购买荤素食品，称为买年货，因为新年元旦至初五不设市，故得买以作为肴馔之需，特别是熟食铺，豚蹄鸡鸭都较平时货卖有加。饼馒店更有一种别处所无的盘龙馒头，为过年祭神之品，以面粉抟为龙形，蜿蜒于上，复加瓶胜、方戟、明珠、宝锭之状，皆取美名，以谶吉利。酒肆药铺，各以酒糟、苍术，避瘟丹等，馈赠给长年主顾。

《吴郡岁华纪丽》卷十二记道："腊月将残，市肆贩置南北杂货，备居民岁晚人事之需。各乡争出置买，市中交易较常增倍，带圜通阛，肩摩踵接，嚣尘昼涌，灯火宵红。凡海物噩噩，陆物獉獉，水物唫唫，羽物毶毶，斑斓五色者，为纸物；馨烈百和者，为香物；玲珑编缉者，为竹器；质坚纹细者，为窑器。洎一切食品果蔬、纤屑之物，无不毕萃杂陈。锻磨、磨刀、杀鸡诸色工人，亦应时

蒸糕(选自《营业写真》)

而出。喧阗衢巷,总谓之年底市。"市廛间正是一片热闹景象。

这时,城中士绅都以酒食相邀欢宴,卑幼行礼于尊长,称为别岁,也称为辞年。袁景澜《别岁》诗曰:"老觉岁行速,幼苦年去迟。回头思往事,如梦安可追。残腊忽已尽,挽之渺无涯。光阴有来日,少壮鲜还时。稍闻爆竹动,渐见春草肥。节序相代谢,虚度良可悲。短筵急须设,深杯且莫辞。聊尽终夕欢,及我犹未衰。"这虽然是说酒食的欢宴,然而流年似水,一年又将过去,难免有点淡淡的伤逝之嗟。

农村人家大都养猪,到了腊月里就宰杀,卖与郡中居民,以作年馔之需,苏州人称为冷肉。或乡人自备以祭山神的,祭毕再卖于人,称之为祭山猪。苏州地方祭神,都用新鲜猪头,以示尊敬。

褚人获《坚瓠集》记道:"宋人以腊月二十四日为小节夜,三十日为大节夜。今称小年夜、大年夜,古今语大略相同。"苏州风俗,腊月廿四日夜,家家都得送灶。先把旧灯簎糊成一顶轿子,或是去市上买一顶纸扎的送灶轿,以米粉裹豆沙馅,名为谢灶团,并以菜蔬、茶酒、胶牙糖、糖元宝为祭。祭时妇女不得参与,以僧尼所送的灶经焚化禳灾。在送灶轿中载有纸马,盆中置冬青松柏,举火焚送门外,稻草剪得寸断,和青豆,为神马秣,俱撒屋顶,送灶上天,阖家罗拜,祝曰:"辛甘臭辣,灶君莫言。"并以酒糟涂抹灶门,谓之醉司命。袁景澜《姑苏竹枝词》有"媚灶黄羊漫乞灵,花饧粉饵祭传经。杯盘迎送年头尾,独有厨神醉不醒"之咏。祭品用花饧粉饵,谓胶其口,都取使其不言过失之意。祭过之后,以多馀花饧粉饵食之,据说能使眼睛明亮。

关于送灶，范成大有《祭灶词》咏道："古传腊月二十四，灶君朝天欲言事。云车风马小留连，家有杯盘丰典祀。猪头烂熟双鱼鲜，豆沙甘松粉饵圆。男儿酌献女儿避，酹酒烧钱灶君喜。婢子斗争君莫闻，猫犬触秽君莫言。送君醉饱登天门，杓长杓短勿复云，乞取利市归来分。"吴曼云《祀灶词》咏道："春饧著色烂如霞，清供还斟玉乳茶。不用黄羊重媚灶，知君一碟已胶牙。"沈朝初《忆江南》咏道："苏州好，腊尽火盆红。玉屑饧糖成锭脆，紫花香豆著皮松。媚灶最精工。"小注写道："腊月念四日送灶，锭糖、炒豆，奉之极诚。"既有送灶，自然就有接灶，苏州风俗，接灶是在除夕之夜，安灶神马于灶陉之龛，并祭以酒果糕饵。

送灶的第二天，即腊月廿五，苏州士庶人家都以赤小豆杂米煮粥，以祀神食。祭祀后，阖家长幼人人都得吃一碗，即使是襁褓中小儿及豢养的猫犬之属，也得象征性地吃一点，凡外出未归者，也当覆贮以待，这称为口数粥。说是吃了口数粥，可以避瘟气，如果杂以豆渣吃了，还可以免罪过。口数粥的风俗悠久，据说，炎帝之裔共工，生不才之子，在冬至日死，为疫鬼，生性畏怕赤小豆，故冬至日作粥禳之。范成大《口数粥行》咏道："家家腊月二十五，淅米如珠和豆煮。大杓辘轳分口数，疫鬼闻香走无处。镂姜屑桂浇蔗糖，滑甘无比胜黄粱。全家团圞罢晚饭，在远行人亦留分。襁中孩子强教尝，馀波遍沾獳与臧。新元协气调玉烛，天行已过来万福。物无疵疠年谷熟，长向腊中分豆粥。"

苏州四乡农人，送灶那天都要做团子，以谢灶君，感谢一年来的庇护和上天言好事的功德，这谢灶团子都做得很大，含意寄托于田里的庄稼，团子做得越大，收获越丰盛。吴江盛泽家家做粉团，其馅不一，并有切肉为馅者，除祭灶、自吃之外，还互相赠送，蚆叟《盛泽食品竹枝词》咏道："岁腊将残谢灶王，粉团蒸出满笼香。萝卜野菜夹沙馅，羡说他家聂切忙。"

除夕之前，苏州风俗有送岁盘的习俗，里巷门墙之间，互以豚蹄、青鱼、果品等馈贻，称为馈岁盘，俗呼为送年盘。那几日，仆妪成群，络绎道途，受盘之家，赏赉亦稍稍丰盈。潘际云《馈岁》诗曰："门巷相连意气亲，送将微物亦情真。略如佳节询亲友，聊比盘餐洽比邻。琐琐莫同秦璧返，依依还忆蜀风淳。年来馈赠惟僚友，自别家乡几度春。"

年夜饭（选自《大雅楼画宝》）

除夕那天，家家淘白米，盛竹箩中，置红橘、乌菱、荸荠诸果及元宝糕，并插松柏枝于上，松柏枝上还挂铜钱、果子、历本等物，陈列内室，至新年时蒸而食之，取有馀粮之意，称为万年粮。又将除夕的剩饭盛起后，置果品于其上，作为农历新年伊始的吃食，也取有馀之意，苏州人称为年饭或隔年饭。吴曼云《江乡节物词》咏道："红粮粒饱贮都篮，一洗空厨辘釜惭。饭瓮好将如愿祝，明年耕食要馀三。"还有将这隔年饭施予街衢行丐者，以为去故取新也。

除夕之夜，家庭举宴，长幼咸集，谓之合家欢，也称为分岁筵。筵中有菜名雪里青，以风干茄蒂，缕切红萝卜丝，杂果蔬为羹，下箸必先此品，称为安乐菜。蔡云《吴歈》咏道："分岁筵开大小除，强将茄蒂入盘蔬。人生莫漫图安乐，利市偏争下箸初。"因为菜羹滋味淡而悠长，既能食之泰然，不以为清贫者，自无不安乐也。吃罢除夕夜饭，有终夜不睡者，称之为守岁。苏州风俗有守岁盘，小儿女终夕不寝，就灯前博戏投琼，家人酌酒唱歌，围炉而坐，盖以酒食酬终岁之劳苦，叙天伦之乐事。周宗泰《姑苏竹枝词》曰："妻孥一室话团圞，鱼肉瓜茄杂果盘。下箸频教听谶语。家家家里合家欢。"方岳《深雪偶谈》记薛沂久客江湖，濒老怀归，客中作《守岁词》曰："一盘消夜江南东，吃栗看书只清坐。开到梅花料理我，一年心事，半生劳苦，尽向今宵过。此身本是山中住，才出山时原已错。手种青松应也大，缚茅深处，抱琴归去，又是明年话。"

过了除夕，也就是新的一年了。

中馈撷拾

　　美味佳肴并不尽来自于酒楼饭馆,家厨中也有极品,况且平常的一日三餐,更是人生不可或缺,虽然店家所制各擅胜场,但如果天天去吃,总会腻口。再说古往今来,长期依靠进馆子过活的人,总在少数,绝大多数男女老少,一年四季都在家中吃饭。旧时操持家厨的,一般都是妇女,古人将妇女在家操持饮食之事称为中馈,《易·家人》有"无攸遂,在中馈"之语,张衡《同声歌》也有"绸缪主中馈,奉礼助蒸尝"之咏,可见此词由来已久了,后人也将中馈指代一般人家的饮食。

　　寻常百姓人家大都由主妇治庖,稍富裕的家有厨婢,古人称为"家常",更富裕的便雇用厨娘。厨娘都受过职业训练,本色当行,手艺非凡。南宋人廖莹中《江行杂录》记道:"中都中下之户,不重生男,每生女则爱护如捧璧擎珠,甫长成,则随其姿质教以艺业,用备士大夫采拾娱侍,名目不一,有所谓身边人、本事人、供过人、针线人、堂前人、杂剧人、拆洗人、琴童、棋童、厨娘，等级截平不紊，就中厨娘最为下色，终非极富贵之家必不可用。"廖莹中记了一件事，说有一位告老还乡的太守，欣羡京都厨娘的菜馔，以为极其适口，便托朋友去物色一位厨娘，不久物色到了，朋友遣人送来，但她在距城五里的地方停下，亲笔写了一封告帖，请老太守派一顶四抬暖轿去迎接，字画端楷，言辞婉曲。老太守见之，以为非庸碌女子可及，便允其请。及入门，见她翠袄红裙，容止循雅，老太守不由心喜。厨娘随身携带全套厨具，刀砧杂器，精致异常，其中许多是白银所制。试厨时，她等下手们将物料洗剥停当，才徐徐站起，"更围袄围裙，银索攀膊，掉臂而入，据坐胡床，徐起切抹批窍，方正惯熟，条理精通，真有运斤成风之势"。菜

肴上桌，座客饱餐后赞不绝口，以为天下珍味。次日再试厨，厨娘便当面讨赏，还表明这是成例，"其例每展会支赐或至三二百千"。老太守无奈，只好如数支给，事后不由感叹："吾辈事力单薄，此等筵宴不宜常举，此等厨娘不宜常用。"未久，便找个借口，将那厨娘打发走了。这样的厨娘，的确"非极富贵之家必不可用"。

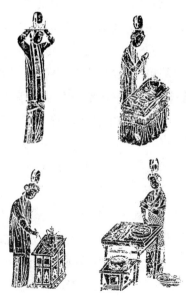

美人画砖

袁枚也有一位厨婢招姐,精于烹饪,《清稗类钞》记道:"袁子才家有灶婢曰招姐者,年少貌秀,服役甚勤,裁缝浣濯之外,兼精烹饪,凡袁不时之需,先已预备,诚能听于无声视于无形也。其姬人方聪娘,本审袁之嗜好,招姐更左之右之,袁常自诩其口福也。有不速之客来,摘园蔬,烹池鱼,筵席可咄嗟办,具馔供客,有绰秀风。年二十三而嫁,袁曰:'鄙人口腹,被夫己氏平分强半去矣。'闻者笑之。盖袁以招姐赠刘霞裳也。"可见招姐也是难得的人物。

家厨虽不能算做厨师,但天地之大,人数之多,却又远非官庖店厨可比。有的还将烹饪经验记录下来,如南宋浦江吴氏的《中馈录》,大概是最早一本女子撰写的烹饪专著,分脯酢、制蔬、甜食三部分,记菜点七十多种,都是江南民间家食之法。还有清代闺秀曾懿的《中馈录》,总论之外,记述了二十种菜点的制法。有的则口传心授,将经验传诸后人,明人宋诩的《竹屿山房杂部·养生部》就整理了母亲朱氏的烹饪之道,他在序中写道:"家母朱太夫人,幼随外祖,长随家君,久处京师,暨任二三藩臬之地,凡宦游内助之贤,乡俗烹饪所尚,于问遗饮食,审其酌量调和,遍识方土味之所宜,因得天下味之所同,及其肯綮,虽鸡肋羊肠亦有隽永存之而不忍舍。至于祭祀宴饮,靡不致谨。又子孙勿替引长之事,余故得口传心授者,恐久而遗忘,因备录成帙,而知天下之味之正味,人心所同,有如此焉者,非独易牙之味可嗜也。"这一部分内容,在食品科学和烹饪理论上颇有贡献,特别在菜点制作上,比《齐民要术》又向前发展了一步。有的虽然没有著述,但留在人们美好的记忆里,叶梦得《避暑录话》记了一件事:"往时南馔未通,京师无有能斫脍者,以为珍味。梅圣俞家有老婢,独能为之。欧阳文忠公、刘原父诸人,每思食脍,必提鱼往过圣俞。圣俞得脍材必储,以速诸人。故集中有'买鲫鱼八九尾,尚鲜活,永叔许相过,留以给膳',又'蔡仲谋遗鲫鱼十六尾。余忆在襄城时,获此鱼,留以迟永叔等数篇。'"区区数尾鲫鱼,经老婢烹调,便成至味,且留下了梅尧臣和欧阳修、刘敞等人友情的佳话。

在家中烹饪的,也就是所谓做家常菜,天天吃也吃不厌,古人就说"常调官好做,家常饭好吃"。仅就这一点来说,家常菜的魅力也就不在店家盛宴之下了。

陆文夫在《姑苏菜艺》里写道:"一般的苏州人并不经常上饭店,除非是去吃喜酒,陪宾客什么的。苏州人的日常饮食和饭店里的菜有同有异,另成体系,即所谓苏州家常菜。饭店里的菜也是千百年间在家常菜的基础上提高、发展而定型的。家常过日子没有饭店里的条件,也花不起那么多的钱,所以家常菜都比较简朴,可是简朴得并不马虎,经济实惠,精心制作,这是苏州人的特点。吃也是一种艺术,艺术有两大部类,一种是华,一种是朴;华近乎雕琢,朴近乎自然,华朴相错是为妙品。人们对艺术的欣赏是华久则思朴,朴久则思华,两种艺术交叉欣赏,相互映辉,近华、近朴常常因时、因地、因人的经历而异,吃也是同样的道理。炒头刀韭菜、炒青蚕豆、荠菜肉丝豆腐羹、麻酱油香干拌马兰头,这些都是苏州的家常菜,很少有人不喜欢吃的,可是日日吃家常菜的人也想到菜馆里去弄一顿,换换口味,见见世面。已故的苏州老作家周瘦鹃、范烟桥、程小青先生可算得上是苏州的美食家,他们的家常菜也是不马虎的,可是当年我们常常相约去松鹤楼'尝尝味道'。如果碰上连续几天宴请,他们又要高喊吃不消,要回家吃青菜了。"从这段话,很可见得饭店之菜与家庭之菜的辩证关系。苏州人家的日常生活,简约而精致,一日三餐及寻常的饮食做得有滋有味。

　　谈及苏州人家的日常饮食,也是一个颇大的话题,只能拈些说说。

人　物

　　自古以来,女子主持家厨是一个重要的生活内容,故在出阁前都得接受祖母或母亲的培训。旧时风俗,新娘婚后三日,须入厨房试菜,唐人王建《新嫁娘》便咏道:"三日入厨下,洗手作羹汤。未谙姑食性,先遣小姑尝。"直至清初,苏州风俗依然如此,康熙《具区志》记道:"新妇始拜堂,拜公姑,下厨。复款妇翁以小筵而后归。"袁景澜《姑苏竹枝词》也咏道:"三日调羹厨下走,晓窗同听合啼鸡。"也有风俗衍生变异的,光绪《周庄镇志》便记是日"妇馈枣栗、糍饴等于舅姑,曰送茶,古盥馈之意也"。不管新娘三朝是否下厨,在以后的日子里,厨房和灶头便逐渐成为她的天地了。金孟远《吴门新竹枝》便有"苍凉生计掉经娘,柴米油盐自主张"之咏。

　　费孝通在《话说乡味》里写道:"在那个时代,除了达官贵人大户人家雇用专职厨司外,普通家庭的炊事都是由家庭人员自己操作的。主持炊事之权一般掌握在主妇手里。家里的男子汉下厨的是绝无仅有的,通行的俗话里有'巧妇难为无米之炊',说明炊事属于妇女的专利,可是专业的厨司却以男子为多。以我的童年说,厨房是我祖母主管的天下。她有一套从她娘家传下的许多烹饪手艺,后来传给我的姑母。祖母去世后,我一有机会就溜到姑母家去,总觉得姑母家的伙食合胃口,念了社会人类学才知道这就是文化单系继承的例子。中国的许多绝技是传子不传女,而烹饪之道是传女不传媳。"

家厨随着婚姻而交流发展,不断变化饮食风味,不断创造出精美的肴馔,在这个过程中,出现了不少中馈人物,苏州历史上也很有几位。

孟光字德曜,汉扶风平陵人,梁鸿妻。《后汉书》卷八十三记其"状肥丑而黑,力举石臼,择对不嫁,至年三十",为梁鸿所聘,"遂至吴,依大家皋伯通,居庑下,为人赁春",也就是在如今皋桥的地方。梁鸿每天回家,"妻为具食,不敢于鸿前仰视,举案齐眉。伯通察而异之,曰:'彼佣能使其妻敬之如此,非凡人也。'乃方舍之于家"。"举案齐眉"的成语就是这样来的。究竟孟光如何"具食",则不可深究。

顾梦麟妇,明末太仓人,姓名不可考。顾梦麟嗜学不仕,曾集三吴名士结应社,经常于家中举行诗酒文会,其妇擅制蔬菜,

举案齐眉(选自陈洪绶《博古叶子》)

名闻江南,与扬州包壮行制灯齐名,誉为"包灯顾菜"。刘銮《五石瓠》记道:"扬州包壮行手制灯,太仓顾梦麟妇手制蔬菜,崇祯中名于一时。"

汤素畹字雅卿,明末人,钮琇《觚剩》记其为"大都吴啸雯中馈也,侨寓吴中,以避风鹤之警"。她有一首《丙戌除夕》,诗曰:"病馀弱质困烽烟,鬓入今宵怕说年。腊尽不知秦岁月,春来犹见汉山川。何劳茂草牵乡梦,自有梅花作客缘。眉案未输鸿与曜,只愁时事正纷然。""眉案未输鸿与曜",正可见她在与孟光媲美。

王荪字兰姒,号秋士、琴言居士,清常熟人,吴县薛熙妾,著有《绿水唱酬集》。据鱼翼《海虞画苑略补遗》记载:"熙尝居郡中朱园,日与士人唱咏,户屡充塞。荪克主中馈,治具无倦,善画墨竹。"

徐映玉字若冰,清昆山人。《清稗类钞》记道:"昆山徐若冰女士映玉嫁孔某,居苏州之木渎镇。其夫好款客小饮。尝留惠松崖徵君饮,若冰入厨治具,或以为过丰,曰:'吾重先生之经学也。'他日,其戚有为县令者,饭其舍,或又以为俭,曰:'彼徒知取科名耳,安得侪惠先生哉。'"也是一个有名的故事。

唐静庵姬人王氏,蒋敦复《随园轶事》记袁枚常至苏州,住曹家巷唐静庵家,"唐有姬人王氏,美而贤,每闻先生至,必手自烹饪。后王病亡,先生挽以联云:'落叶新添,心伤元相贫时妇;为谁截发,断肠陶家座上宾。'盖纪实也。"《随园食单》特别提到在唐家吃的炒鳇鱼片:"惟在苏州唐氏吃炒鳇鱼片甚佳,其法:切片重炮,加酒、秋油滚三十次,下水再滚,起锅加作料,重用瓜姜、葱花;又一法:将鱼白水煮十滚,去大骨,肉切小方块,取明骨,切小方块,鸡汤去沫,先煨明骨,八分熟,下酒、秋油,再下鱼肉,煨二分烂起锅,加葱椒韭,重用姜汁一大杯。"这炒鲟鱼片即为王氏烹调。

周瘦鹃夫人胡凤君,也是中馈佼佼者。某年五月,周瘦鹃从上海回苏州,在家中享受她烹调的一顿午餐,他在《紫兰小筑九日记》里写道:"午餐肴核绝美,悉出凤君手,一为腊肉炖鲜肉,一为竹笋片炒鸡蛋,一为肉馅鲫鱼,一为竹笋丁炒蚕豆,一为酱麻油拌竹笋;蚕豆为张锦所种,竹笋则斸之竹圃中者,厥味鲜美,非沪渎可得,此行与凤君偕,则食事济矣。"《紫兰小筑九日记》还记赴友人家宴,"是日佳肴纷陈,咸出邹老夫人手,一豚蹄入口而化,腴美不可方物,他如莼羹鲈脍,昔张季鹰尝食之而思乡,予于饱啖之馀,亦油然动归思矣"。

当然绝大多数中馈名家的姓氏,久已消失在历史的尘埃里,菜单食谱,方志杂著虽略略记着几个,但比起生生世世的芸芸众生来说,渺乎其小也,故也没有什么值得奇怪的。

家　　宴

明代以后,苏州人家的饮食活动趋于繁富,并将请宴作为社会交际的常用手段,官场应酬,朋友互访,亲戚往来,都由主人设宴招待,至于逢年过节,家家都有宴饮习俗。嘉靖时普通人家的宴会菜肴,以八盘为限,每席四人。至清初,社会经济复苏,生活水平回升,讲究饮食的风气就再次弥散开来,宴饮的规制大大提高,富裕之家竞相攀比,一席菜肴动辄耗费数千钱,就是一般平民,也多有仿效。

叶梦珠《阅世编》卷九《宴会》曾谈及当时苏州中产阶层宴会的规制,写道:"肆筵设席,吴下向来丰盛。缙绅之家,或宴长官,一席之间,水陆珍馐,多至数十品。即士庶及中人之家,新亲严席,有多至二三十品者,若十馀品则是寻常之会矣。然品用木漆果山如浮屠样,蔬用小瓷碟添案,小品用攒盒,俱以木漆架架高,取其适观而已。即食前方丈,盘中之餐,为物有限。崇祯初始废果山碟架,用高装水果,严席则列五色,以饭盂盛之。相知之会则一大瓯而兼间数色,蔬用大铙碗,制渐大矣。顺治初,又废攒盒而以小瓷碟装添案,废铙碗而蔬用大冰盘,水果虽严席亦止用二大瓯。旁列绢装八仙,或用雕漆嵌金小屏风于案上,介于水果之间,制亦变矣。苟非地方长官,虽新亲贵游,蔬不过二十品,若寻常宴会,多则十二品,三四人同一席,其最相知者,即只六品亦可,然识者尚不无太侈之忧。及顺治季年,蔬用宋式高大酱口素白碗,而以冰盘盛添案,则一席兼数席之物,即三四人同席,总多馂馀,几同暴殄。康熙之初,改用宫式花素碗,而以露茎盘及洋盘盛添案,三四人一席,庶为得中。然而新亲贵客仍用专席,水果之高,或方或圆,以极大磁盘盛之,几及于栋,小品添案之精巧,庖人一工,仅可装三四品,一席之盛,至数十人治庖,恐亦大伤古朴之风也。"又写道:"近来吴中开桌,以水果高装徒设而不用,若在戏酌,反拚观剧,今竟撤去,并不陈设桌上,惟列雕漆小屏如旧,中间水果之处用小几,高四五寸,长尺许,广如其高,或竹梨、紫檀之属,或漆竹、木为之,上陈小铜香炉,旁列香盒箸瓶,值筵者时添香火,四座皆然,薰香四达,水陆果品俱陈于添案,既省高果,复便观览,未始不雅也。"

苏州某些富家设宴请客,奢侈至极,王应奎《柳南随笔》记元末常熟虞宗蛮,写道:"元末吾邑富民,有曹善诚、徐洪、虞宗蛮三家,而虞独见于邑乘,故知者绝少。今支塘之东南有地名贺舍、花桥、鹿皮弄者,皆虞氏故迹。贺舍者,相传宗蛮家有喜事,特筑舍以居贺者,故曰贺舍;花桥煤春园址;鹿皮弄者,杀鹿以食,积皮于其地,弄以此得名。弄旁又有勒血沟,每日杀牲以充馔,血从沟出流,涓涓不止,其侈奢如此。迨洪武中,大理卿熊概抚吴,喜抄没人,一时富家略尽,宗蛮盖其一也。"

清初苏州又有"朱赵斗富"故事,顾公燮《丹午笔记》记道:"康熙初年,阳山北朱鸣虞富甲三吴,迁于申文定公旧宅。左邻有吴三桂侍卫赵姓者,混名赵虾,豪横无忌,常与朱斗富。凡

家宴(摄于1930年前)

优伶之游朱门者,赵必罗致之。时届端阳,若辈先赴赵贺节,皆留量饮。赵以银杯自小以至巨觥,罗列于前,曰:'诸君将往朱氏乎?某不强留,请各自取杯,一饮而去,何如?'诸人各取小者立饮,赵令人暗记,笑曰:'此酒是连杯皆送者。'诸人悔不饮巨觥。其播弄如此。"

及至嘉庆年间,某些豪家的宴集依然奢侈,袁景澜《吴俗箴言》便劝诫道:"宴会所以洽欢,何以争夸贵重,烹调珍错,排设多品,一席费至数金。小集辄耗中人终岁之资,徒博片时之果腹,重造暴殄之孽因。自后正事张筵,不得过八菜,费限一金。小集定以一簋。酌丰俭之宜,留不尽之福。物博而情敦,费省而礼尽,何苦而不为也。"

至于寻常人家宴客,既得表示热忱,又不得靡费,故清人《调鼎集》提出时间和款数的建议:"宴客宜中饭,晚饭未免多费。所为臣卜其画昼,不卜其夜,陈敬仲之言诚当奉为令典也。""家常四盘两碗(三荤三素),客来四热炒、八小碟、五簋一汤。"可见也是颇为丰盛的。

宴集的礼数,除妓院外,无论在公署,在酒楼,在园亭,或是在家,大致相同。《清稗类钞》记道:"主人必肃客于门,主客互以长揖为礼。既就坐,先以茶点及水旱烟敬客,俟筵席陈设,主人乃肃客一一入席。席之陈设也,式不一。若有多席,则以在左之席为首席,以次递推。以一席之坐次言之,则在左之最高一位为首座,相对者为二座,首座之下为三座,二座之下为四座。或两座相向陈设,则左席之东向者,一二位为首座二座,右席之西向,一二位为首座二座,主人例必坐于其下而向西。将入席,主人必敬酒,或自酌,或由役人代斟,自奉以敬客,导之入座。是时必呼客之称谓而冠以姓字,如某某先生、某翁之类,是曰定席,又曰按席,亦曰按座。亦有主人于客坐定后,始向客一一斟酒者。惟无论如何,主人敬酒,客必起立承之。肴馔以烧烤或燕菜之盛于大碗者为敬,然通例以鱼翅为多。碗则八大八小,碟则十六或十二,点心则两道或一道。猜拳行令,率在酒阑之时。粥饭既上,则已终席,是时可就别室饮茶,亦可迳出,惟必向主人长揖以致谢意。"

按照规矩,宴席一桌最多六人,空出一面,不仅以示座次的尊卑,也便于主人致词、敬酒或上菜、加汤、添酒。乡间的宴集就不太讲究礼数了,曾任常熟县宰的赵念棠有这样的描写:"二八佳宾两桌开,五荤三素一齐来。仔细看从肩上过,急忙酒向耳边催。可怜臂短当隅位,最恨肥躯占半台。更有客来骑马坐,主人站立笑相陪。"意思是说一席人围坐得水泄不通,也不按程式上菜,五荤三素一下子全上了桌,于是上菜、加汤、添酒就从坐客的肩上耳边进出,淋淋于衣衫也是经常的事,如果再来客人,也就只好坐桌边的骑马席了。

小　　聚

在家小聚与设宴请客不同,不讲究什么规制,比较随意轻松。特别是文人的雅集,更不是纯粹为享用旨酒佳肴。李日华在《竹懒花鸟檄》里称这样的小聚是为了"陶汰俗情,渐跻清望,互相倡咏,亦益灵性",他还特制定若干章程,摘抄如下:"一品馔不过五物,务取鲜洁,用盛大墩碗,一碗可供三四人者,欲其缩于品而裕于用也。一攒碟务取鲜精品,客少一盒,客多不过二盒,大肴既简,所恃以侑杯匀者此耳;流俗糖物粗果,一不得用。一用上白米斗馀,作精饭,佳蔬二品,鲜汤一品,取其填然以饱,而后可从事觞咏也。一酒备二品,须极佳者,严至螫口,甘至停膈,俱不用。一用精面作炊食一二品,为坐久济虚之需。一从者每客止许一人,年高者益一童子,另备酒饭给之。"李日华提出了一种适宜文酒之会的饮食方案,颇为简约朴素。

沈复偕芸娘从沧浪亭移居仓米巷,住在友人鲁半舫家的萧爽楼,《浮生六记》卷二《闲情记趣》记道:"余素爱客,小酌必行令。芸善不费之烹庖,瓜蔬鱼虾一经芸手,便有意外味。同人知余贫,每出杖头钱,作竟日叙。余又好洁,地无纤尘,且无拘束,不嫌放纵。时有杨补凡名昌绪,善人物写真;袁少迂名沛,工山水;王星澜名岩,工花卉翎毛,爱萧爽楼幽雅,皆携画具来,余则从之学画。写草篆,镌图章,加以润笔,交芸备茶酒供客。终日品诗论画而已。更有夏淡安、揖山两昆季,并缪山音、知白两昆季,及蒋韵香、陆橘香、周啸霞、郭小愚、华杏帆、张闲憨诸君子,如梁上之燕,自去自来。芸则拔钗沽酒,不动声色,良辰美景,不放轻过。"

"蝴蝶会"是小聚的另一种方式。范烟桥《茶烟歇》记道:"朋好醵饮,嫌市铺恶浊,相约各出家厨,人各一品,称'蝴蝶会',意取'壶'酒'碟'菜同音耳。惠而不费,是可法也。余友胡寄尘谓此法行之颇广,所以取名蝴蝶,尚有一义,以一壶置中间,以两小碟两大碟分置左右,俨然一蝴蝶形也,其言甚趣。"

小聚虽不在酒菜之多,然其精核,也为要素,另外器具也各有讲究。沈复《浮生六记》卷二《闲情记趣》记了芸娘所置的梅花盒,写道:"贫士起居服食,以及器皿房舍,宜省俭而雅洁。省俭之法,曰'就事论事'。余爱小饮,不喜多菜。芸为置一梅花盒,用二寸白磁深碟六只,中置一只,外置五只,用灰漆就,其形如梅花,底盖均起凹楞,盖之上有柄如花蒂。置之案头,如一朵墨梅覆桌;启盖视之,如菜装于花瓣中。一盒六色,二三知己可以随意取食,食完再添。另做矮边圆盘一只,以使放杯箸酒壶之类,随处可摆,移掇亦便,即食物省俭之一端也。"

在家中小聚,实在也别有风味,特别是家中小有花木之胜的,春秋佳日,移席园中,其中闲趣又与临窗小酌不同。周瘦鹃在王长河头的紫兰小筑便得如此环境,某年主人自上海回苏州,邀请友人小酌,外有花匠张锦张罗,内有夫人胡凤君掌勺,风味迥然有别。周瘦鹃在《紫兰小筑九日记》里写道:"是日,因赵国桢兄馈母油鸭及十景,张锦亦欲杀鸡为黍以饷予,自觉享受过当,爰邀荆、觉二丈共之。忽遽间命张锦洒扫荷池畔一弓地,设席于冬青树下;红杜鹃方怒放,因移置座右石桌上,而伴以花荻菖蒲两小盆,复撷锦带花数枝作瓶供,藉供二丈欣赏,以博一粲。部署甫毕,二丈先后至,倾谈甚欢。凤君入厨下,为具食事,并鸡鸭等七八器,过午始就食,佐以家酿木樨之酒;予尽酒一杯,饭二器,因二丈健谈,逸情云上,故予之饮啖亦健。餐已,进荆丈所贻明前,甘芳沁脾,昔人谓佳茗如佳人,信哉。寻导观温室前所陈盆树百馀本,二丈倍加激赏,谓为此中甲观,外间不易得。惟见鱼乐国前盆梅凋零,则相与扼腕叹惜;幸尚存三十馀本,窃冀其终得无恙耳。"这是真正的花下饮酒、酒后看花。

姑苏食话

　　苏州人喜欢游山玩景,《吴郡岁华纪丽》卷三记道:"郡志称吴人好游,'春时用六柱船,红幕青盖,载箫鼓以游名胜,虎阜、灵岩、天平为最盛'。支硎香市,竹舆轻窄,骏马趁趣,络绎满路。于焉访古迹,探名胜。到处酒炉茶幔,以迎冶游。青衫白袷,错杂其间。夕阳在山,犹闻笑语。"苏州人既好游览,自携酒肴,或在店家小酌,实在也是一件极愉快的事。

　　沈复《浮生六记》卷二《闲情记趣》记了一次别开生面的游览:"苏城有南园北园二处,菜花黄时,苦无酒家小饮,携盒而往,对花冷饮,殊无意味。或议就近觅饮者,或议看花归饮者,终不如对花热饮为快。众议未定,芸笑曰:'明日但各出杖头钱,我自担炉火来。'众笑曰:'诺。'众去,余问曰:'卿果自往呼?'芸曰:'非也,妾见市中卖馄饨者,其担锅灶无不备,盍雇之而往。妾先烹调端整,到彼处再一下锅,茶酒两便。'余曰:'酒菜固便矣,茶乏烹具。'芸曰:'携一砂罐去,以铁叉串罐柄,

南园(摄于1900年前)

去其锅,悬于行灶中,加柴火煎茶,不亦便乎?'余鼓掌称善。街头有鲍姓者,卖馄饨为业,以百钱雇其担,约以明日午后,鲍欣然允议。明日看花者至,余告以故,众咸叹服。饭后同往,并带席垫,至南园,择柳阴下团坐,先烹茗,饮毕,然后暖酒烹肴。是时风和日丽,遍地黄金,青衫红袖,越阡度陌,蝶蜂乱飞,令人不饮自醉。既而酒肴俱熟,坐地大嚼。担者颇不俗,拉与同饮。游人见之,莫不羡为奇想。杯盘狼藉,各已陶然,或坐或卧,或歌或啸。红日将颓,余思粥,担者即为买米煮之,果腹而归。芸问曰:'今日之游乐乎?'众曰:'非夫人之力不及此。'大笑而散。"芸娘建议雇用馄饨担之锅灶,既省事,又方便,故为人赞赏不绝。

小镇上的文人雅集,不会走得太远,往往就近聚集。王韬在《漫游随录·鸭沼观荷》里就记述少年时在甫里清风亭的诗酒胜会:"池种荷花,红白相半,花时清芳远彻,风晨月夕,烟晚露初,领略尤胜。里中诗人夏日设社于此亭,集裙屐之雅流,开壶觞之胜会。余亦获从诸君子后,每至独早。时余年少,嗜酒,量颇宏,辄仿碧筒杯佳制,择莲梗之鲜巨者,密刺针孔,反复贯注,自觉酒味香洌异常,一饮可尽数斗。又取鲜莲瓣糁以薄粉,炙以香膏,清脆可食,亦能疗饥。""观荷之约,以花开日为始,三日一会,肴核以四簋为度,但求真率,毋侈华靡。甫里本属水乡,多菱芡之属。沈瓜浮李、调冰雪藕之外,青红错杂,堆置盘中,亦堪解暑。"乡里韵事,也颇有引人怀恋之处。

仪　礼

仪礼饮食是苏州饮食风俗的重要内容之一,兴废嬗变,难以细说，只能说个大概。

冠礼，《礼记·曲礼》称"二十曰弱，冠"。古代苏州男子则略早，年十六以上行冠礼，女子则将嫁后笄。嘉靖《姑苏志》记道："冠、笄则为绶带糕以馈赠。"嘉靖《吴江志》也记道："冠笄之日，蒸糕以馈亲邻，名上头糕。"民国《吴县志》则记道："冠礼久废，郡城固绝无仅有，而乡俗犹存遗意，则将于婚时行之。迎娶之先，具冠，命赞礼者冠之，其冠多出亲长所赐。又蒸糕以馈亲邻，名为上头糕。"

婚礼，苏州旧俗最为繁文缛节，就饮食而言，有所谓"送盘"，即男家求允、女家允吉之后，男家送盘中除聘金、礼金、钗环、纱缎外，有羹果、茶叶之类；女家答盘除书墨、笔砚、靴帽、袍套外，有糕果之类。光绪《周庄镇志》记有茶枣等物。太湖周边人家，女家答盘则做大粉团，康熙《具区志》称"俗尚实心大粉团，每团以斗米为之，外以土朱涂红"。娶亲之前，男家又将鸡鸣酒及大衣、方巾、冠、带等物送往女家。新妇入门，周庄风俗有吃交杯酒者，光绪《周庄镇志》记道："媵取卺杯，实酒酳婿；御取卺杯，实酒酳妇，曰交杯，古之合卺也。"太仓将夫妇合卺而饮称为坐花筵。康熙《具区志》则记道："两家各选送亲中善饮者，相当钥门投辖，灌以巨觥，必尽醉而后止。"嘉庆《同里志》记道："迎娶毕，男女两家掌礼收去，即城中鸡鱼肉面礼也。"既婚，新妇三朝见礼，谒拜翁姑，与男家亲戚相见，姑设席宴请，鼓乐进酒。嘉庆《直隶太仓州志》记娶亲后次日，"婿至妇家，献茶纳赀，谓之望静。女家以花幡、果盒馈女，谓之做朝水"。康熙《具区志》记道："越三日，庄启请妇翁，曰大筵，有级数，以多为贵，而妇翁之犒费不赀。（以红绳穿钱分馈陪客，凡内外役人各有犒。明日婿饮妇家亦如是。)明日又延饮,曰覆酌(俗呼曰覆脚饭)。酌罢,翁携婿归,遍谒亲族,各有赍,而婿之犒费更不赀。又明日,延饮如前,亦名曰覆酌。至是而翁婿之礼竣矣。"晚近以来,移风易俗,婚礼简化。但甘蔗、花生、枣子、团子、蒸糕诸物仍不可少,婚宴也颇隆重,菜肴以鸡鸭鱼肉为主,菜名都取吉祥字样。

丧礼,旧时丧事持续五七三十五天,亲朋前来吊奠,丧家留酒饭,以素菜为主。光绪《周庄镇志》记道:"款以蔬食,豆腐为主,曰吃豆腐。古之亲朋各以其服吊,今乃丧家给之;通礼待客以茶,今乃食客满座,是即张稷若所讥宾客之饮食、衣服不敢不丰者也。"太仓地方更有所谓"丧虫",嘉庆《直隶太仓州志》记道:"绅衿豪族丧葬,择日受吊,无赖者相率登门,横索酒食,谓之丧虫。"出殡之日,又有路祭者,嘉靖《吴江志》记道:"发引之日,亲友集送,至亲则各具酒肴于途,代丧家款客,抵墓拜别而散。"如今丧事简办,时间一般三至五天,结束丧事后要吃离事饭,俗呼豆腐饭,菜肴数量无定,惟必须单数。亲友离席时,主人要送馒头和云片糕,称为离事馒头、离事糕,数量无定,也必须单数。

祭礼,吴俗祭祀,春秋扫墓之外,或用二分(春分、秋分)、二至(夏至、冬至),或用清明、端午、中元、冬至、除夕,逢节即祭,设祭品,焚帛奠爵。民国《吴县志》记道:"一岁之中,于二至日、清明节、七月望日、十月朔、除夕,设案于厅事,合始祖以下荐飨之,吴俗谓之'过时节',事虽非古,亦所以展孝思也。至墓祭,则每岁举行两次,春祭在清明,重拜扫也;秋祭在十月朔,感霜露也。其族大者,长幼毕集,衣冠济济,其祭品必丰必备,而寒素之家则有春祭而秋不祭者。"祭品中以鸡鱼肉三品为主,称为三牲,其馀则杂陈蔬果、米面、糕团之类,尊以白米所酿之白酒,称为醴酒。"过时节"时,杯箸鳞次,最多的一桌上列放数十副。

生育,光绪《常昭合志稿》记新妇"及孕将产,母家以秫粉裹肉馅为大丸馈,谓之催生团(俗必令人当日啖尽)。子生周岁,谓之达期(音如搭肌),以糖和粉作大饼馈亲族,谓之期团"。光绪《平望志》则记道:"妇人妊子,亲戚以糖、蛋、核桃、龙眼等物馈者,曰送汤。其母家以粽馈,曰解缚粽,寓易产意也。子生三日,具汤饼燕亲友,曰三朝面。亲友以银钱及他物在一月内馈者,亦曰送汤。至戚馈鱼肉等物,曰送熟汤。满一月剃发,曰剃满月头;复具酒肴燕亲友,曰满月酒。"苏州旧时风俗大略如此。今则满月酒上要吃双浇面,宴后,主人将面条、红蛋分送邻里亲友。

寿诞,苏州风俗,五十岁始做寿,逢五称小生日,逢十称大生日,一般做九不做十。至寿日,设寿堂,挂寿幛,点寿烛,吃寿面,子孙拜祝,亲友送礼庆贺。寿礼就食品而言,有寿桃、寿糕、寿面等,数量要超过寿星的年龄,只可多,不可少,并必须逢双。寿桃和寿糕不能全数收下,要留下一定数量,俗呼为"留福"。寿宴要吃双浇面,还须另加两只不剪须的大虾。寿宴结束,由晚辈将面条、寿桃、寿糕分送邻里亲友,数量无定,惟必须逢双,俗呼为"散福"。

入学,古称进学,外家要送糕和粽,取"高中"之意。包天笑《钏影楼回忆录》写道:"我上学有仪式,颇为隆重。大概那是正月二十日吧。先已通知了外祖家,外祖家的男佣人沈寿,到了那天的清早，便挑了一担东西来。一头是一只小书箱，一部四书，一匣方块字，还有文房四宝、笔筒、笔架、墨床、水盂，一应俱全。这些东西，在七十年后的今日，我还保存着一只古铜笔架和一只古瓷的水盂咧。那一头是一盘定胜糕和一盘粽子，谐音是'高中'，那都是科举时代的吉语，而且这一盘粽子很特别，里面有一只粽子，裹得四方型的，名为'印粽'；有两只粽子，裹成笔管型的，名为'笔粽'，谐音是'必中'，苏州的糕饼店，他们早有此种技巧咧。"拜师仪式上，还要吃一碗"和气汤"，包天笑记道："这也是苏州的风俗，希望师生们、同学们，和和气气，喝一杯和气汤。这和气汤是什么呢？实在是白糖汤，加上一些梧桐子（梧与和音相近）、青豆（青与亲方言相同），好在那些糖汤，是儿童们所喜欢的。""临出书房时，先生还把粽子里的一颗四方的印粽，教我捧了回去，家里已在迎候了。捧了这印粽回去，这是先生企望他的学生，将来抓着一个印把子的意思。"

此外，旧时科举制度时，童试分县试、府试、院试，三者都合格就是生员，俗称秀才。童生参加考试，必须预备考食，以蜜糕为大宗，所以考试又被呼为"吃蜜糕"；考场里另设茶担，备有红绿茶，午餐、晚餐也有饭点菜肴供应。生员入学，又有公堂宴，都在明伦堂举行，时县令两人，学官两人，陪席者两人，每人一席，席上点红烛，并有甘蔗牌楼，菜有六簋四碟，但都不可吃，只饮三爵而礼成。诸生上前行一跪九叩礼，时陪席者退避，县令也退立，惟学官端坐受礼，相传为旧例。

三　餐

苏州人有句俗话,说此人"不吃粥饭",即说此人竟十分愚蠢,不懂得寻常的道理。可见得"吃粥饭"之重要。粥和饭是苏州人一日三餐的主食。

清乾隆帝弘历曾误以为苏州人一日五餐,说明当时苏州经济的繁荣和市民的富庶,《清稗类钞》记道:"高宗南巡,回銮后,曾语侍臣曰:'吴俗奢侈,一日之中,乃至食饭五次,其他可知。'盖谓江苏也。其实上达天听者,传之过甚耳。如苏、常二郡,早餐为粥,晚餐以水饭煮之,俗名泡饭,完全食饭者,仅午刻一餐耳。其他郡县,亦以早餐、午饭者为多。"

至晚近,苏州寻常人家,早餐仍以吃粥为主,从不吃饭,如不煮粥,则吃点心;中餐是正餐,都不吃粥;晚餐,苏州人说的"吃夜饭",其实有饭有粥,中下之家,下午不烧饭,即以中餐馀饭,加以蒸煮。粥也有两种,一为米粥,色白汁稠,腻若凝脂;一为泡饭粥,即用米饭加水煮成的粥,有饭焦香味,米粒有韧劲,颇为许多人喜欢。至于佐饭之菜,如《调鼎集》所说:"早饭素,午饭荤,晚饭素。(亦有早饭晚饭用粥者,似觉省菜。)"这当然是因为并不富裕的缘故。

包天笑在《衣食住行的百年变迁》里谈到19世纪末苏州的情状,写道:"关于食事,我将浓缩而谈谈我个人与家庭近百年来的变迁情况。我自从脱离母乳以后,也和成人一般的吃粥吃饭了,直到如今,并无变迁之可言。但米谷亦有种种名质的不同。我在儿童时代所食的米,作淡黄色,其实黄白原是一种,不过加工分类而已。因为我家祖代是米商,在苏州阊门外开一米行,太平天国之战烧了个精光大吉,不过我们的祖母,还知道一些米的名称。当时我们日常所食的,名曰'厩心',说是黄米中的高级者。要问黄米有什么佳处呢?也和苏州人的性质一样,柔和而容易消化,不似白米的有一种粳性(当时白米也没有现在好)。这不仅我家如此,凡苏城中上人家都是如此。只是工农力作的人,他们宁愿吃白米,以黄米不耐饥呀。当时的米价,最高的也不到制钱三千文一石。(当时用钱码所谓制钱,即外圆内方的铜钱,文人戏呼之为'孔方兄',每一千文,约合后来流行的银币一元。)数量亦以十进一,一石为十斗,一斗为十升,一升为十合,那时买米重容量,今则计轻重,也是一个变迁呢。我们有一家十馀年老主的米店,在黄鹂坊桥吴趋坊巷,每次送米来,总是五斗之数。我笑说,这是陶渊明不肯折腰也,可是我家食指少,五斗米可吃两个月,足见当时物价低廉了。除主食外,对于副食,我们经常购糯米一二升,磨之成粉(我家常有一小磨盘),可以制糕、制团、制种种家常食品,以之疗饥,更足以增进家庭趣味。"

可是到了 20 世纪初,苏州人吃黄米的情况也逐渐变

营业写真(二百七十六)

切面

切面细 缕缕好似银
切面粗 带带挤迤条
绿齐来宛脚路花不时
银缕破 带带来兜麵
世上 白银看不切
切面将来何细末

切面(选自《营业写真》)

化了,家家都开始吃白米了。苏州人家除白米饭外,也经常做蛋炒饭、咸肉菜饭等,变化口味,并可省去佐饭之菜。

辛亥革命后,人力摇面机在苏州推广使用,生面业兴旺,人家经常以面条为主食。市上供应机制馄饨皮子后,人家也经常以馄饨作为主食。包馄饨,苏州人称为裹馄饨。据说,裹馄饨也有讲究,因为一只只馄饨仿佛一只只元宝,裹成的时候,凡正面向里的,即能守财;正面向外的,便会失财,这当然是子虚乌有的事。家中裹馄饨,有纯肉心、虾肉心、菜肉心等,菜可用青菜、白菜,以荠菜肉馄饨最为美味。然而裹一次荠菜肉馄饨,贫苦人家也算是盛宴了,有童谣唱道:"阿大阿二挑野菜,阿三阿四裹馄饨,阿五阿六吃得饱腾腾,阿七阿八舔缸盆,阿九阿十呒没吃,打碎格只老缸盆。"僧多粥少,不可能人人果腹,说来也是让人感慨的。

苏州太和面粉公司的"虎丘牌"商标

苏州人早餐,大凡吃粥吃面,或是吃点心,点心品类繁多,最实惠的是大饼油条,北方人称为烧饼油条,口味既有不同,形制也大相径庭。苏州的大饼油条都小巧精致,大饼一两一只,油条一两两根,夹着吃,或再来碗豆腐浆,就是一顿方便的早餐了。故而以前大饼油条店门前往往排着长队。大饼油条最具北味,大饼用发过酵的面擀成饼状,有咸甜之分,又有芝麻、葱油之别,刚出炉的大饼,外脆内软喷喷香,粗犷朴实;油条则在和好的面里搀入适量的苏打粉,擀成条形略略转曲后

大饼店(摄于1948年前)　　　　大饼店(摄于1958年)

放入油锅,在沸油中迅速膨胀开来,捞出后趁热吃,入口又松又脆。苏州人旧时称油条为"油炸桧",据说与秦桧有点关系,据顾震涛《吴门表隐附集》称"油炸桧,元郡人顾福七创始",因宋亡后,民恨秦桧,以面成其形,滚油炸之,令人咀嚼。但周作人《谈油炸鬼》引范寅《越谚》称"麻花,即油炸桧,迄今代远,恨磨业者省工无头脸,名此"。认为油炸秦桧仍是望文生义。不管如何,油条的历史实在是很悠久了。两根油条,一只大饼,称为一副,也有只买油条的,拿回家去佐粥吃,蘸点虾子酱油或乳腐卤,滋味另有不同。早餐吃的面食点心,除大饼、油条外,还有糕饼、馒头、油氽紧酵、生煎馒头、烧麦、春卷等;米食点心则有糕团、汤圆、汤团、粢饭糕、粢饭、米风糕、斗糕、藕粉圆子、赤豆糊

粢饭摊(戴敦邦画)

糖粥、八宝饭、血糯米饭等。吴江盛泽人家早晨都买点心来吃，沈云《盛湖竹枝词》咏道："户户眠迟早起难，清晨试检点心单。登春周氏汤团好，牢九胡皱亦可餐。"盛泽登春桥汤团店有数百年历史，人皆称妙，"牢九"即包子，"胡皱"即饼饵，都为宋人语言。

关于苏州人家有日常三餐，包天笑《衣食住行的百年变迁》还写道："虽说家常餐，也大分阶级制度，阶级密密层层，我姑分为上、中、下三级。上级是上级人家，吃得精美是不必说了，还有一种以大家庭夸示于人的，如张公艺九世同居，史籍传为'美德'。我有一家亲戚就是一个大家族，自祖及孙，共有十馀房，同居一大宅。家中厨子开饭，便要开十馀桌，两位西席师爷开两桌，老管家、门公、其他佣仆等，也要另开，每餐恐要二十桌呢。那些娇贵的少奶、小姐们，吃不惯大镬的饭、大锅的菜，她们另有小厨房，诸位读了《红楼梦》，便可以见到此种排场呀。""我把传统的家食情形说一遍，这也是大家本来所知道的。书本上往往酒食并称，家常饭是没有酒的，不比筵席餐总是以酒合欢。但也偶或有之，有些家

《红楼梦》插图

长老先生们,每日要过醉乡生活,便不能不备有一壶酒,大概也在夜饭时行之。'晚来天欲雪,能饮一杯无',就是这种境界,至于晨餐午餐,却是少见的。餐时有一定坐位,长者居上座,少者处下座,家家如此,不必说了。从前家中吃饭不用圆桌,亦不似西方人的用长桌,江南人称为'八仙桌',坐满一桌,适符八人,八口之家,最为适宜。""讲到家常餐饭菜的分量吧,大概一桌有八人的,约须五六样菜;一桌有六人的,约须四五样菜;一桌有四人的,亦须三四样菜。但每餐必有汤,譬如六样菜肴,就是五菜一汤,以此类推,三样菜肴,亦是两菜一汤。我好饮汤,我对于餐事中的饮汤,却有些研究。在我们家常餐中,几乎无有一物不可煮汤,鸡、鸭、鱼、虾以及各种肉类、蔬菜类,应有尽有。这恐怕于物产的丰盈有关,江南本属水乡,而且在太湖流域,鱼类即多,洗手作羹,他乡恐无此鲜味呢。"

这就是19世纪末、20世纪初苏州人家的饮食情状。

蔬　菜

苏州蔬菜有旱生、水生之分,种植历史悠久,品种极多,尤其是青菜,四季不断,故有"杭州不断笋,苏州不断菜"之说。旧时,旱生蔬菜产地主要分布在沿城乡村,城内也有种植。相传张士诚被围苏城时,粮草断绝,便辟南园、北园种植蔬菜。水生蔬菜则主要产于城东黄天荡一带和城西南低洼地区。据记载,隋唐时,苏州横山、梅湾一带已成为茭白、莲藕的著名产区,横山荷花塘贡藕、梅湾吕公菱、黄天荡荸荠和慈姑以及南荡芡实等已遐迩闻名,风靡市场。

苏州旱生蔬菜主要有青菜、花菜、白菜、菠菜、萝卜、冬瓜、黄瓜、南瓜、茄子、豇豆、芝麻苋、辣椒、番茄、马铃薯等。苏州水生蔬菜主要有茭白、莲藕、慈姑、水芹菜、荸荠、菱、芡实、莼菜，苏州人称为"水八仙"。苏州蔬菜不但种类多，并且质量好，像如今北方最广泛种植的白菜，在明宣德之前北方不能存

早市（摄于1936年前）

活，元人贾铭《饮食须知》卷三便称"北地无菘"；明人陆容《菽园杂记》卷六更记道："菘菜，北方种之，初半年为芜菁，二年菘种都绝。芜菁，南方种之亦然。盖菘不生北土，犹橘之变于淮北也，此说见《苏州志》。按菘菜即白菜。今京师每秋末，比屋腌藏以御冬，其名箭杆者，不亚苏州所产。闻之老者云，永乐间南方花木蔬菜种之，皆不发生，发生者亦不盛。"由此也可见得旧时苏州蔬菜的有名。苏州郊县则更多蔬菜，如沈学炜《娄江竹枝词》便咏道："薄荷苗向春前种，扁豆棚开秋后花。最好山厨樱笋了，筠篮唤卖画眉瓜。"由此可见一斑。

范烟桥《茶烟歇》写道："苏州居家常菜蔬，故有'苏州不断菜'之谚，城外农家园圃，每于清晨摘所产菜蔬入市，善价而

沾,谓之'挑白担',不知何所取义。城南南园,土地肥沃,产物尤腴美,庖丁亦善以菜蔬为珍馐之佐,如鱼翅虾仁,类多杂之,调节浓淡,使膏粱子弟稍知菜根味也。春令菜蔬及时,市上盈筐满担,有号马兰头者,鲜甘甚于他蔬,和以香豆腐干屑,搀以冰糖麻油,可以下酒,费一二百文,便能觅一醉矣。菜晒成干,别有风味,用以煮肉,胜于其他辅品。惟苏州菜不及吴江菜之性糯,吾乡多腌菜,苏州人至今称腌菜为腌菹菜。枸杞于嫩时摘食,清香挂齿,而豆苗更清腴可口,宋牧仲开府吴门,曾题盘山拙庵和尚沧浪高唱画册云:'青沟辟就老烟霞,瓢笠相过道路赊,携得一瓶豆苗菜,来看三月牡丹花。'即此。荠菜,吾乡称野菜,苏州人则读荠为斜字上声,即《诗经》'谁谓荼苦,其甘如荠'之荠,可知二千年前,已有老饕尝此异味矣。荠菜炒鸡炒笋俱佳,有花即老,谚有'荠菜花开结牡丹'之语,则暮春三月,即不宜食。"

范烟桥所举的荠菜,为野生菜的一种,其他还有金花菜、马兰头、香椿头、紫云英等,旧时苏州城中颇多旷地,南园、北园外,许多地方都长着野菜,如王府基便是,顾福仁《姑苏新年竹枝词》咏道:"王府基前荠菜生,媵他雏笋压凡羹。多情绣伴工为饷,不是春盘一例擎。"包天笑《衣食住行的百年变迁》写道:"我们苏州的菜最多,价廉而物美,指不胜屈。我只说两种野生植物,一名荠菜,一名金花菜,乡村田野之间,到处都是,即城市间凡空旷之地,亦蔓延丛生。荠菜早见于《诗经》,有句云'谁谓荼苦,其甘如荠'。金花菜,植物学上唤做苜蓿,别处地方,又唤作草头。乡村人家小儿女,携一竹篮,在田陌间可以挑取一满篮而归,售诸城市,每扎仅制钱二文。金花菜鲜嫩可口，且富营养，我颇喜之。而那些贵族人家则鄙之为贱物，说这是张骞使西域以之饲大宛马者，实是马料耳。总之穷人家的常餐，以蔬菜为多，如青菜豆腐羹，他们崇其名曰'青龙白虎汤'，颇可笑也。"至于马兰头，《黎里志》记道："野蔬中有马兰头者，冬春间随地皆有，取其嫩者瀹熟，拌以麻油，味极佳，曝干可久贮饷远。二月初每当清晨，村童高声叫卖，音节类山歌，三五成群，若唱若和，卧近市楼者辄为惊觉。"故沈云《盛湖竹枝词》咏道："春盘苜蓿不须愁，潭韭初肥野菜稠。最是村童音节好，声声并入马兰头。"叶灵凤对马兰头怀有非常的感情，他在《江南的野菜》里写道："在这类野菜中，滋味最好的是马兰头，最不容易找到的也是这种野菜。这是一种叶上有一层细毛，像蒲公英一样的小植物。采回来后，放在开水里烫熟，切碎，用酱油、麻油、醋拌了来吃，再加上一些切成碎粒的茶干，仿佛像拌茼蒿一样，另有一种清香。这是除了在野外采集，几乎很少有机会能在街上买得到的一种野菜。同时由于价钱便宜，所以菜园里也没有人种。"野菜滋味，各有佳妙，像香椿头，新鲜的最宜炒蛋，盐渍的则是盛暑厌食时的开味妙品。

街头豆腐摊(摄于 1948 年前)

荠菜最容易采得，苏州人家常用荠菜做成荠菜豆腐羹，只见羊脂白玉似的豆腐上，点缀着青翠欲滴的荠菜碎叶，再有一点切得绝细的肉丝，鲜香扑鼻，令人胃口大开。还有荠菜炒肉丝，或是将荠菜盐渍后，挤出汁液，拌以香豆腐干屑，再浇上麻油，实在是下酒、佐餐的佳品，百吃不厌；富裕人家还在其中加入虾米、火腿屑，味道自然更加可口。荠菜肉丝炒年糕，则是美味的佳则，既可做正餐，也可当做点心来吃。据说，周恩来夫妇访紫兰小筑，周瘦鹃奉以荠菜肉丝炒年糕一盘，食之称佳。至于市上，则有荠菜春卷、荠菜猪油馒头、荠菜鲜肉汤头、荠菜糍饭团、荠菜小酥饼等小吃。

此外，苏州西郊诸山还多食用蕈，以松花蕈为最有名，吴林《吴蕈谱》记道："糖蕈即松蕈也，于松树茂密处，松花飘坠著土生菌，一名珠玉蕈，赭紫色，俗所谓紫糖色是也。卷沿浃襇，味同甘糖，故名糖蕈。黄山、阳山皆有之，惟锦峰山昭明寺左右产之尤甚为佳品。"松花蕈生长于春秋两季，其外形青霉绿烂，颇不耐看，又因为散长于草丛、树脚或绿苔地上，颜色不显，采集不易。松花蕈以小如制钱而厚者为上，大者不取。秋天，松花蕈上市，可算是时令佳品，以虾仁炒食，味尤鲜美。某年冬，蒋维乔至苏州，去光福，他在《光福游记》里记道："在舟中共餐，肴馔精美，中有松蕈，尤新鲜可口。"然真正可食的野生蕈，也不易得，况且有的有毒，不能误食。道光年间，寒山寺里就发生一起重大的中毒事件，因误将有毒野生蕈调羹烧汤，僧之老者、弱者、住持者、挂单者，凡一百四十馀人，尽死于寺。这件骇人听闻的往事，实在也是应该引以为鉴的。

每天清晨，南园、北园和近郊的菜农，挑担进城。金孟远《吴门新竹枝》咏道："茭白青菠雪里蕻，声声唤卖小桥东。担筐不问兴亡事，输与南园卖菜翁。"苏州蔬菜应候而出，率五日更一品,以四月初夏时为最盛。菜贩生意以抢时为贵,故戴月披星割来,黎明叫市。既拧草以扎样,复洒水以润色,方能卖得善价。吴镛《姑苏竹枝词》咏道:"买菜吴娘系短裙,脸堆雪粉鬟梳云。朝朝持秤东西市,只秤人情不秤斤。"其他地方的

卖豆制品(摄于 1960 年)

名产,也远道而来,如《调鼎集》便记道:"天目笋,多在苏州发卖,其箩中盖面者最佳,下二寸便搀入老根,硬节矣,须出重价专买其盖面者数十条,如集腋成裘之义。"

苏州人家几乎天天买菜,不厌其烦,为的是图个新鲜,还可以顿顿调换花样。诚如《调鼎集》所说:"居家饮食,每日计日计口备之。现钱交易,不可因其价贱而多买,更不可因其可赊而预买。多买费,预买难查。今日买青菜则不必买他色菜,如买菰不买茄之类。何也?盖物出一锅,下人、上人多等均可苦食,并油酱柴草不知省减多少也。"在 20 世纪五六十年代,冰箱还远离寻常百姓,主妇清晨上街买菜,只是几分钱的青菜,几角钱的肉,即使去酱园买调料,也零拷两分钱酱油、三分钱料酒,但端上桌来,照样有荤有素还有汤。

鱼　腥

苏州本是鱼米之乡,水产资源十分丰富,渔猎总在农耕之前,故吴地先民很久以前就已开始渔鱼而食。有人说"吴"字就是"鱼"字,或许说得太简单了,但苏州人读"吴门桥"、"吴趋坊"的"吴"是读如"鱼"音的。春秋时,公子光使专诸行刺吴王僚,就利用吴王僚嗜好"炙鱼"的口福之欲,专诸奉进"炙鱼",在鱼中藏鱼肠剑一柄,吴王僚因嗜"炙鱼"而丧命,公子光篡得王位,也就是吴王阖闾。阖闾得位后,相传在越来溪西筑鱼城,《吴郡志》卷八称"吴王游姑苏,筑此城以养鱼"。又相传范蠡辅越灭吴后,归隐五湖,养鱼种竹,编著《养鱼经》。可见苏州水产的人工养殖,具有悠久的历史。

有一曲童谣唱道:"摇摇摇,摇到外婆桥,外婆叫我好宝宝,买条鱼烧烧,头不熟,尾巴焦,盛勒碗里跳三跳,吃勒肚里吱吱叫。"苏州人从小就开始吃鱼,几乎是天天的锻炼,因此很少有骨鲠在喉的事,偶尔有了,也不要紧,如是细骨可吃饭团咽下,如果骨鲠稍大,无法咽下,街巷间

卖鱼船

有所谓"虎撑"者,清吴县人石渠有《街头谋食诸名色每持一器以声之择其雅驯可入歌谣者各系一诗凡八首》,其中一首便咏"虎撑",小序称"外圆中空,范铁为之。相传孙真人遗制,以撑虎口探手于喉出刺骨者",诗咏道:"一幅白帘标姓名,一围圆相摇且行。活人那有好身手,毒口偏能为虎撑。"江湖百业中有此一业,也可见得苏州人吃鱼的普遍和频繁。

一年四季,苏州鱼腥不绝。鱼类有银鱼、鲈鱼、鳜鱼、鳊鱼、白鱼、刀鱼、鲤鱼、青鱼、红白鱼、鲢鱼、鲩鱼、鲫鱼、石首鱼、鲥鱼、斑鱼、玉筋鱼、针口鱼、鲍鱼、河豚、鲇鱼、土附鱼、鲻鱼、黄颖鱼、鳢鱼、鳇鱼、白戟、鳑鲏鱼、鲦鱼、黄鳝、鳗鲡等,介贝类有蟹、鳖、虾、蟛蜞、蛤蜊、蛏、白蚬、牡蛎、螺、蚌等。三江五湖所出,各有特产。即以吴江盛泽为例,沈云《盛湖竹枝词》咏道:"北通莺脰又分湖,紫蟹银鱼味绝殊。何似入春乡味好,燕来新笋菜花鲈。"小注写道:"莺脰湖在平望界,产银鱼。分

小菜场(摄于1936年前)

湖在梨里界,产紫苏蟹,俱有名。而盛湖所出银鱼,烂溪所出蟹,亦与之埒。笋之早者曰燕来,菜花时有鱼名土附,其形似鲈,俗呼菜花鲈。"又咏道:"小庙港中水菜船,拌烹酱腊味浓鲜。阿侬剖得珠盈颗,带水论斤也值钱。"小注写道:"蚌肉俗呼水菜,出溪荡者,往往剖得湖珠小者,时有大者间出。其船皆停小庙港,含水分极多,购归秤之,辄十不得五。"还咏道:"水涨黄梅上土银,烂溪矶畔好垂纶。白肥自足盘飧媚,不数寸馀针口鳞。"小注写道:"土银鱼出烂溪,大者长四五寸,多肉有子,极肥美,为盛泽特产。见《盛湖志》。针口鱼,大不盈寸,以口上有针故名,味亦美。"还有一种虾子鱼,《调鼎集》记道:"虾子鱼出苏州,小鱼生而有子,生时烹用之,软美于鲞。"

苏州人家烹饪,讲求五味、五色、五香调和。《清稗类钞》记道:"苏人以讲求饮食闻于时,凡中流社会以上人家,正餐、小食,无不力求精美,尤喜食多脂肪品,乡人亦然。至其烹饪之法,概皆五味调和,惟多用糖,又喜加五香,腥膻过甚之品,则去之若浼。"水馐鱼肴有炒、爆、汆、炸、煎、蒸、炖、焖、煮、焯等等烹饪手法,菜肴色香味形的丰富多彩,亦为大千世界,即以陈墓为例,《陈墓镇志》记有数品,如"水晶脍,以鲤鱼慢火熬烂,去骨及滓,待冷却即凝,切片入之";"塞肉鲫鱼,用猪肉斩烂,和砂仁、葱、白糖、酱油入鱼腹烹之";"酒制鲫鱼,用猪油切小块,和糖入鱼腹,酒酿、盐煮之";"腌和鲭,以腌猪肉同鲭鱼切块,用葱、椒、酒酿煮之";"虾腐,即虾圆,以虾肉打烂,即将虾壳和酱炊熟,取其汤,先置镬中,将虾肉作圆入汤,一滚即食。虾圆和入鸭子、猪油、笋皆可"等等。

再介绍几种并非是鱼的鱼腥。

俗话说"正月螺蛳二月蚬",春天最早入市的便是螺蛳和蚬子。螺蛳价极低廉,又因其吃起来有失风雅,宴席上绝无,在家里则可随意,烧个酱炒螺蛳,将鲜活的螺蛳养在清水里,滴几滴菜油供其排净污秽,然后剪去尾部,洗净后入锅烹炒,加入葱、姜、料酒,未等开锅就已满厨皆香。螺蛳肉特别鲜美,介乎鱼味与肉味之间,但比鱼味醇厚,比肉更鲜,将它作为下酒之物,因有停顿吸食,故为最

摸螺蛳(选自《营业写真》)

佳。清明前后的螺蛳,味道最美,如果去市上买,花不了几文钱,去芦滩上、桥洞里摸索,也极易得,当然最好是急水活螺蛳,可称上品。蚬子以周庄白蚬江所出最为有名,《贞丰拟乘》记道:"白蚬江向出白蚬子,味极鲜,今不能多得矣。"《贞丰拟乘》刻于嘉庆十五年(1810),白蚬子当时已不多,何况如今。蚬子的吃法很多,或和韭菜炒,或和雪里蕻炒,或做汤,汤味之鲜无与伦比。沈云《盛湖竹枝词》咏道:"鱼羹鲑菜足庖厨,渔

妇高呼又满衢。青壳螺同青口蚬,一春风味在梅湖。"梅湖在盛泽王江泾,入春后,"剪好螺蛳"、"梅家荡蚬子"的叫卖声聒耳。螺蛳还可炒酱,皺叟《盛泽食品竹枝词》咏道:"渔妇谋生不惜勤,朝朝唤卖厌听闻,螺蛳剪好还挑肉,炒酱以汤做小荤。"

至于螃蟹,过去价格很便宜,尤其在水乡,几文钱可以买一串。苏州四乡都有螃蟹,以出阳澄湖者最著名,其实出周庄者也堪称佳妙。吴岩在《江南名镇序》里对周庄螃蟹有一段描述:"念念不忘的,还有故乡的螃蟹,总觉得江南的螃蟹比苏北或安徽的肥嫩鲜美,甚至认为周庄的螃蟹虽然没有阳澄湖大蟹名气大,论质量,其实有过之无不及。我小时候在鱼行'观察'、'研究'过的。秋冬之际,鱼行里要对它储备的蟹进行一番鉴别筛选,留下最强壮的在严冬应市。他们把蟹从篜里一只只的拿出来,让它在平滑的八仙桌上爬行,凡爬行时八只脚悬空,肚皮不碰到桌面的方能入选。肚皮离桌面远的,就是腿脚有力,长得结实的铁证。这一点,大人们从上往下看,往往看不真切,所以他们请我这个身长比八仙桌高不了多少的小学生当'观察员',充分发挥小不点儿'平视'的优越性。我在几年的'观察'过程中得出一个牢不可破的结论,故乡的螃蟹个儿不算大,可长得结实,身强力壮,其中不少能过冬哩。"

旧时苏州宴席上是极少有整蟹的,因为掰吃既不雅观,又不合卫生之道,况且"螃蟹上桌百味淡",螃蟹一上,其他美味佳肴相形失色。还有一个原因,就是掰吃整蟹时往往冷场,食客都只顾啄啄剥吃,无暇再作谈笑。宴席不上整蟹,但可以做成雪花蟹斗、清炒蟹粉、蟹粉豆腐等等,让客人一尝蟹味。当然,掰吃整蟹能得本味,也更鲜美,这就适宜在家里吃。一家长幼或约三五知己,每人两三只,边呷酒边剥蟹边聊天,悠悠享用,其味无穷。

芙蓉蟹斗

苏州人家煮蟹方法极简单,将它们洗净后,一只只放入大镬子,添冷水,加紫苏生姜,再将大镬盖盖上,用旺火煮蒸,不用多久就可以取出那琥珀般颜色的熟蟹了。吃蟹蘸料无非是陈醋嫩姜,可解腥去寒,包天笑则认为加点白糖更为鲜甜,又有滴入少许太仓五香糟油的,除腥提鲜,风味更佳。

苏州人很早就发明了一套吃蟹的小工具,称为蟹八件,属于旧时嫁妆里不可缺少的一物。钱仓水在《蟹趣》里写道:"蟹八件包括小方桌、腰圆锤、长柄斧、长柄叉、圆头剪、

深秋风味(摄于1936年前)

镊子、钎子、小匙,分别有垫、敲、劈、叉、剪、夹、剔、舀等多种功能,一般是铜铸的,讲究的是银打的,造型美观,闪亮光泽,精巧玲珑,使用方便。螃蟹蒸煮熟了,端上桌,热气腾腾的,吃蟹

人把蟹放在小方桌上，用圆头剪逐一剪下二只大螯和八只蟹脚，将腰圆锤对着蟹壳四周轻轻敲打一圈，再以长柄斧劈开背壳和肚脐，之后拿钎、镊、叉、锤，或剔或夹或叉或敲，取出金黄油亮的蟹黄或乳白胶粘的蟹膏，取出雪白鲜嫩的蟹肉。一件件工具的轮番使用，一个个功能的交替发挥，好像是弹奏一首抑扬顿挫的食曲，当用小汤匙舀进蘸料，端起蟹壳而吃的时候，那真是一种神仙般的快乐，风味无穷。靠了这蟹八件，使苏州人吃蟹，壳无馀肉，吃剩的蟹砣活像个蜂窝，脚壳犹如一小堆花生屑，干干净净，既文明又雅致。"陆文夫小说《美食家》里，朱自冶说："那一年重阳节吃螃蟹，光是那剔螃蟹的工具便有六十四件，全是银子做的。"这套工具竟然是蟹八件的八倍，虽可能是夸饰，但由此也可见得苏州人的懂吃和会吃。

旧时苏州没有小菜场，卖小菜的每天清晨在热闹的街市间设摊求售，有鱼摊、肉摊、鸡鸭摊、蔬菜摊，甚至葱摊等等，秋天螃蟹上市，也有蟹摊，往往放在鱼摊边上。水产都用船载而来，彭孙遹《姑苏竹枝词》咏道："一斗霜鳞一尺形，钓车窄似小蜻蜓。橹声一歇鼓声起，满市齐闻水气腥。"黄兆麟《苏台竹枝词》也咏道："一夜腥风散水乡，阊门昨到太湖航。家家坐艇买鲜去，尺半银鲈论斗量。"有的并不上岸设摊，就在船上叫卖起来，苏州人称之为卖鱼船。有的卖鱼船形制有点特别，俗呼"活水船头"，这船的部分底

卖鱼船(摄于1956年前)

舱有活络机关,河水溢入舱中,而鱼则不会游出,仍然在水里活蹦乱跳,这在其他地方是很少见的。临河人家,便在窗口和船上的卖鱼人交易,讨价还价以后,就用绳子将竹篮和铜钿吊下来,卖鱼人将鱼称了,再吊上去,交易也就成了。虽然说是类乎萍水相逢的买卖,却很少有短斤缺两、偷大换小或以死充活的事,正是水巷里的一道风景。

至于水乡小镇上,鱼腥虾蟹就更其新鲜了。吴岩在《江南名镇序》里谈到孩提时在周庄所见的大鱼笼,这样写道:"我家老宅对面就开着两爿鱼行,鱼行前门面对市街,后门临着一个水面广阔的潭子。一早一晚都有渔民来把刚捕获的活鱼卖给鱼行。鱼行在后门口用竹子在水面上搭了一个架子,架子上挂着六口装活鱼的竹笼,浸在水里。那竹笼可大哩,像我这样的小学生,至少能装上十多个,所以活鱼可以在其中悠然自得

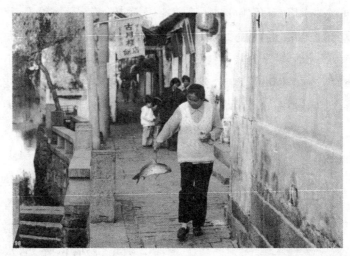

买鱼归去

地游来游去,身居囚笼而不知囚笼的危险,直到某一天有个长柄网兜从上面把它捞起来时,也还欢蹦乱跳地走向刀俎。当年我这个小学生有点可怜和同情那些鱼;可离乡背井的那六十年里,我在哪儿也没有见过那么大的浸在水里的鱼笼,却又以故乡的大鱼笼为骄傲,深深地惦念着它们。"

苏州的鱼腥,实在说不尽说,也只能是拾零而谈。

暖　锅

冬至以后,苏州人家的饭桌上往往有一只独特的菜,俗称吃暖锅。包天笑《衣食住行的百年变迁》写道:"到了冬至,一年的秋收已毕,大家应得欢庆吃一餐饭。所以在冬至节的前夜,名曰'冬至夜',合家团聚,吃冬至夜饭。这时候的天气,已可以吃暖锅了,鱼肉虾菜,集于一炉。"

暖锅,旧称边炉、仆憎,可以算做火锅的一种,历史也悠久了。明人胡侍《墅谈》便记道:"暖饮食之具,谓之仆憎,杂投食物于一小釜中,炉而烹之,亦名边炉,亦名暖锅。围坐共食,不复置几案,甚便于冬日小集,而甚不便于仆者之窃食,宜仆者之憎也。"暖锅用黄铜或紫铜制成,中烧木炭,过去也用烧酒作燃料,上有圆筒拔风,中环数格,可置各菜。曹庭栋《老老恒言》卷三记道:"冬用暖锅,杂置食物为最便,世俗恒有之。但中间必分四五格,便诸物各得其味。或锡以碗,以铜架架起,下设小碟,盛烧酒燃火暖之。"顾禄《清嘉录》卷十二记道:"年夜祀先分岁,筵中皆用冰盆,或八,或十二,或十六,中央则置铜锡之锅,杂投食物于中,炉而烹之,谓之暖锅。"其实暖锅并非年里才用,整个隆冬季节都十分适宜这种炊食方式。

苏州人对暖锅十分称赏,潘际云《咏暖锅》咏道:"下箸汤如沸,当筵气似春。热中虽有味,炙手本难亲。药鼎同添水,茶铛共拾薪。莫嗤温饱食,本是饮冰人。"袁景澜《咏暖锅》也咏道:"嘘寒变燠妙和羹,镕锡装成馔具精。五味盐梅资兽炭,一炉水火配侯鲭。肉屏围席欣颐养,蜡炬炊厨熟鼎烹。夜饮不须愁冻脯,丹田暖气就中生。"

迄至于今,暖锅仍是冬日里最受欢迎的炊具,只是形制改进了,燃料也变化了,有用电的,有用煤气的,有用酒精的,固然干净卫生,但失去了木炭的烟火气,失去了炉中摇曳的火光,故也失去了那暖融融的气氛。

酱　菜

农历六月,苏州人家开始制酱,以面和煮熟的黄豆入甑,蒸热窨之数日,面豆作霉变色,称酱黄,取出后在炎日下曝晒,然后投酱黄于盐水缸里,即所谓合酱,在以后的日子里,昼晴则晒之,使酱色浓厚;夜晴则露之,使酱味鲜美。本来未必一定要在盛夏合酱,只因为烈日之下,酱中不会滋生细菌。

冒襄《影梅庵忆语》记董小宛制豆豉:"制豉取色取气先于取味,豆黄九晒洗为度,颗瓣皆剥去衣膜,种种细料,瓜杏姜桂,以及酿豉之汁,极精洁以和之。豉熟擎出,粒粒可数,而香气酣色殊味,迥与常别。"这种制酱颇为精细,事实并不需要如此。费孝通《话说乡味》写道:"酱是家制的,制酱是我早期家里的一项定期的家务。每年清明后雨季开始的黄霉天,阴湿闷热，正是适于各种霉菌孢子生长的气候。这时就要抓紧用去壳的蚕豆煮熟，和了定量的面粉，做成一块块小型的薄饼，分散在养蚕用的扁里，盖着一层湿布。不需多少天，这些豆饼全发霉了，长出一层白色的绒毛，逐渐变成青色和黄色。这时

做酱（张晓飞画）

安放这豆饼的房里就传出一阵阵发霉的气息。不习惯的人，不太容易适应。霉透以后，把一片片长着毛的豆饼，放在太阳里晒，晒干后，用盐水泡在缸里，豆饼溶解成一堆烂酱。这时已进入夏天，太阳直射缸里的酱。酱的颜色由淡黄晒成紫红色。三伏天是酿酱的关键时刻。太阳光越强，晒得越透，酱的味道就越美。"

　　酱可分为咸、甜两种，本身就可以做菜，包天笑在《衣食住行的百年变迁》里便提到"炖酱"一菜，写道："我记得有一种菜，名曰炖酱，用甜面酱加以菜心、青豆、冬笋、豆腐干等，那是素的，若要荤的，可加以虾米、肉粒等等。每天烧饭，可以在饭镬上一炖，这样菜可以吃一星期。"费孝通在《话说乡味》里也写道："我小时候更多的副食品是取自酱缸。酱缸里不但供应我们饭桌上常有的炖酱、炒酱——那是以酱为主，加上豆腐干和剁碎的小肉块，在饭锅上炖熟，或是用油炒成，冷热都可下

饭下粥,味极鲜美。”

用酱又可制作各种酱菜,费孝通在《话说乡味》中还记道:"这酱缸还供应我们各种酱菜,最令人难忘的酱茄子和酱黄瓜。我们家乡特产一种小茄子和小黄瓜,普通炖来吃或炒来吃,都显不出它们鲜嫩的特点,放在酱里泡几天,滋味就脱颖而出,不同凡众。"故吴锡祺《合酱》诗有"凉并梅诸登,甜杂瓜脯饷"之咏。

酱菜固然可在家中自制,但也可往酱园去买,作为佐粥下饭之食。苏州很有几种有名的酱菜,可作点简略的介绍。

甪直萝卜干,创始于道光年间,时甪直东市有一家张源丰,以制鸭头颈萝卜有名,因其价廉物美,成为方圆百里居民的佐餐佳品。甪至同治某年,鸭头颈萝卜生产过剩,为避免霉变,就将酱缸封覆,来年春夏之际起缸,萝卜色泽变得透明,将它切成薄片,轻咬细嚼,口味清酥香醇,甜中

甪直酱菜

带咸,上市后大得顾客青睐。于是就如法炮制,"源丰萝卜"之名家喻户晓,且久藏不坏,被人誉为"素火腿"。

吴江平望蜜汁乳黄瓜,也称童子蜜黄瓜,咸甜适中,既是酱菜,又有蔬菜的自然本味。采瓜得在芒种至小暑间,选择鲜嫩、长直、少籽、色青、带花的乳黄瓜,精心腌制,配以白糖、蜂蜜、甜酱浸渍,因此入口具有鲜、甜、脆、嫩的特点,鲜甜主要靠酱,脆嫩取决于瓜。

玫瑰大头菜，也是吴江平望的传统酱菜。大头菜即芜菁，也称蔓菁、圆根，北宋时传入江南。陆游《蔬园杂咏》有一首咏道："往日芜菁不到吴，如今幽圃手亲锄。凭谁为向曹瞒道，彻底无能合种蔬。"《吴门表隐》卷五称其"出太湖诸山"。玫瑰大头菜即取于此，剥皮后入窖腌制，腌坯起窖后切削整形，再切成薄片，片片联缀不断，然后用甜面酱浸渍，配以白糖、玫瑰花瓣等辅料加以精制。成品呈椭圆形，显深褐色，刀纹清晰，每片之中又有鲜红的玫瑰花瓣，鲜艳夺目，馨香扑鼻，以瓿装最能保持原味。

香大头菜，创制迄今已有数百年历史，以吴江震泽所出者最为有名。震泽香大头菜体形较小，一般一斤四五只，色泽淡黄，质地细嫩，味道鲜香，咸中带甜，十分爽口，以佐粥为最宜。震泽人称香大头菜为"合掌菜"，因其腌制的成品酷似五指合并的手掌，故又含有吉祥如意的意思。

乳腐虽不能算做是酱菜，但也可附庸于此。清人《调鼎集》卷七记其做法："即以豆腐压干寸许方块，用炒盐、红曲和匀腌一宿，次用连刀白酒，用磨细和匀酱油，入椒末、茴香，灌满坛口，贮收六月更佳，腐内入糯米少许。"乳腐做法大同小异，因配料不同，故有名目的分别。做乳腐起于民间，苏州人家所做别具风味，品类也多，有糟方、酱方、清方、酒方等，还有再加工为玫瑰乳腐、火腿乳腐、蘑菇乳腐种种。旧时苏州有句俗语"徐家弄口糟乳腐"，这糟方实在也是名品。齐门下塘徐家弄口有一家复茂豆腐作，起于明末，善制酒糟乳腐，装磁砂罐出售，其味可口，每岁五六七月，无数小贩前来，肩挑竹担，在长街短巷间唤卖，虽属小本生意，利亦不薄。吴江盛泽人家则以豆腐干坯以酒腌之，俾其出毛，名为鲜毛乳腐，属酒糟乳腐的别裁。蚡叟《盛泽食品竹枝词》咏道："检点随园旧食单，家厨何足劝加餐。鲜毛乳腐多加酒，制法难于豆腐干。"

更有臭乳腐者，《浮生六记》卷一《闺房记乐》说芸娘初嫁，喜欢吃茶泡饭，又喜欢佐以臭乳腐和卤虾瓜，沈复写道："其每日饭必用茶泡，喜食芥卤乳腐，吴俗呼为臭乳腐，又喜食虾卤瓜。此二物，余生平所最恶者，因戏之

卖乳腐(选自《营业写真》)

曰：'狗无胃而食粪，以其不知臭秽；蜣螂团粪而化蝉，以其欲修高举也。卿其狗耶？蝉耶？'芸曰：'腐取其价廉而可粥可饭，幼时食惯，今至君家，已如蜣螂化蝉，犹喜食之者不忘本也。至卤瓜之味，到此初尝耳。'余曰：'然则我家系狗窦耶？'芸窘而强解曰：'夫粪，人家皆有之，要在食与不食之别耳。然君喜食蒜，妾亦强啖之。腐不敢强，瓜可掩鼻略尝，入咽当知其美，此犹无盐貌丑而德美也。'余笑曰：'卿陷我作狗耶？'芸曰：'妾作狗久矣，屈君试尝之。'以箸强塞余口，余掩鼻咀嚼

之，似觉脆美，开鼻再嚼，竟成异味，从此亦喜食。芸以麻油加白糖少许拌卤腐，亦鲜美；以卤瓜捣烂拌卤腐，名之曰双鲜酱，有异味。余曰：'始恶而终好之，理之不可解也。'芸曰：'情之所钟，虽丑不嫌。'"夫妇间的一席对话，真可见得寻常物的无穷味。

腌　菜

旧时到了寒冬腊月，苏州城乡几乎家家户户都要腌菜，或在院子天井里，或在僻巷广场上，拉起草绳，草绳上挂满了将腌的白菜、青菜，一般人家都腌上一两缸，作为御冬的吃食。

腌菜方法，清人顾仲《养小录》记道："白菜一百斤，晒干，勿见水，抖去泥，去败叶。先用盐二斤，叠入缸，勿动手，腌三四月，就卤内洗净，加盐，层层叠入罐内，约用盐三斤。浇以河水，封好可长久。（腊月作）"又法："冬月白菜，削去根，去败叶，洗净挂干，每十斤盐十两。用甘草数根，先放瓮内，将盐撒入菜了，内排叠瓮中，入莳萝少许，椒末亦可。以手按实。及半瓮，再入甘草数根，将菜装满，用石压面。三日后取菜，搬叠别器内，器须洁净，忌生水，将原卤浇入。候七日，依前法搬叠，叠实，用新汲水加入，仍用石压，味美而脆。而春间食不尽者，煮晒干收贮。夏月温水浸过，压去火，香油拌匀，入瓷碗，饭锅蒸熟，味尤佳。"薛宝辰《素食说略》所说腌菜法是"白菜拣上好者，每菜一百斤，用盐八斤。多则味咸，少者味淡。腌一昼夜，反覆贮缸内，用大石压定，腌三四日，打稿装坛"。青菜的腌法也大致如此。

吴语称醝腌之物为盐,故苏州人称腌菜为盐菜。顾禄《清嘉录》记道:"比户盐藏菘菜于缸瓮,为御冬之旨蓄,皆去其心,呼为藏菜,亦曰盐菜。有经水滴而淡者,名曰水菜。或以所去之菜心,剀菔蒌为条,两者各寸断,盐拌酒渍入瓶,倒埋灰窖,过冬不坏,俗名春不老。"又记道:"藏菜即箭秆菜,经霜煮食甚美。秋种肥白而长,冬日腌藏以备岁需。"蔡云《吴歈》咏道:"晶盐透渍打霜菘,瓶瓮分装足御冬。寒溜滴残成隽味,解醒留待酒阑供。"沈云《盛湖竹

營業寫真(二百二十四)

賣腌金花菜（頌）

酶金花菜滋味好,此

物乃目太倉到。

不淡製得鮮,不鹹

生吃熟吃俱佳妙。

好吉利近來科,金花之名誰能嫁。

吃第一兩朵金花,

寒士高俱喜咬菜。

除根味。

卖腌金花菜(选自《营业写真》)

枝词》咏道:"半畦腴翠曝茅檐,秋末晚菘霜打甜。郎踏菜时双白足,教侬多掺一星盐。"吴江盛泽人家还将苔心菜,也就是菜尖,稍加马兰头,装入小瓶腌之,称为瓶里菜,历久不坏,风味独绝。蚊叟《盛泽食品竹枝词》咏道:"散金遍地看黄花,摘得马兰选嫩芽。妙法制成瓶里菜,田园风味亦堪夸。"周庄人家每以腌菜与茶奉客,谓之"吃菜茶",别成风俗。醒酒以黄埭雪里蕻为最好,民国《黄埭志》记道:"黄埭西乡有晚菘,俗名雪里

蕻,腌于冬月,经水滴淡者名水菜,为醒酒佳品。"至于《清嘉录》提到的春不老,则为常品,包天笑《衣食住行的百年变迁》写道:"春不老,此亦盐渍物,冬末春初,以青菜心佐以嫩萝卜,用精盐渍之,加以橘红香料,其味鲜美,宜于吃粥,名曰'春不老',亦大有诗意呢。"将秋菘洗净晒干,用盐渍过,装入瓦坛,密盖一月后即成霉菜。霉菜切至粉末状,蒸熟后,伴鲜猪肉红焖,愈蒸而味愈出,且不易馊,盛泽人称为霉菜烧肉,夏季家家户户均有此品。蚁叟《盛泽食品竹枝词》咏道:"常将肉类汁炰燔,检点家厨不厌烦。霉菜晒干还切细,拌同烹食胜燕豚。"

市肆间也有卖腌菜者,青木正儿《中国腌菜谱》说到在常熟遇到的事:"在江南作春天的旅行,走到常熟地方那时的事情。从旅馆出来,没有目的地随便散步,在桥上看到有

街头菜贩(摄于1932年前)

卖腌青菜的似乎腌得很好。这正如在故乡的家里,年年到了春天便上食桌来的那种青菜的'糟渍',白色的茎变了黄色,有一种香味为每年腌菜所特有的,也同故乡的那种一样扑鼻而来。一面闻着觉得很有点怀恋,走去看时却到处都卖着同一的腌菜。这是此地的名物吧,要不然或者正是这菜的季节所以到处都卖吧,总之这似乎很有点好吃,不觉食欲大动,但是这个东西不好买了带着走吧。好吧,且将这个喝一杯吧,我便

姑苏食话

立即找了一家小饭馆走了进去。于是将两三样菜和酒点好了，又要了腌菜，随叫先把酒和腌菜拿来，过了一刻来了一碗切好了的腌菜，同富士山顶的雪一样，上边撒满了白色的东西。心想未必会是盐吧。便问是糖么？答说是糖，堂倌得意的回答。我突然拿起筷子来，将上边的腌菜和糖全都拨落地上了。堂倌把眼睛睁得溜圆的看着，可是不则一声的走开了。我觉得松了一口气，将这菜下酒，一面空想着故乡的春天，悠然的独酌了好一会儿。"

青木正儿以为加白糖的腌菜，失去了它的本味，特别是在下酒的时候，更不能让他喜欢。然江南人家喜欢甜味，作为消闲吃食的腌菜，是要放点糖的。

作　料

袁枚《随园食单》有《作料须知》一节，写道："厨者之作料，如妇人之衣服首饰也，虽有天姿，虽善涂抹，而敝衣蓝缕，西子亦难以为容也。善烹调者，酱用伏酱，先尝甘否；油用香油，须审生熟；酒用酒娘，应去糟粕；醋用米醋，须求清洌。且酱有清浓之分，油有荤素之别，酒有酸甜之异，醋有陈新之殊，不可丝毫错误。其他葱、椒、姜、桂、糖、盐，虽用之不多，而俱宜选择上品。"家庭烹饪，讲究的就是作料。《调鼎集》甚至这样说："酱油、盐、醋、酒、腌菜必须自制。"

《随园食单》所举的"上品"，首先提到的就是苏州的秋油，也就是母油，"苏州店卖秋油，有上中下三等"。据《随息居饮食谱》记载，秋油以黄豆为原料，略加面粉，在伏天中经水煮熟

— 160 —

发酵，然后加盐水置缸中，"日晒三伏，晴则夜露，至深秋得第一批者最好"，也就是袁枚所说的上等，以次为差。苏州人家普遍用母油烹调菜肴，欲煮好菜，全赖酱油，酱油不好，则虽有名厨，也难得佳肴，特别是白斩鸡、白切肉、白肚一类冷食盆菜，都蘸母油以食，滋味更为鲜美。旧时苏州以顾得其、潘所宜、恒泰兴等酱园所制为最佳。

虾子酱油，为苏州特产，其他地方是没有的。旧时苏州人家都自制，即在如今，此风尚未完全消歇。民国时佚名者《吴中食谱》记道："每至黄梅时节，虾乃生子，于是虾子酱油之制比户皆是。此品居家不可不备，如食白鸡、白肉、冬笋、芦笋皆需之。虽市上也有出售，大都杂以鱼子，故不如自制之可口。"关于虾子酱油的做法，《随园食单》记道："买虾子数斤，同秋油入锅熬之，起锅，用布沥出秋油，乃将布包虾子，同放罐中盛油。"可见由来已久了。在五六月里，取新鲜虾子与上等酱油同熬，略加冰糖、生姜和酒，熬罢收贮磁器中。费孝通在《话说乡味》里回忆："在虾怀卵季节，把虾子用水洗出来，加在酱油里煮，成为虾子酱油。这也是乡食美品。我记得我去瑶山时，从家里带了几瓶这种酱油，在山区没有下饭的菜时，就用它和着白饭吃，十分可口。"店家所制，以稻香村为有名，已有制销百年已上的历史，选料制作都精湛，受到顾客欢迎，走亲访友，也将它作为馈赠的土特产。

松蕈油，蕈味鲜美，非一般野生蘑菇可比，取新鲜松花蕈加菜油、酱油熬之，称为蕈油，香气扑鼻，鲜美异常，人称素中之王，可藏数月之久。《吴中食谱》记道："寺院素食，多用蕈油、麻油、笋油，偶尔和味，别有胜处。城中佛事近都茹素，故素斋亦绝少能手,旧时以宝积寺为最,然不及玄墓山圣恩寺,有山蔬可尝也。"寺院里,僧厨都采松花蕈熬制蕈油,盛在罐子里,作为招待施主的上品。至于寻常人家,也从市上买来松花蕈熬油,用来炒菜潲面,妙不可言。

麻油,家庭烹饪也断不可少。常熟城里新县前有一居姓所制的小磨麻油,质量浓厚,芳香扑鼻,堪称上好的调味品。宣统《太仓州志》也称"小磨麻油,味极香美"。

香糟,以孙春阳所制最为有名,清人《调鼎集》卷七称"苏州县孙春阳家,香糟甚佳。早晨物入坛,午后即得味"。

太仓糟油,相传乾隆时邑人李梧江所创,袁枚《随园食单》称"糟油出太仓州,愈陈愈佳";宣统《太仓州志》也称"色味俱胜,他邑所无";清人《调鼎集》更记道:"糟油,嘉兴枫泾者佳,太仓州更佳。其澄下浓脚,涂熟鸡鸭猪羊各肉,半日可用。以之作小菜,蘸各种食亦可用。"确乎是一地的独绝之品。至嘉庆二十一年(1816)创老意诚,形成糟油产销规模。时太仓为直

太仓糟油

隶州,往来之人都买糟油作为土宜,后逐渐成为官礼。据说,任河南巡抚的邑人钱调甫将家乡的糟油送李鸿章,李又转献慈禧,慈禧以为"味绝",赐老意诚"进呈糟油"匾,可见其名不虚。糟油能解腥气、提鲜味、开胃口、增食欲,香味浓郁,且宜于贮存。荤素菜肴,无论红烧清炖,还是冷拌热炒,只要烹饪时放上少许,便有特殊风味,如红烧肉即有五香酱肉之味,如

海味则无腥且更肉嫩味美,如馄饨、水饺、春卷用以蘸食,口味更绝,糟油煎馄饨是夏令佳名。而用糟油做成的糟蛋,与五香茶叶蛋相比,则另有一种独特的美味。在民国四年(1915)的巴拿马国际博览会上,太仓糟油获得超等大奖。

辣油和辣酱,吴江平望所出名闻遐迩,最早为达顺酱园所产,达顺由黎里绅士鲍俑芳创于清末,为前店后坊格局,除辣油、辣酱外,还生产酱菜、酱油。至 20 世纪 40 年代,平望有达顺、达隆、聚顺、德兴四家较具规模的酱园,都生产辣油、辣酱,但仍以达顺最有声誉。达顺制作时选择鸡爪辣椒,因其肉头厚、辣味足、色泽红,故做出的辣油和辣酱不但滋味鲜美,且新艳光亮;制作时都手工操作,且用旺火熬汁,文火炙味,因而特别的细、浓、鲜、辣、艳,贮存愈久,色味愈为醇厚。用以烹调菜肴或拌制面食,更鲜美可口,增加食欲,也有助消化。平望是杭、嘉、沪、苏的交通枢纽,途经平望的旅人,都要买点辣油、辣酱,故而声名远扬。

市廛掠影

　　唐代江南,社会安定,农桑丰稔,商业兴盛,苏州经济迅速发展,大历十三年(778)升为江南惟一雄州,属全国经济中心和财赋重地,城市建设也为世瞩目。白居易《九日宴集,醉题郡楼,兼呈周殷两判官》称"半酣凭槛起四顾,七堰八门六十坊。远近高低寺间出,东西南北桥相望。水道脉分棹鳞次,里闾棋布城册方。人烟树色无隙罅,十里一片青茫茫"。其间室庐舟楫之盛,服饰饮食之奢,为人誉扬不绝。官府楼馆,市井酒肆,遍布城郭。至宋代,市楼更其宏丽,饮食业渐成雏形。南渡以后,苏州又融会了丰富的中原文化,饮食品类增多,自然行业发展,形成许多帮式。

　　明代中期,苏州工商业十分繁荣,或以为天下第一。郑若曾《枫桥险要说》便称"天下财货莫盛于苏州"。莫旦《苏州赋》也写道:"财货所居,珍奇所聚,歌台舞榭,春船夜市。远土巨商,它方流妓,千金一笑,万钱一箸。"崇祯《吴县志》

卷首有王心一序,记晚明时苏州繁华情状,写道:"尝出阊市,见错绣连云,肩摩毂击。枫江之舳舻衔尾,南濠之货物如山,则谓此亦江南一都会矣。"自枫桥至阊门,再由阊门至胥门,十馀里间,市楼、酒店、茶馆遍布,实在是最热闹的去处。

入清以后,苏州更趋繁盛,《皇朝经世文编》卷三十三记民间语曰:"东南财富,姑苏最重;东南水利,姑苏最重;东南人士,姑苏最盛。"至道光二十三年(1843),苏州人口达六十馀万,城市规模仅次于北京,万家烟树,商肆辐辏,贸易之盛,甲于天下。李斗《扬州画舫录》卷六引刘大观语曰:"杭州以湖山胜,苏州以市肆胜,扬州以园亭胜,三者鼎峙,不可轩轾。"孙嘉淦在《南游记》里写道:"姑苏控三江、跨五湖而通海。阊门内外,居货山积,行人水流,列肆招牌,灿若云锦。语其繁华,都门不逮。"这也是有事实的,顾公燮《丹午笔记》记道:"人居稠密,五方杂处,宜乎地值寸金矣。即如盘、葑两门,素称清静,乾隆初年,或有华屋减价求售者,望望然而去,今则求之不得。"又徐锡麟父子的《熙朝新语》卷十六记阊门外南濠黄家巷,"明时尚系近城旷地,烟户甚稀,至国朝生齿日繁,人物殷富,闾阎且千,鳞比栉次矣"。饮食业随商业的发展而兴盛,酒肆茶楼不断增多,尤其是菜馆,由饭歇小铺,向豪华精美的庭园式楼馆发展,冰盘牙箸,酒茗佳肴,靡不精洁。山塘河、石湖等处游船画舫上的船菜、船点日臻完美,闻名遐迩。名厨辈出,逐步形成以炖、焖、煨、焐见长,色、香、味、形完美统一的苏帮菜肴。阊门外、胥门外形成最繁华的商市,茶馆、酒楼、饭铺、小吃店摊鳞次栉比。随着饮食业的不断扩大,乾隆年间建立面业公所、菜业公所、集庆公所(炉饼业);嘉庆年间建立庖人公所；道光初年建立膳业公所。顾震涛《吴门表隐》卷九记道："庖人公所在宫巷中，祀关帝、宋相公礼、阙祖师任元(其神有夙沙、支离、伊尹、易牙、彭篯、虞倧、娄护、何曾、郑虎臣、段成式祔)。"从这一侧面，也可见得苏州饮食业的兴旺发达。

咸丰十年(1860)，阊门、胥门外商市几毁于兵燹，殃及西半城，由于东半城损失较小，使得临顿路一带市面迅速发展，颇形热闹，《吴中食谱》记道："盖自临顿桥以迄过驾桥，中间菜馆无虑二十馀家，荒饭店不计，茶食糖色店是，而小菜摊若断若续，更成巨观，非过论也。"遂有"吃煞临顿路"的俗语。同治、光绪年间，观前街逐渐繁荣，酒楼饭店饮食店增多，玄妙观内茶肆食摊丛集，故市井又有"吃煞观前街"之说，程瞻庐《苏州识小录》写道："城内有四街，性质各异：仓街冷落无店铺，北街多受阳光，观前街食铺林立，护龙街衣肆栉比。苏人之谣曰：'饿煞仓街，晒煞北街，吃煞观前街，着煞护龙街。'"沪宁铁路筑成以后，大马路修通，菜馆业纷纷择址兴建，广济桥、鸭蛋桥、阊门吊桥一带饮食业日盛一日，阊门外商市逐渐复兴。

辛亥革命后，苏州饮食业在长期发展过程中，不断从衙门官厨、寺院僧厨、画舫船厨、富户家厨、民间私厨中汲取所长，博采广纳，兼收并蓄，形成了具有鲜明地方特色的菜肴、面点、糕团、船菜、小吃等，称之为苏帮或苏式，品种之多，风味之佳，享誉四方。因苏州五方杂处，徽帮、京帮、广帮以及素菜馆、清真馆等各帮名师荟萃，竞相献艺，不断推动饮食业的发展，涌现一批名店。一些店家还适应新潮，兴办礼堂，以供举行礼仪宴集。

1937年8月至10月，日机屡屡空袭苏城，阊门外商市遭毁

民国二十六年（1937），阊门外商市遭日机轰炸，大半被毁。沦陷时期，苏州饮食业畸形发展，多集中于观前街一带，特别是北局太监弄几乎都为酒楼饭馆，故民间又有"吃煞太监弄"之说。抗战胜利后，时局动荡，饮食业受到通货膨胀和抢购风潮的影响，大批店家倒闭，较有实力的大户也亏损累累，处于奄奄一息状态。

1949年后，社会变革，

1948年关于苏州"菜馆营业清淡"的报道

服务对象发生变化，一部分属高价消费的大菜馆被自然淘汰，为大众服务的中小型店家有所增加。1956年，饮食业实行公私合营或合作化，调整商业网点，扩大和发掘了一批老字号、名店、大店，以保持地方传统特色。1956年10月，在玄妙观举办的饮食品展览，轰动一时，名厨、名师纷纷献艺，二十天内展出名菜名点一千馀种，天天观者如潮。1958年后，饮食业发展历经曲折，经国民经济困难时期，饮食业一落千丈。"文革"发动，传统老字号被改名，名点名菜一概取消，代之以大众化菜点；城内茶馆被取谛，仅剩几家悉迁市郊。1979年后，商业体制改革，国营、集体、个体饮食业得到全面发展，饮食店家迅速增加。20世纪80年代开始，整个饮食业出现了前所未有的繁荣局面。

州　宅

唐宋时，凡苏州官府宴客都在州宅举行，所谓州宅即郡治，即吴子城内，据《平江图》，它的范围在玉带河(今公园路)以西，锦帆泾(今锦帆路)以东，十梓街以北，言桥下塘以南，其间厅斋堂宇、亭榭楼馆密迩相望，实为一处规模宏大的官署园林。当时州宅的宴客处，有木兰堂、齐云楼、西楼、东楼等。

木兰堂在郡治后，范成大《吴郡志》卷六记道："《岚斋录》云：唐张抟自湖州刺史移苏州，于堂前大植木兰花。当盛开时，燕郡中诗客，即席赋之，陆龟蒙后至，张联酌浮之，龟蒙径醉，强执笔题两句云：'洞庭波浪渺无津，日日征帆送远人。'颓然醉倒。抟命他客续之，皆莫详其意。既而龟蒙稍醒，援毫卒

其章曰：'几度木兰船上望，不知元是此花身。'遂为一时绝
唱。"至北宋时，木兰堂后池中古桧尚存，《吴郡图经续记》卷上
称"池中有老桧，婆娑尚存，父老云白公手植，已二百馀载矣"。
经建炎兵火之后，木兰堂犹存，处森森古木之下，近乎败圮。

齐云楼在郡治后子城上，相传即为古月华楼，白居易《和
公权登齐云》诗曰："楼外春晴百鸟鸣，楼中春酒美人倾。路旁
花日添衣色，云里天风散珮声。向此高吟谁得意，偶来闲客独
多情。佳时莫起兴亡恨，游乐今逢四海清。"后改飞云阁，南宋
时又重修，《锦绣万花谷》前集卷五注引《图经》，称"齐云今之
飞云阁也"《吴郡志》卷六记道："绍兴十四年，郡守王唤重建。
两挟循城，为屋数间，有二小楼翼之，轮奂雄特，不惟甲于二
浙；虽蜀之西楼，鄂之南楼、岳阳楼、庾楼，皆在下风。父老谓
兵火之后，官寺草创，惟此楼胜承平时。楼前同时建文、武二
亭。淳熙十二年，郡守丘崈又于文、武亭前建二井亭。"

西楼在子城西门之上，又名望市楼，登楼可眺市廛。元微
之《寄白乐天》诗有"弄潮船更曾观否，望市楼还有会无"之咏。
白居易《城上夜宴》诗曰："留春不住登城望，惜夜相将秉烛游。
风月万家河两岸，笙歌一曲郡西楼。诗听越客吟何苦，酒被吴
娃劝不休。纵道人生都是梦，梦中欢笑亦胜愁。"又刘禹锡《玩
月》诗曰："半夜碧云收，中天素月流。开城邀好客，置酒赏新
秋。影透衣香润，光凝歌黛愁。斜辉犹可玩，移宴上西楼。"后
改观风楼，范仲淹有《观风楼》五律一首咏之。南宋时重修，
《吴郡志》卷六记道："绍兴十五年，郡守王唤重建。二十年，
郡守徐琛篆额。下临市桥，曰金母桥，亦取西向之义。"

东楼在子城东门之上，独孤及《重阳陪李苏州东楼宴》诗

曰："是菊花开日，当君乘兴秋。风前孟嘉帽，月下庾公楼。酒解留征客，歌能破别愁。醉归无以赠，祗奉万年酬。"至南宋，遭建炎兵火焚毁，开庆年间又重修，题额"清芬"。

除此以外，凡宴客还有初阳楼、东亭、西亭诸处。

南宋时，又先后在乐桥之南增建清风楼，在西楼之西增建黄鹤楼和跨街楼，在饮马桥东北增建花月楼，在乐桥东南增建丽景楼。花月、丽景两楼，为淳熙十一年（1184）郡守丘崈建，雄盛甲于诸楼。这些官方酒楼，装饰豪华，食具精洁，酒香四溢，艳姬浅唱，有幸登临与席者，无不有难忘今宵之感。

至于亭馆驿站，《吴郡图经续记》卷上记道："临水之亭，《图经》所载者四，今漕渠之上，增建者多矣，曰按部，曰缁衣，曰济川，曰皇华，曰使星，曰候春，曰褒德，曰旌隐之类，联比于岸矣。""近岁，高丽人来贡，圣朝方务绥远，又于城中辟怀远、安流二亭，及盘阊之外各建大馆，为宾饯之所。"当然最有名的是姑苏馆，在盘门与胥门间，体势宏丽，时称"为浙西客馆之最"。

据说，齐云楼毁于元末，黄暐《蓬轩吴记》卷上记张士诚兵败，"遣嫔御悉自经于齐云楼下，竟钥户举火，须臾烟焰涨空，娇娃艳魄，荡为灰烬，乃诣军门降"。其他诸楼，也消失在历史的风尘里，于今来思，竟也无可想象它们的宏丽壮观了。

清代苏州的官府宴集，自康熙时宋荦抚吴起，大都在沧浪亭举行。《吴郡岁华纪丽》卷三记道："宋商邱抚吴，构亭山颠，复其旧观，饶有水竹之胜。陶云汀中丞复建五百名贤祠于侧，为郡僚游宴之所。"《清稗类钞》记道："徐雨峰中丞抚苏时，尝宴僚属于沧浪亭，看以五簋为度。"其时隔岸有所谓近山林者，为沧浪亭的一部分，也就是如今的可园，宴客便在那里举

沧浪亭(摄于1908年前)

行。沈复在《浮生六记》里记傍晚时分偕芸娘游沧浪亭,"过石桥,进门折东,由径而入,叠石成山,林木葱翠。亭在土山之巅,循级至亭心,周遭极目可数里,炊烟四起,晚霞烂然。隔岸名近山林,为大宪行台宴集之地,时正谊书院犹未启也"。这是乾隆年间的事。至咸丰时,仍为官府宴客之所,潜庵《苏台竹枝词》咏道:"新筑沧浪亭子高,名园今日宴西曹。夜深传唱梨园进,十五倪郎赏锦袍。"旧时沧浪亭内有戏台,酒后观剧,实亦宦途乐事。

市　楼

　　苏州民间的酒楼饭馆,则以阊门、皋桥一带最为繁盛,白居易《忆旧游》咏道:"长洲苑绿柳万树,齐云楼春酒一杯。阊门晓严旗鼓出,皋桥夕闹船舫过。修娥慢脸灯下醉,急管繁弦头上催。六七年前狂烂熳，三千里外思徘徊。"又《登阊门闲望》咏道："阖闾城碧铺秋草，乌鹊桥红带夕阳。处处楼前飘管吹，家家门外泊舟航。"还有人咏道"皋桥夜沽酒，灯火是谁家"，可见当时市面不仅在白昼，夜间也有市楼酒筵、坊巷小卖，侑酒妇人也未可少，泰娘便是其中佼佼者，刘禹锡《泰娘歌》便咏道："泰娘家本阊门西，门前绿水环金堤。有时妆成好天气，走上皋桥折花戏。风流太守韦尚书，路旁忽见停隼旟。斗量明珠鸟传意，绀幰迎入专城居。"结果泰娘被韦夏卿携归长安。

明代苏州，更是酒楼处处，迎朝晖，送夕阳，以美酒佳肴接待八方来客。特别是七里山塘，酒肆茶店，鳞次栉比，当垆之女，身着红裙，神情顾盼。

艾衲居士《豆棚闲话》第十则《虎丘山贾清客联盟》有这样一段："苏州风俗，全是一团虚哗，一时也说不尽。只就那拳头大一座虎丘山，便有许多作怪。阊门外，山塘桥到虎丘，止得七里。除了一半大小生意人家，过了半塘桥，那一带沿河临水住的，俱是靠着虎丘山上，养活不知多多少少扯空砑光的人。即使开着几扇板门，卖些杂货，或是吃食，远远望去，挨次铺排，倒也热闹齐整。仔细看来，俗话说得甚好，翰林院文章，武库司刀枪，太医院药方，都是有名无实的。一半是骗外路外的客料，一半是哄孩子的东西。不要说别处人叫他空头，就是本地有几个士夫才子，当初也就做了几首竹枝词，或是打油诗，数落得也觉有趣。"

这席话，说苏州风气的浇薄，算是比较酸刻的，但将当时山塘街上商业的繁华及经营特色，一一给写出了，尤其这几首打油的竹枝词，大半有关山塘街上的饮食，如《茶寮》(兼面饼)

咏道:"茶坊面饼硬如砖,咸不咸兮甜不甜。只有燕齐秦晋老,一盘完了一盘添。"《酒馆》(红裙当垆)咏道:"酒店新开在半塘,当垆娇样幌娘娘。引来游客多轻薄,半醉犹然索酒尝。"《小菜店》(种种俱是梅酱酸醋,饧糖捣碎拌成)咏道:"虎丘攒盒最为低,好事犹称此处奇。切碎捣番人不识,不加酸醋定加饴。"《蹄肚麻酥》咏道:"向说麻酥虎阜山,又闻蹄肚出坛间。近来两样都尝遍,硬肚粗酥杀鬼馋。"《海味店》咏道:"虾鲞先年出虎丘,风鱼近日亦同侪。鲫鱼酱出多风味,子鲚鳞皮用滚油。"《茶叶》咏道:"虎丘茶价重当时,真假从来不易知。只说本山其实妙,原来仍旧是天池。"

清初,苏州饮食业更其繁荣。尤侗《沧浪竹枝词》有"春日游人遍踏歌,茶坊酒肆一时多";"数见行厨载酒过,苏公一斗不为多"诸咏。钱泳《履园丛话》卷一称"金阊商贾云集,晏会无时,戏馆酒馆凡数十处"。沈朝初《忆江南》词也咏道:"苏州好,酒肆半朱楼。迟日芳樽开槛畔,月明灯火照街头。雅坐列珍羞。"而当垆之女的确也是酒楼里的一道亮丽风景,乾隆时人鲍皋《姑苏竹枝词》中一首咏道:"小小当垆学数钱,挽郎下马接郎鞭。郎鞭系在侬身上,侬酒斟来郎面前。"

当时虎丘山塘一带,酒楼很多,康熙时人瓶园子《苏州竹枝词》咏道:"不缘令节虎丘游,昼夜笙歌乐未休。尝恐画船装不尽,绕堤多贮酒家楼。"释宗信《续苏州竹枝词》咏道:"一番春雨近花朝,步傍阊门翠柳条。才过半塘行市尽,酒帘茶幌接桐桥。"赵翼《山塘酒楼》诗曰:"清簟疏帘软水舟,老人无事爱清游。承平光景风流地,灯火山塘旧酒楼。"吴绮《程益言邀饮虎丘酒楼》咏道:"新晴春色满渔汀,小憩黄垆画桨停。七里水环花市绿，一楼山向酒人青。绮罗堆里埋神剑，箫鼓声中老客星。一曲高歌情不浅，吴姬莫惜倒银瓶。"当时山塘街上的酒楼，以三山馆、山景园、聚景园三家最为有名。

在咸丰十年(1860)前，山塘街一直是苏州最繁华热闹的去处，酒楼鳞次栉比，而菜肴之时新鲜味，也颇为人称道，袁景澜《姑苏竹枝词》咏道："比屋常厨餍海鲜，游山船直到山前。相逢尽说吴中好，四季时新吃著便。"又《续咏姑苏竹枝词》咏道："携得青蚨挂杖头，闲游到处足勾留。十家店肆三茶室，七里山塘半酒楼。"经太平军战火后，山塘街趋于冷落，同治十二年(1873)《申报》有署名嚼溪梅花庵主人的《吴门画舫竹枝词》二十四首，其中两首写尽山塘上的清凉，一首咏道："下元节过最消魂，寥落山塘风景昏。闲煞姑苏数画棹，红妆无赖尽关门。"另一首咏道："西风乍起卷蒲芦，沽酒偏宜脍碧鲈。冷落主人窗半掩，乡村历乱是催租。"

此外，地近阊门的朱家庄也颇形热闹，袁景澜《续咏姑苏竹枝词》小注写道："阊门外朱家庄，广场临野，春时游人并集，百戏竞陈，地近平康，酒楼相望，亦踏青胜地也。"故词曰："朱庄花暖蝶蜂捎，打野开场锣鼓敲。楼外绿杨楼上酒，有人凭槛望春郊。"

当时在苏州戏馆里，可以一边观剧，一边饮酒，骄奢之状，以此为

在戏馆里，一边观剧，一边饮酒
（摄于1930年前）

最,钱泳《履园丛话》卷七记道:"今富贵场中及市井暴发之家,有奢有俭,难以一概而论。其暴殄之最甚者,莫过于吴门之戏馆。当开席时,哗然杂沓,上下千百人,一时齐集,真所谓酒池肉林,饮食如流者也。尤在五六七月内,天气蒸热之时,虽山珍海错,顷刻变味,随即弃之,至于狗彘不能食。"由此也可见得苏州的奢侈风气。

民国初年,世风更新,宴请讲究排场,少则几十席,多则上百席,为迎合此风,乐桥南堍天来福于民国七年(1918)率先开办礼堂筵席,借租邻宅大厅,可设大场面宴请。于是各大菜馆纷纷仿效,甚至有专办礼堂的,如顾三星、百双、鸳鸯、福安等,一些旅馆客栈也利用大厅承办筵席。民国十四年(1925)十二月七日《苏州明报》称时"城内外各饭店约计七百馀家"。随意小酌之处,更是遍布通衢小街,陆鸿宾在《旅苏必读》里写道:"饭店随地皆有,烹亦不恶,价亦甚廉,费二三角,即可谋一饱,如欲饮酒,绍酒、玫瑰酒都有。今石路上亦有二三店,如不喜浪费者,尽可一试也。"

据陆鸿宾《旅苏必读》和陶凤子《苏州快览》记录,当时苏州菜馆有苏馆、京馆、徽馆等帮式。

苏馆,有阊门马路的大庆楼、义昌福西号、新太和,道前街的三雅园、养育巷的大雅园、天兴园、泰昌福,宫巷的义昌福东号、义丰园,临顿路苹花桥南的天和祥,接驾桥西的新和祥,东白塔子巷的福和祥,南仓桥的新昌福、复兴园,护龙街的天来福,东中市的金和祥、西德福,观前醋坊桥的西德福,祥符寺巷西口的聚丰园,临顿路北的三兴园、荣福楼,萧家巷口的南新园,观前街的松鹤楼,中市下塘的德元馆,横马路的太白楼,青龙桥的鸿运楼,南濠的南乐园,渡僧桥的新太和等。当时苏馆一般都专治整席,所谓定桌头,不预零点,但像大庆楼、义昌福、松鹤楼几家可以零点,松鹤楼还兼营面食。

京馆,有鸭蛋桥的久华楼,阊门马路的宴月楼,司前街的鼎和居等。

鸭蛋桥畔的文华楼菜馆(摄于 1927 年前)

徽馆,有观前街的丹凤楼、易和园,石路的同新楼,渡僧桥的聚福楼,都亭桥的万源馆,阊门吊桥的聚成楼,阊门马路的添新楼,皋桥的六宜楼,府前街的万福楼等。

当时还有一家常熟馆,即阊门马路的嵩华楼;一家素菜馆,即

观前街的老丹凤菜馆(摄于 1929 年)

阊门横马路同安坊口的功德林。

还有大餐馆,其名由广东洋行而起,也就是西餐馆。大餐在江南,菜肴制法颇因地制宜,稍稍变化,适合既想品尝异味又能接受异味的食客。《苏州快览》记道:"大餐馆寥寥无几,在阊门马路有一品香,横马路有万年青,观前有青年会大餐间,其他像铁路饭店、苏州饭店,系以旅馆兼售大菜,价目大概分四种,每客一元者六菜,八角者五菜,六角者四菜,啤酒汽水另算,小账加一。"此外,模范农场、钱万里桥的惟盈旅馆,也供应大菜。民国二十四年(1935),广州食品公司在二楼设大酒楼,全套银制餐具、景德镇细瓷盆碟,陈设豪华,特聘上海国际饭店和冠生园西点师掌勺,一时名流纷纷慕名前往,当时在苏州读书的蒋经国也经常携友光顾。

宵夜馆也是西风东渐的产物,《旅苏必读》记道:"宵夜馆为广东人所开设,每一份冷菜一热汤,其价大抵大洋两角,冷菜为腊肠、烧鸭、油鸡、烧肉之类,热菜为虾仁炒蛋、油鱼之类,亦可点菜,冬季则有各种边炉鱼,有鱼生、蛋生、腰生、虾生等,临时自烧,三四人冬夜围炉饮酒,最为合宜,又有兼售番菜、莲子羹、杏仁茶、咖啡、鸭饭、鱼生粥等。"苏州宵夜馆主要有两家,一家是在观前街的广南居,一家是在养育巷的广兴居。

民国十九年(1930)前后,观前街拓宽,松鹤楼等老菜馆纷纷翻建扩大,装潢门面,采用霓虹灯广告等,店堂宽敞,陈设讲究。北局、太监弄一带饮食店增多,民国二十年(1931)三六斋素菜馆在太监弄开业,随后扬州僧厨也来太监弄开办觉园素馆。据民国二十六年(1937)《无锡区汇览》记载,时苏州菜馆有名者有四十三处,阊门外有大中华、义昌福(西号)、新太和、老正和、晏庆楼、添新楼、太白楼、老仁和、新仁和、功德林蔬食处、京江礼堂；观前有松鹤楼、丹凤楼、沙利文西菜社、易和园礼堂、广州食品公司(西菜楼)；太监弄有觉林蔬食处、老正兴(复记)；北局三和食品社；宫巷有义昌福(东号)；接驾桥有民和楼徽馆；南濠街有尚乐园(东号)；西中市有六宜楼、添和楼、德源楼；东中市有西德福、金和祥礼堂、万源楼；护龙街有聚丰园、天来福、护中楼；临顿路有天和祥、老通源、新兴园；能和坊有宝庆园；养育巷有天兴园；道前街有太鸿楼；府前街有万福楼；南仓桥有福兴园；东白塔子巷有新兴园礼堂、福新园礼堂；虎丘有长兴、振兴。

苏州各帮菜馆在长期的同行竞争中，各自形成擅长的看家菜，以招徕顾客。如松鹤楼松鼠桂鱼，天和祥虾仁烂糊、蜜汁火方，义昌福油整鸭、鱼翅，天来福金银大蹄，聚丰园什锦炖，老德和羊肉，大庆楼冻鸡，老通源口丁锅巴汤，丹凤楼滑丝高丽肉，添新楼、太白楼清炒鳝背、红烧甩水，粤馆鸭煲饭，常熟馆叫化鸡，各店俱擅胜场。

以上是抗战前苏州菜馆的大概情状。

沦陷时期，观前街一带菜馆较为集中，太监弄有大春楼、三吴菜社、味雅酒楼、新新饭店、苏州老正兴、上海老正兴、鸿兴馆，北局有月营菜社，察院场有中央饭店菜部，观西有新雅饭店、红叶饭店，大成坊有鹤园船菜，连同原有的松鹤楼、老丹凤、易和馆、广南居、自由农场新式菜馆等，有十七家之多。

抗战胜利后的民国三十六年(1947)，吴县县政府印了一本《苏州游览指南》，其中有半页广告，可见当时苏州的主要菜馆，有松鹤楼和记菜馆(观前街)、老义昌福菜馆(宫巷)、苏州

老正兴(太监弄)、上海老正兴(太监弄)、上海老正兴第一支店
(阊门外石路)、义昌福菜馆(阊门外大马路)、新太和酒楼(阊
门外鸭蛋桥)、新雅饭店(观前街)、新安茶室(观前街)、味雅酒
楼(太监弄)、青年会食堂(北局)、仁和馆饭店(阊门大马路)、
正兴馆德记(阊门外石路)、新聚丰菜馆(中正路)、福源祥菜馆
(中正路)、正源馆(虎丘西山门)、天和祥菜馆(临顿路)、三吴
菜社(太监弄)。

至于常熟,自古繁华,旧时菜馆林立,历史悠久者有钱馆、
如意馆、杨太和,晚近又有长华、山景园、聚丰园、近芳园、鸿运
楼等,都极著名,至于规模较小的,则不可胜数了。

名　　店

苏州历史上,市楼酒家不可胜数,但留名至今者,似乎也
不多,顾禄《桐桥倚棹录》卷十,详记了山塘街上的三山馆、山
景园和聚景园三家。

虎丘山塘(摄于1918年前)

姑苏食话

斟酌桥畔的三山馆,在山塘街上历史最为悠久,初创于清初,名为白堤老店,然壶觞有限,格局甚小,只能算是一家饭歇铺而已。白堤老店供应酒菜,兼作客栈,往来过客道经虎丘者,设遇风雨,或将近晚,也就止宿于此。主人姓赵,数世经营,故烹饪之技,为时所称,名气越来越大,后来改造了老店,重新结构,进行装修,于店中置凉亭、暖阁,游山者,饕餮者,多聚饮于其处。因其地近丘南,址连塔影,点缀溪山景致,顾客也乐而忘返。顾我乐有绝句咏道:"斟酌桥边旧酒楼,昔年曾此数觥筹。重来已觉风情减,忍见飞花逐水流。"

引善桥畔的山景园,初建于乾隆年间,此地本为接驾楼遗址,卧水结楼,面山作座,衣香扇影,尽在俯眺之中。主人戴大伦不但善于经营,并且将酒店建成园林一般,疏泉叠石,构亭置阁,颇具幽胜,其中有坐花醉月亭,有勺水卷石之堂,堂上有飞阁,接翠流丹,称之为留仙阁,阁中有联曰:"莺花几榍屐,虾菜一扁舟。"又有柱联曰:"竹外山影,花间水香。"都为吴云书题。潜庵《苏台竹枝词》咏道:"青山招手入琼楼,阁号留仙客共留。酒地花天春不老,那须海外问瀛洲。"左又有楼三楹,匾额"一楼山向酒人青",为程振甲所书,系摘吴绮《饮虎丘酒楼》诗句。右又有涵翠楼、笔峰楼、白雪阳春阁等。前则为山塘碧水,后则为虎丘塔影,冰盘牙箸,美酒精肴,既得美味,又可赏景。凡有客来,登堂入室,则奉上佳茶一盏,先供憩息,再行点菜,此风实开吴市酒楼之先,以后金阊园馆都一一仿效。吴周钤《饮虎丘山景园》诗曰:"树末雕霜水叠鳞,秋来泛棹记初巡。为呼绿酒凭高阁,恰对青山似故人。弦管渐随花月减,园林催斗晚香新。眼前风景堪留醉,且喜偷闲半日身。"

塔影桥畔的聚景园,也有悠久的历史。嘉庆二年(1797),太守任兆坰建白公祠于蒋氏塔影园故址,为便入祠之路,于祠前筑塔影桥。时有李姓者在桥畔构建酒楼,初名李家馆,后改聚景园。门停画舫,屋近名园,虽然隙地不大,但杰阁连甍,构建精巧;又位置极佳,凡宴会祖饯,春秋览古,便于此憩息;再加上菜肴细腻可口,故能与三山馆、山景园三足鼎峙。

山塘街这三家名店,三山馆一年四季常开,不断烹庖,山前山后居民凡有婚丧之事,多于此举办宴会。山景园和聚景园则不同,只在旅游旺季营业,招市会游屐,每年清明节前方始开炉安灶,碧槛红栏,华灯璀灿,过十月朝节,席冷樽寒,围炉乏侣,青望乃收矣,故昔人有"佳节待过十月朝,山塘寂静渐无聊"之句。

观前街上的松鹤楼,创于乾隆二年(1737),同治、光绪时为三开间一角楼菜馆,曾多次易主,至徐金源时,以特色面点和中低档菜肴取胜。宣统二年(1910),徐金源积劳病故,后人不治产业,经营陷入困境。民国五年(1916),以招牌年租六十石大米、生财出盘八百大洋盘给天和祥店主张文炳,改合股经营,股东六人,并冠以"和记"两字记号,以示与前不同。张文炳遣徒弟掌勺,有金和祥的陈仲曾、天和祥的陆桂馥、无锡大新楼的刘俊英和顾荣桂等,他们都是名厨好手,使得松鹤楼一改面貌,以经营苏帮菜肴、承办中高档筵席为主,声望大振。金孟远《吴门新竹枝》咏道:"三百年来风味留,跑堂惯喊响堂喉。苏帮菜味无边好,酒绿灯红松鹤楼。"小注写道:"苏帮菜馆,以松鹤楼为首屈一指,按从前菜馆盛行响堂,近则渐归淘汰。惟松鹤楼以创立三百年之资格,跑堂犹有能喊响堂者。"

所谓响堂,就是当顾客进门,堂倌就有腔有调地大声招呼落座;当上菜时,又有声有调地大声唤着菜名,端将上来;顾客出门惠钞时,还以响堂报账,一笔笔报清楚,弄错了是要赔的。民国时响堂惟有松鹤楼还有,如今则久已不闻了。民国十八年(1929)观前街拓宽,松鹤楼在原址翻建,上下两层,楼上有大小九间,可设三十桌;门悬悟禅和尚手书金字招牌,墙上有"各色大菜,驰名京沪,只此一家,并无分出"字样;楼梯两旁,一字儿排着云南白铜制的水烟筒,客人来了,可以随便吸抽,那是免费的,用以招徕生意。从此,地方名流宴请必假座于此,梅兰芳偕金少山、马连良等来苏赈灾义演,冯玉祥、李烈钧等莅苏,地方各界都于此设宴。松鹤楼是经营苏帮菜肴的名馆,讲求选料、作料、刀工、火候和菜肴的色、香、形、味,四时八节推出时令名菜,有鸳鸯纯菜汤、雪花蟹斗、白汁元菜、虹桥赠珠、早红橘络鸡、翡翠虾仁、饼子野鸭、母油整鸭、开洋鸡油菜心等,尤以松鼠桂鱼著名。另外,船点有枣泥松子拉糕、合子酥、鸳鸯酥、四色烧卖等。

临顿路苹花桥南的天和祥,创于光绪二十年(1894),由士绅苏子和投资,张文炳具体经营,它的时鲜菜肴别有特色,以"三黄焖"(黄焖鳗鱼、黄焖栗子鸡、黄焖着甲)著称,又有蜜渍火方,《吴中食谱》记道:"天和祥之蜜渍火方,白如玉,红如珊瑚琥珀,入口而化,不烦咀嚼,真隽品也。"另外像响油鳝糊、松鼠桂鱼、清溜虾仁、白汁甲鱼、荷叶粉蒸肉、西瓜鸡、网包鲫鱼、糟溜鱼片、虾仁烂糊、蟹粉鱼翅等也很道地,再移植其他名店的名菜,像木渎石家饭店的鲃肺汤等,一时为苏州菜馆之翘楚。天和祥的荠菜肉馒头也为人津津乐道,皮极薄,菜极细,一口咬下去,满嘴清香。民国十八年(1929),苏州进行城市基础设施改造,拓宽东西南北主要道路,临顿路也在其中,众多菜馆有的歇业,有的改行,天和祥虽然照样营业,但店多成市的格局不再,生意也一落千丈。

太监弄内的得月楼,好事者杜撰创于明代中叶,其实不然,顾禄《桐桥倚棹录》卷八"第宅"固然记了一处得月楼,但它并非酒楼,而是一处宅园。记

得月楼

道:"得月楼在野芳浜口,为盛蘋洲太守所筑。张凤翼赠诗云:'七里长堤列画屏,楼台隐约柳条青。山云入座参差见,水调行歌断续听。隔岸飞花游骑拥,到门沽酒客船停。我来常作山公醉,一卧垆头未肯醒。'"张凤翼赠诗,系赠人而并非赠楼,诗中状写的是七里山塘景象。再说,《桐桥倚棹录》卷十"市廛",第一篇就是《酒楼》,著录了山塘上的诸多酒楼,如何独缺得月楼。至嘉庆间,也有得月楼,为妓女李倚玉居处,西溪山人《吴门画舫录》称"居虎丘得月楼,楼枕河干,在花市尽头,俗呼冶芳浜者,为游船停聚处",或许并不是盛蘋洲得月楼故处,当然也不是酒楼。作为酒楼的得月楼,话得从滑稽戏《满意不满意》说起,阊门外有近水台面馆,编剧取"近水楼台先得月"之意,将这出描写苏州饮食行业新风的滑稽戏,设计在一家名为得月楼的菜馆里,20世纪80年代初续编《满意不满意》,便题名《小小得月楼》。1982年,改苏州烹饪学校实习基地苏州

菜馆为得月楼,可见是先有戏然后再有店。由于底子较好,加上戏里虚拟的得月楼名声在外,故也堪称名馆。得月楼的名菜有得月童鸡、甫里鸭羹、千层桂鱼、水晶元菜、南腿菜脯、三虾豆腐等,船点则以苏州园林景点造型,独具匠心。

　　义昌福的创办人张金生,十四岁时投师虎丘斟酌桥三山馆学红案,光绪九年(1883)于宫巷开办义昌福,后又于石路建新义昌福,称西号,称宫巷义昌福为东号,也称老义昌福。石路义昌福门悬"京苏大菜"、"承办筵席"、"随意小酌"、"应时名菜"四块招牌,因经营有方,独占鳌头。张金生也因有城内城外两大菜馆而成为行业中的头面人物。民国三十二年(1943),周作人一行到苏州,伪江苏省教育厅和"中日文化交流协会"于老义昌福设席宴请,席间有个小插曲,店主请周作人题字,周便写了古诗里的一句"努力加餐饭",上款是"老义昌福主人惠存",那店主小声咕哝:"努力加餐就够了,为啥还要添个饭字呢?"在他想来,这位大文人也不过如此,下笔有些欠通。百馀年来,义昌福菜肴既随时代变化而改革,又保持苏州传统特色,故影响至大。《吴中食谱》记道:"义昌福之鱼翅,亦称擅长。近在城中饭店别张一军,时出心裁,每多新作,如番茄鱼片,如咖喱鸡丁,略参欧化,颇餍所好,一时仿而行者几于满城皆是,然终弗逮也。"名菜有蟹粉鱼翅、网包鲥

今日义昌福

鱼、腐乳呛活虾、蛤蜊余鲫鱼、鸡屑豆腐、生焙母油整鸡、南腿烧炖鸭、荠菜鸭糊涂、神仙童鸡、清汤火筒、美味酱方等。

新聚丰原名聚丰园,在接驾桥北,相传创于光绪三十年(1904),民国初,由朱坤业、张炳生主持店务。二十九年(1940)由王庆生接管店务后,易名新聚丰。三十五年(1946)改由张桂馥主持,荟萃苏帮名厨,以正宗苏帮菜肴点心和承办筵席为特色,一时也技压群芳,享誉苏城。名菜有菊花青鱼、银鼠桂鱼、三丝鱼卷、糟溜塘片、高丽虾仁、母油船鸭、荷叶清蒸鸡等,名点有松子枣泥拉糕、藕粉甜饺、扁豆凉糕、鲜肉锅贴等。

石家饭店在近郊木渎镇,乾隆年间由石汉创办,名为叙顺楼,人呼石叙顺。传至民国年间,店主石仁安善于经营,遂成一方名馆。李根源、于右任等咸相延誉,李根源先后为其题"鲃肺汤馆"、"石家饭店"两块店招,于右任为其题"名满江南"四字,于是闻名而来者不知多少,李宗仁、张治中、劭力子、白崇禧、李济深、蔡廷锴、沈钧儒、沙千里、史良等都曾到此。石家饭店以"石菜"著名,有油

木渎石家饭店商标

爆大虾、三虾豆腐、清溜虾仁、白汤鲫鱼、松鼠桂鱼、油泼童鸡、母油肥鸭、美味酱方、鸡油菜心、鲃肺汤十大名菜,尤以鲃肺汤最为脍炙人口。民国十八年(1929)秋,于右任放舟太湖赏桂花,夜泊木渎,小饮于此,得尝鲃肺汤,欣然题诗曰:"老桂花开

天下香,看花走遍太湖旁。归舟木渎犹堪记,多谢石家鲃肺汤。"三十二年(1943)四月,周作人一行到此,因为时令关系,名菜鲃肺汤没有尝到,而一道荠菜豆腐羹却让周作人赞不绝口,他应饭店主人之请,写了四句:"多谢石家豆腐羹,得尝南味慰离情。吾乡亦有如家菜,禹庙开时归未成。"翌年二月,苏青、文载道一行从上海来游,也在石家饭店午餐,文载道在《苏台散策记》里对那里的菜肴大加赞叹。石家饭店还自制松蕈油、虾子酱油,选料精严,堪称特产。

王四酒家在常熟,光绪十三年(1887),有王祖康者设酒店,于兴福寺外山门周神道墓道侧建小肆,自酿自卖桂花白酒,又将田间青蔬、山边嫩笋、林中禽鸟、河塘鱼腥随地取来,烹调下酒小菜,香客游人得尝田园农家风味,赞口不绝。王庆芝《兴福山门酒家小饮》诗曰:"几点炊烟郭外寺,风帘斜贴烙开樽。黄鸡白酒山家味,丹垩红墙古寺门。隔绝尘嚣容小憩,艰难世事且休论。夕阳扶醉人归去,踏遍苍苔履无痕。"因王祖康排行第四,故人呼为王四酒家。翁同龢、张鸿、黄谦斋、费念慈等先后为其写匾额楹联,翁同龢联"带经锄绿野,留露酿黄花",说的正是这家酒肆的特殊风味。民国元年(1912),另于山道外建造新楼,为三开间两层,生意更为兴隆。时兴福寺住持持松有联曰:"我意已超然,闲坐闲吟闲饮酒;人生如寄耳,自歌自舞自开怀。"二十二年(1933),《扬州闲话》作者易君左游虞山,于店中小酌,留诗一首曰:"名山最爱是才人,心未能空尚有亭。王四酒家风味好,黄鸡白酒嫩菠青。"以后屡有文人延誉,声名远播。温肇桐《黄鸡白酒嫩菠青》记道:"王四酒家的菜,自然各色俱全,可是最著名的是油鸡,用着祖传秘法烹制的,又名爁鸡,浸在芳香的暖黄色的菜油之中,鸡肉鲜嫩无比,闻到了这种异样的香味,真会相信他祖传秘法的神妙呢。如果把吃剩的鸡油,向侍者要一些生豆腐拌着吃,会觉得别有一种美味。这是一些老食客的惯伎,不会有伤大雅的。其他的名菜,还有古铜色的松树蕈、象牙色的黄笋烧豆腐、翡翠色的香椿头拌白玉色的豆腐,还有著名的点心,甜的是山药糕、血糯八宝饭,咸的是松树蕈面。假如秋天去,又可以尝到蜜汁桂花栗子呢。这许多山肴野蔌,已经名闻海内。"王四酒家以爁锅油鸡、叫化鸡、松蕈油、爁山鸡、炒血糯、栗子羹、冰葫芦等菜点闻名,尤其是爁锅油鸡,香嫩鲜肥,有独得之妙,为老饕激赏。

山景园在常熟虞山镇书院弄,创于光绪十六年(1890),民国五年(1916)失火被毁,于原址重建中西合璧式两层楼,可西望虞山辛峰亭。先是以承办满汉全席闻名,食客多官吏、豪绅、富贾。相传两江总督端方巡视江防至常熟,一日三餐都由此承办,由是声誉日隆。山景园名菜有叫花鸡、出骨生脱鸭、清汤脱肺、白汁细露笋等,时令佳肴有出骨刀鱼球、清蒸鲥鱼、母油干蒸鲥鱼、高丽鲥鱼、红烧鲥鱼、鲥鱼球、软煎蟹合、炒蟹粉、佘蟹球、炒蟹球、薄炒蟹羹等。点心也丰富多彩,春有炸元宵,夏有扁豆酥,秋有桂花栗饼,冬有山药糕,还有八宝南枣、冰葫芦、荸荠饼等,其中冰葫芦为传统名点,外松脆,内滚烫,具有香、脆、甜、肥的特点。

旧时常熟的名馆名菜,尚有不少。东言子巷的聚丰园有银红鸭、三仙品锅和"百鸟朝凤",后者用鸡及鸽子、斑鸠、麻雀等同烹,浓酽非常,美味绝伦;尤擅操治整桌筵席,邑人逢春秋两季酒会及冬日消寒会,都假座于此。儒英坊长华菜馆的烤鸭,脆嫩多油,不减北京烤鸭;清蒸元菜也极有名,甲鱼内纳入鸡、肉、火腿及各种调料,放入鸡汤内在炭火上缓缓蒸煮,汁清味厚,甲鱼裙边柔软味美。寺后街的鸿运楼菜馆,擅烹"五代同堂",制法类乎聚丰园的"百鸟朝凤",惟以鸭代鸡,浓鲜特著。醋库桥东塽的裘馆,以乳腐肉驰名,也称醋肉,价廉物美。陶家巷的瞿楼以糟鸭著名,用十八种草药香料制成糟油,浇在白斩鸭上,汁香味鲜,技艺独绝,故远近闻名,顾客盈门。北赵弄还有一家菜馆,牌号失记,所煮起油豆腐汤,掺以虾仁、干贝、火腿丁、鲜肉丁、草鸡丁等,有独到之妙,他家无法仿制。寺前街的益泰丰熏鱼,与众不同,皮焦而肉不枯,油多而质不腻,滋味和淡,鲜美无匹。

吴江盛泽的名馆也有不少,蚍叟的《盛泽食品竹枝词》有数首咏唱了晚清时当地的菜馆名菜,不妨钞录于下:"成群三五意相同,今夜侬家愿作东。朱鼎隆酒泳兴菜,一千记账是青铜。""时光盼盼是三冬,每约良朋四五从。生熰羯羊泳兴馆,洋河佳酿色醇浓。""猪肉虾仁不足奇,天开异想说高丽。庖丁试用荤油灼。松脆向宜佐酒庖。""不妨肉食瘦还肥,解事庖丁听指挥。称号锅油尝异味,辛酸上口辨依稀。""条条黄鳝丝丝勒,莫为无鳞戒食鱼。分付庖丁重糊辣,泳兴馆外别无如。""吾是高阳旧酒徒,非关君子远庖厨。方方块肉称红冻,市脯偏教味转腴。""屠门大嚼又红蹄,市脯家肴费品题。老汁制成风味好,买来不让自家低。"词中提到的朱鼎隆和泳兴楼,在盛泽是数一数二的菜馆。油灼猪肉或虾仁,松脆可口,下酒最宜,盛泽人称为高丽肉,几乎各家都擅烹调。

筵　席

旧时苏州饭店的筵席菜馔有种种名式,丰俭由人,有整集和零点之分。整席者,有烧烤席、燕菜席、鱼翅席、鱼唇席、海参席、蛏干席、三丝席等,凡碟碗所盛之食物,或由酒楼代定,或由主人酌定,客人则不问,只管吃便是。零点则不同,有十六碟八大碗八小碗,有十二碟六大碗六小碗,有八碟四大碗四小碗,以碟碗的多少分别高下。碟也就是古人所说馄饤,用以放置冷荤(如熏鱼、酱鸭、香肠之类)、热荤(炒菜,只是较置碗中者为少)、糖果(蜜渍品)、干果(落花生、瓜子之类)、鲜果(如梨、橘、葡萄、西瓜之类)。大碗用以盛全鸡、全鸭、全鱼,或汤或羹,小碗则盛各式煎炒。点心进两道或一道,有一人分食一器者,有一席共食一器者,一般甜点咸点各一道。有时请宴作零点,客人除冷荤、热荤、干果、鲜果外,可按自己的爱好选择一菜,主人则听之,大都是小碗,主人只需备大碗之菜四品或二品以敬客。此外,又有和菜,和菜是旧时赌博"碰和"时吃的便菜,只供四人之用,例不点菜,由店家安排,凡有四碟、四小碗、两大碗。碟为油鸡、酱鸭、火腿、皮蛋之类,小碗为炒虾仁、炒鱼片、炒鸡片、炒腰子之类,

八味围碟

大碗为走油肉、三丝汤之类。

至光绪、宣统年间，筵席一般不用小碗，而用大碗、大盘，有十大件、八大件，进饭时再加一汤。碟也用得较少，最多十二碟，不再有糖果。点心仍有，多则两道，少则一道。

入民国后，移风易俗，于请客之事，讲究的排场无限，节约的也不以为吝，往往一汤四菜，四菜荤素参半。如在夏天，汤为火腿鸡丝冬瓜汤，菜为荷叶粉蒸鸡、清蒸鲫鱼、炒豇豆、粉丝豆芽或肉丝炒蛋，清爽可口，点心则为馄饨或虾仁面，也足以果腹了。

苏州筵席，向来讲究上菜顺序，钱泳《履园丛话》卷十二写道："仆人上菜亦有法焉，要使浓淡相间，时候得宜，譬如盐菜，至贱之物也，上之于酒肴之前，有何意味；上之于酒肴之后，便是美品。此是文章关键，不可不知。"往往以冷盆开头，间有热炒、甜食、大菜、点心等，压轴之菜往往有所寓意，或以砂锅如荷花集锦炖等，取"满堂全福"之意；或取整鱼，取"吃剩有馀"之意。陆文夫在《美食家》里记朱自冶在自家花园里宴客，桌上放着十二碟冷盆，"丰盛的酒席不作兴一开始便扫冷盆，冷盆是小吃，是在两道菜的间隔中随意吃点，免得停筷停杯"，于是便上热炒，第一道是番茄塞虾仁，紧接"各种热炒纷纷摆上台面。我记不清楚到底有多少，只知道三只炒菜之后必有一道甜食，甜食已经进了三道：剔心莲子羹，桂花小圆子，藕粉鸡头米"。十道菜之后，"下半

番茄塞虾仁

场的大幕拉开，热菜、大菜、点心滚滚而来：松鼠桂鱼，蜜汁火腿，'天下第一菜'，翡翠包子，水晶烧卖……一只'三套鸭'把剧情推到了顶点"。而一席酒菜的关键是放盐，朱自冶说："这放盐也不是一成不变的，要因人、因时而变。一桌酒席摆开，开头的几只菜都要偏咸，淡了就要失败。为啥，因为人们刚刚开始吃，嘴巴淡，体内需要盐。以后的一只只菜上来，就要逐步地淡下去，如果这桌酒席有四十个菜的话，那最后的一只汤简直就不能放盐，大家一喝，照样喊鲜。因为那么多的酒和菜都已吃了下去，身体内的盐分已经达到了饱和点，这时候最需要的是水，水里还放了味精，当然鲜！"《美食家》虽然是小说，但于苏州菜艺的独到之处，颇有精辟的见解和形象的描述。

苏州筵席还讲求席面的美观，《美食家》描绘孔碧霞整治的一圆席，写道："洁白的抽纱布台布上，放着一整套玲珑瓷的餐具，那玲珑瓷玲珑剔透，蓝边淡青中暗藏着半透明的花纹，好像是镂空的，又像会漏水，放射着晶莹的光辉。桌子上没有花，十二只冷盆就是十二朵鲜花，花黄蓝白，五彩缤纷。凤尾

繁花缀景的席面

虾、南腿片、毛豆青椒、白斩鸡,这些菜的本身都是有颜色的。熏青鱼、五香牛肉、虾子鲞鱼等等颜色不太鲜艳,便用各色蔬果镶在周围,有鲜红的山楂,有碧绿的青梅。那虾子鲞鱼照理是不上酒席的,可是这种名贵的苏州特产已经多年不见,摆出来是很稀罕的。那孔碧霞也独具匠心,在虾子鲞鱼的周围配上了雪白的嫩藕片,一方面为了好看,一方面也因为虾子鲞鱼太咸,吃了藕片可以冲淡些。十二朵鲜花围着一朵大月季,这月季是用勾针编结而成的,可能是孔碧霞女儿的手艺,等会儿各种热菜便放在花里面。一张大圆桌就像一朵巨大的花,像荷花,像睡莲,也像一盘向日葵。"

讲求菜肴摆设之美,讲求菜肴本身的色彩之美,是苏州筵席的重要特色之一。

快　　餐

旧时也有快餐客饭,由于内容和等级不同,故有种种差别。一种称为盖浇饭,意思明白得很,也就是将菜盖在饭上。盖浇饭除白米饭一大碗外,菜可以选择,有清炒肉丝、炒鱼块、炒猪肝、炒鳝丝、炒三鲜、炒什锦、红烧肉,喜欢吃啥,店伙就给你舀啥,连同汤汁一起盖在饭上,另外还奉送清汤一碗。盖浇饭之外,菜饭也是最受欢迎的快餐客饭,太监弄里新新菜饭店,虽只有一楼一底,生意却特别好,天天满座,店家做饭用的青菜,只用当天摘下的新鲜菜,米即选用糯性的白粳米,煮饭时还加入适量猪油。除供应菜饭外,也有菜肴供应,如小蹄膀、脚爪、排骨、红烧肉、菜心肉圆、辣酱、百叶包肉、面筋塞肉、红烧狮子头、酱煨蛋等,照例也奉送蛋皮清汤。如只买饭不买菜,店伙也会在饭上浇一勺红烧肉的汤汁。

这里着重介绍一下民国时的包饭作和荒饭摊。

包饭作大都利用自家的房屋,也未必一定要店面,有的阖家老小自行操办,有的则雇用几个人。包饭作的服务对象,就是银行、钱庄或较大商店,因为这些行业按传统的规矩,都得向职员供应中午一餐,但自办膳食不合算,便由包饭作来承接,将饭菜送至门上。包饭一般八个菜,至少六个菜,菜肴味道要好,而且还要经常变换口味,看得到时鲜货。八个菜,一般是三荤三素两汤,也有四荤三素一汤,上等的,荤菜必有大荤,像红烧蹄髈、鲫鱼塞肉、生炒鸡块之类,素菜也总要有一两样时蔬。冬至一过,还要换上暖锅,不过可以减去一荤一素一汤。每逢节令,店家还要奉送只把拿手菜。因此,那时观前街上,中午时分只见挑饭菜笼的店伙,穿梭往来,一家家去送饭;过了一会儿,他们又挑担回去,有时还没有走出观前街,担中的残羹冷饭,已被一群乞丐抢光了。

荒饭摊都摆在城郭边缘,像胥门城门角落、娄门城门角落、石路附近的弄堂口,一年四季除春节外,几乎天天摆摊,有的只供应中

荒饭摊(戴敦邦画)

午一顿,有的还做夜市。摊上以素菜为主,小荤为辅,清汤都奉送。素菜有黄豆芽、绿豆芽、炒青菜、拌芹菜、素鸡、五香豆腐干等,小荤则有百叶炒肉丝、荷包蛋、粉丝血汤、小排骨萝卜汤等,价格十分便宜。到荒饭摊上吃饭的,大都是短裆,像人力车夫、马车夫、轿夫、跑单帮的小生意人,穿长衫的也有,那是落魄的算命先生和江湖艺人,他们的流动性很大,只能走到哪里吃到哪里。这些饭摊也很注意卫生,盛菜的砂锅都用白纱布盖着,盛饭的饭桶则盖上木盖,不但卫生,又有保暖的作用。

面　馆

　　面的滥觞可追溯至汤饼,由汤饼而索饼,即《齐民要术》所记之水引饼,至束皙《饼赋》称其"弱若春绵,白若秋练",唐人称为"不托",至北宋时正式称之为面,见诸《东京梦华录》。生面可分细面、阔面,还有熟面,即俗呼杠棒面或棍面者,然挂面实在是昆山的首创,成书于南宋淳祐十一年(1251)的《玉峰志》卷下《土产·食物》里记道:"药棋面,细仅一分,其薄如纸,可为远方馈,虽都人、朝贵亦争致之。"可见苏州地方谙熟吃面之道,并将它发展到一个新的阶段。

　　苏州的面,花色甚多,即以浇头为例,有焖肉、炒肉、肉丝、爆鱼、块鱼、爆鳝、鳝糊、虾仁、三虾、卤鸭、三鲜、十景等等,不下数十种,一种之内又有分别,如焖肉有五花、硬膘等,如鱼有头尾、肚裆、甩水、卷菜等;如以面汤多寡为例,有宽汤面、紧汤面、拌面之分,拌面中又有热拌、冷拌之别,其他还有种种烦琐的讲究。苏州的面,讲究汤的口味,诚如俗话所谓"厨师的汤,艺人的腔"，店家都十分重视吊汤，以口味鲜美为号召。

苏州的面馆当然也久已有之，清康熙时人瓶园子《苏州竹枝词》有"三鲜大面一朝忙，酒馆门头终日狂"之咏，且有小注，称面馆是"傍午即歇"，酒馆是"自晨至夜"，可见当时面馆只做早市，至中午就上门落栓了。沈复《浮生六记》卷四《浪游记快》也提到胥门外的面馆，说与友人顾鸿干去寒山登高，"遂携榼出胥门，入面肆，各饱食"。面馆也有时令特色，夏日市卖卤子肉面，配以黄鳝丝，名之为鳝鸳鸯，袁景澜《姑苏竹枝词》有"水槛风亭大酒坊，点心争买鳝鸳鸯"之咏。苏州面肆众多，乾隆二十二年(1757)，面馆业在宫巷关帝庙内创建面业公所。

今苏州碑刻博物馆存《苏州面馆业议定各店捐输碑》，立于光绪三十年(1904)，时诸店每月利润"每千钱捐钱一文"，最多捐四百五十文，最少捐六十文，共八十八家，不妨抄录捐一百五十文以上的店家名录，也可见当时苏州面馆业的盛况：观正兴、松鹤楼、正元馆、义昌福、陈恒锠、南义兴、北上元、万和馆、长春馆、添兴馆、瑞兴馆、陆鼎兴、胜兴馆、正元馆、鸿元馆、陆同兴、万兴馆、刘万兴、泳和馆(娄门)、上琳馆、增兴馆、凤琳馆、兴兴馆(悬桥)、锦源馆、新德馆、洪源馆、正源馆、德兴馆、元兴馆、老锦兴、锦兴馆、长兴馆(老虎)、陆正兴、张锦记、新南义兴、瑞兴楼，计三十六家。民国以后，这许多面馆发生了停业、转让、合并种种变化，也就很难一一稽考查索了。但民国年间，苏州有几家知名的面馆，各有特色，可以略作介绍。

张锦记在皮市街，莲影《苏州小食志》记道："皮市街金狮子桥张锦记面馆，亦有百馀年之历史者也。初，店主人仅挑一馄饨担，以调和五味咸淡适宜，驰名遐迩。营业日形发达，遂舍却挑担生涯,而开张面馆焉。面馆既开,质料益加讲究,其佳处在乎肉大而面多,汤清而味隽。一般老主顾既丛集其门,新主顾亦闻风而至,生意乃日增月盛。该店主尤善迎合顾客心理,于中下阶级,知其体健量宏,则增加其面而肉照常;于上流社会,知其量浅而食精,则缩其面而丰其肉,此尤大为顾客所欢迎之端,迄今已传四五代,而店业弗衰。"张锦记以白汤面著名,吊汤

观前街上"三鲜大面"市招
(摄于1920年前)

方法取诸于枫镇大面,用黄鳝诸物,故而特别鲜洁。

观振兴在观前街,原名观正兴,为正宗苏州面馆,创于同治三年(1864),初在玄妙观照墙边,民国十八年(1929)观前街拓宽,照墙拆除,在山门口两侧建了两幢三层楼,观振兴租其西楼底层营业。观振兴的生面熟糯细软,撩面擅用"观音斗",撩面入碗,出水清,不拖沓,汤水讲究,采用的焖肉汤,具有清香浓鲜四大特色。以白汤蹄髈面著名于时,面细而软,蹄髈焐得烂而入味,肉酥香异,入口而化,滋味甚佳。傍晚时分,蹄

髈面更佳,专为苏州人逛观前点饥之用,故大碗宽汤,轻面重浇,另有一种工架。金孟远《吴门新竹枝》咏道:"时新细点够肥肠,本色阳春煮白汤。今日屠门须大嚼,银丝细面拌蹄膀。"此外像爆鱼鳝,呈酱澄色,甜中带咸,汁浓无腥,外香里鲜。端午节前后,有枫镇大面应市,也是别具风味的传统面点。

朱鸿兴本在护龙街鱼行桥畔,创于民国二十七年(1938),为正宗苏州面馆。店主朱春鹤亲入菜市选购原料,浇头烹调精致,尤以焖肉浇闻名,为三精三肥肋条肉,焖得酥烂

白汤焖肉面

脱骨,焐入面中即化,但又化得不失其形,口感极佳,其味妙不可言。生面又是绝细的龙须面,入味快,吃口好,惟下面不仅要甩得快,而且还得有软硬功夫,甩慢了面容易烂,甩得轻了面卷不紧,会带进不少面汤,便会泡软发胀。朱鸿兴的面特别适宜"来家生",即带回家去吃,仍然原汁原味。朱鸿兴还讲求时令,农历五月子虾上市,就供应三虾面;小暑黄鳝上市,就供应鳝糊面、爆鳝面;盛夏时节,也以枫镇大面惠供食客。此外,像排骨面,松脆鲜嫩,略带咖哩鲜辣;蹄髈面,葱香扑鼻,膏汁稠浓,具擅一时之胜。那时朱鸿兴盛面的碗也大有讲究,蹄髈面用红花碗,肉面用青边碗,虾仁面用金边碗,一般的面就用青花大碗,这也是与众不同的地方。

黄天源在观前街,创于道光元年(1821),本在东中市都亭

桥畔，后迁玄妙观东脚门。黄天源糕团为吴门一枝独秀，以炒肉面名冠一时，深受食客赞美。据说，炒肉面的产生有个故事。有一位店中的常客，常常既买炒肉团子，又买一碗阳春面，他把团子里的炒肉馅挑出来放进面里当浇头，吃得津津有味，店主由此得到启发，也就做个炒肉浇头试试。在试做时，选料十分精细，瘦肉、虾仁、香菇剁碎炒成面浇头，浇头香，面汤鲜，炒肉面就一下走红了。

万泰饭店在渔郎桥，创于光绪初年，既善制家常饭菜，也以面点著名，特别是开洋咸菜面，受到食客青睐。金孟远《吴门新竹枝》便咏道："时新菜店制家常，六十年来挂齿芳。一盏开洋咸菜面，特殊风味说渔郎。"

松鹤楼在观前街，创于乾隆初年，本为面馆，乾隆四十五年(1780)重修面业公所，即为资助商号之一，时以卤鸭面著名，后虽改营菜肴，但卤鸭面仍然不废，远近闻名，可说是苏城夏令一绝。《吴中食谱》记道："每至夏令，松鹤楼有卤鸭面。其时江村乳鸭未丰满，而鹅则正到好处。寻常菜馆多以鹅代鸭，松鹤楼则曾有宣言，谓'苟能证明其一腿之肉，为鹅而非鸭者，任客责如何，立应如何'！然面殊不及观振兴与老丹凤，故善吃者往往市其卤鸭，而加诸他家面也。"卤鸭面的面和卤鸭分别盛碗、装碟，苏州人称为"过桥"。旧时苏城风行吃雷斋素，吃斋人的封斋和开荤，总要到松鹤

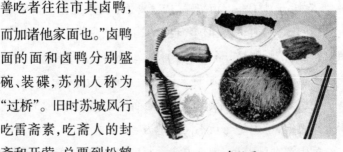

奥灶面

楼吃碗卤鸭面。

奥灶馆在昆山玉山镇半山桥堍,创于咸丰年间,初名天香馆,后改复兴馆。光绪年间,由富户女佣颜陈氏接手面馆,以精制红油爆鱼面闻名县城。颜陈氏的面汤与众不同,以鲜活肥硕的青鱼粘液、鳞鳃、鱼血加作料秘制成面汤,鱼肉烹制成厚薄均匀的爆鱼块,用本地菜子油熬成红油,并且自制生面,打成状如银丝、细腻滑爽的细刀面。一碗面端上来,讲究五烫,即碗烫、汤烫、面烫、鱼烫、油烫。一时顾客盈门,名声鹊起,半山桥一带的大小面馆于此十分嫉妒,谑称颜陈氏的面"奥糟",即吴方言龌龊的意思,呼其面馆为奥糟馆,后来改称奥灶馆,面亦称为奥灶面。

枫镇大面虽不能说是某家所制,然创于枫桥镇,为一地风格,传入城中,倍受食客赞赏,以为是夏日清隽面点,久负盛名。枫镇大

虾腰大面

面的独特之处在于面汤,它是用黄鳝熬成的汤增鲜,再用酒酿吊香,故汤清无色,醇香扑鼻。浇头焖肉,酥烂奥味,入口即化。面条用细白面粉精制而成,撩入碗中如鲫鱼之脊,吃在口中滑落爽口,真乃色香味俱佳。

此外,阊门外的近水台,初在鲇鱼墩,创于光绪十年(1884),以苏式焖肉面闻名,有"上风吃下风香"的美誉,又有刀切面,人皆称善。观前街大成坊口的老丹凤,以徽州面闻名,《吴中食谱》记道:"面之有贵族色彩者,为老丹凤之徽州

面,鱼、虾、鸡、鳝无不有之,其价数倍于寻常之面,而面更细腻,汤更鲜洁,求之他处不可得也。"另又有小羊面和凤爪面,也闻名远近。西中市的六宜楼,以青鱼尾为面浇,称甩水面,必难得美味。还有四时春的小肉面、五芳斋的两面黄、小无锡的肉丝面、卫生粥店的锅面,都是旧时苏州较有影响的面点。

关于面馆里的名色和特殊称呼,不知究竟的人,会感到莫名其妙,即以光面为例,称之为"免浇",即免去浇头;也称为"阳春",取"阳春白雪"之意,白雪者什么也没有也;还称为"飞浇面",意为浇头飞掉了,还是光面。朱枫隐《饕餮家言》里有一则《苏州面馆中之花色》,写道:"苏州面馆中,多专卖面,其偶有卖馒首、馄饨者,已属例外,不似上海等处之点心店,面粉各点无一不卖也。然即仅一面,其花色已甚多,如肉面曰'带面',鱼面曰'本色',鸡面曰'壮(肥)鸡'。肉面之中,又分瘦者曰'五花',肥者曰'硬膘',亦曰'大精头',纯瘦者曰'去皮',曰'蹄膀',曰'爪尖';又有曰'小肉'者,惟夏天卖之。鱼面中,又分曰'肚裆',曰'头尾',曰'头爿',曰'潋(音豁)水',即鱼鬣也,曰'卷菜'。总名鱼肉等佐面之物,曰'浇头',双浇者曰'二鲜',三浇者曰'三鲜',鱼肉双浇曰'红二鲜',鸡肉双浇曰'白二鲜'。鳝丝面、白汤面(即青盐肉面)亦惟暑天有之,鳝丝面中又有名'鳝背'者。面之总名曰'大面',曰'中面',中面双大面价稍廉,而面与浇俱轻;又有名'轻面'者,则轻其面而加其浇,惟价则

五香排骨面

不减。大面之中,又分曰'硬面',曰'烂面'。其无浇者曰'光面',光面又曰'免浇'。如冬月之中,恐其浇不热,可令其置于面底,名曰'底浇'。暑月中嫌汤过热,可吃'拌面'。拌面又分曰'冷拌',曰'热拌',曰'鳝卤拌',曰'肉卤拌';又有名'素拌'者,则以酱、麻、糟三油拌之,更觉清香可口。喜辣者可加以辣油,名曰'加辣'。其素面亦惟暑月有之,大抵以卤汁面筋为浇,亦有用蘑菇者,则价较昂。卤鸭面亦惟暑月有之,价亦甚昂。面上有喜用葱者,曰'重青',如不喜用葱,则曰'免青'。二鲜面又名曰'鸳鸯',大面曰'大鸳鸯',中面曰'小鸳鸯'。凡此种种名色,如外路人来此,耳听跑堂口中之所唤,其不如丈二和尚摸不着头者几希。"

面馆里的堂倌,也有响堂,就将这些特殊的用语喊成一片,声音宏亮温润而有节奏,如"一碗本色肚当点,重油免青道地点",诸如此类。陆文夫在小说《美食家》里有生动的描写:"那时候,苏州有一家出名的面店叫作朱鸿兴,如今还开设在怡园的对面。至于朱鸿兴都有哪许多花式面点,如何美味等等,我都不交待了,食谱里都有,算不了稀奇,只想把其中的吃法交待几笔。吃还有什么吃法吗?有的。同样的一碗面,各自都有不同的吃法,美食家对此是颇有研究的。比如说你向朱鸿兴的店堂里一坐:'喂!(那时不叫同志)来一碗××面。'跑堂的稍许一顿,跟着便大声叫喊:'来哉,××面一碗。'那跑堂的为什么要稍许一顿呢,他是在等待你吩咐吃法的——硬面,烂面,宽汤,紧汤,拌面;重青(多放蒜叶),免青(不要放蒜叶),重油(多放点油),清淡点(少放油),重面轻浇(面多些,浇头少些),重浇轻面(浇多,面少点),过桥——浇头不能盖在面碗上,要放在另外的一只盘子里,吃的时候用筷子搛过来,好像是通过一顶石拱桥才跑到你嘴里……如果朱自治向朱鸿兴的店堂里一坐,你就会听见那跑堂的喊出一大片:'来哉,清炒虾仁一碗,要宽汤,重青,重浇要过桥,硬点!'一碗面的吃法已经叫人眼花缭乱了,朱自治却认为这些还不是主要的;最重要是要吃'头汤面'。千碗面,一锅汤。如果下到一千碗的话,那面汤就糊了,下出来的面就不那么清爽、滑溜,而且有一股面汤气。朱自治如果吃下一碗有面汤气的面,他会整天精神不振,总觉得有点什么事儿不如意。所以他不能像奥勃洛摩夫那样躺着不起床,必须擦黑起身,匆匆盥洗,赶上朱鸿兴的头汤面。吃的艺术和其他的艺术相同,必须牢牢地把握时空关系。"这段描写,可真将旧时苏州人对吃面的讲究写尽了。

再附带说说馄饨。

苏州馄饨以精致闻名,清人《调鼎集》记有"苏州馄饨,用圆面皮,淮饺用方面皮"。可见旧时的馄饨皮擀成圆形,并非后来机制的方形,故而显得特别小巧玲珑。馄饨店遍布街巷,乾隆时徐扬绘《盛世滋生图》上有一店,便悬"清洁馄饨"市招;顾震涛《吴门表隐附集》也记有"鼓楼坊馄饨",惜已无从稽考。苏州馄饨店,多由湖广人开设,

馄饨担(摄于1932年前)

以家庭小肆为主,湖广帮的"打气馄饨"颇有特色,丢入沸水锅中浮在面上,需用爪篱漂才沉下去。民国初年,由于铁木结构面机的普及,促使了馄饨业的兴旺,开业于20世纪20年代后的馄饨店很多,稍有名气的,有福兴馆(阊门外大马路)、李同心、正兴馆(齐门外大街)、复源馆(娄门外)、柯万兴(景德路)、左万元(濂溪坊)、朱宏昌(上塘街)、长兴馆(山塘街)、何兴馆福记(山塘星桥湾)、张记(中街路)、何正兴(朱家庄)、顺泰馆(临顿路)、熊福兴(护龙街)、顺兴馆盛记(由斯弄)、夏兴馆孙记(大马路)等。至抗战前,苏州城内外约有馄饨店百馀家,一般还兼营汤团和面。当时,还有走街串巷叫卖馄饨的骆驼担,敲击梆子,沿途现煮现卖,鲜美可口,深受小巷深处人家的欢迎。

苏州馄饨有种种名色,如鲜肉馅大馄饨、虾肉馅大馄饨、蟹肉馅大馄饨、荠菜肉馅大馄饨等,特别是小馄饨,可称小食的极致,价格低廉,然滋味可口,其汤尤为鲜美。另外,糟油煎馄饨,堪称苏州人夏令馔食妙品。

鸡汤三鲜馄饨

熟　　食

苏州的熟肉卤菜业历史悠久,据乾隆《吴县志》记载,北宋建隆元年(960),苏州已有熟肉店,及至明清已相当普遍。民

国十二年(1923),朱枫隐在《饕餮家言》里记道:"苏州从前有
'陆蹄赵鸭方羊肉'之称。陆蹄,谓陆稿荐之酱蹄,现在其店已
分为四,一在阊门大街之都亭桥,一在临顿路之兵马司桥,一
在观前街之醋坊桥,一在道前街之养育巷口。赵鸭,谓赵元章
之野鸭,店在葑门严衙前之东小桥;又有名赵允章者,在南仓
桥,则冒牌也。方羊肉,谓方姓方阿宝之羊肉,在葑门之望星
桥,惟洪杨役后,其店已闭。现在羊肉以阊门皋桥堍之老德和
馆为最,观前大成坊口丹凤楼之小羊面,亦不弱。"

这仅是当时苏州熟食业的举隅,稍为系统地介绍,得从熟
食品类的体系来说,一个是以陆稿荐等为代表的本帮,另一个
是野味,野味又有以马咏斋为代表的常熟帮,以协盛兴、桃源
斋为代表的无锡帮。本帮以制卖酱鸭、酱肉为主,品种较为单
一,人称熟肉店。常熟帮以制卖酱鸡、油鸡、野鸟为主,无锡帮
除制卖野味外,还有素鸡、豆腐干等豆制品卤菜。苏州还有回
民经营的教门馆,专卖油鸡、烤鸭、牛肉之类,《吴中食谱》记
道:"阊门外某教门馆,专制回回菜,不用猪羊,而烤鸭独肥美
鲜洁。据云,于喂鸭时,先以竹竿驱鸭,使惊慌乱走,然后给
食,故皮下脂肪称特别发达,虽此馔以京馆为最擅胜场,然亦
不如其肥脆也。"此外,更为众多的,就是在酒店、酱园门口叫
卖的熏胴摊。

陆稿荐创于康熙二年(1663),本在东中市崇真宫桥堍,主
人陆姓,顾震涛《吴门表隐附集》称"业有混名著名者"有"陆稿
荐蹄子",袁景澜《姑苏竹枝词》咏道:"鲊美春阳鲚子鱼,陆蹄
松酒佐欢醵。四时饮馔多珍品,应补潜夫市肆书。"说陆稿荐
的熟蹄和孙春阳店鲚子鱼一样,都是吴中有名的美食。陆稿

荐于光绪二十八年（1902）被枫桥人倪松坡租赁，将他在醋坊桥的熟食店易名陆稿荐，后称大房陆稿荐，将西中市皋桥堍的本店，改称老陆稿荐，并在临顿桥堍开设协兴肉店。民国时期，苏州以陆稿荐为牌号的有近二十家，惟有大房陆稿荐所制最为得法。莲影《苏州小食志》记道："其出品以酱鸭、莲蹄为上，蹄筋、

陆稿荐（戴敦邦画）

酱肉次之，至于汁肉，则品斯下矣。欲知货物之佳否，不在招牌老否，而在手段之精否。熟肉之最佳者，莫如观东之老陆稿荐，馀则皆甚平庸。"旧时陆稿荐门口有四块市招，一是"五香酱肉"，二是"蜜汁酱鸭"，三是"酒焖汁肉"，四是"进呈糖蹄"，正是陆稿荐的特色产品。五香酱肉相传从"东坡肉"演变而来，以咸甜

酱　鸭

相宜、软糯鲜香著称。蜜汁酱鸭,选料严格,加工精细,都选用娄门土麻鸭或太湖鸭,以大约四斤重的新鸭为最佳。酒焖汁肉即酱汁肉,色泽介乎桃红与玫瑰红之间,肉酥而不烂,肥而不腻,甜中有咸,以热吃为佳。周振鹤《苏州风俗》这样记道:"苏州陆稿荐、三珍斋二肉铺,以善著酱鸭、酱蹄著名,然此二者犹属普通之品,其最特别而为他处所无者,莫如酱汁肉。此物上市,大抵在清明前后,至中秋节后止。其价亦甚廉,每块仅售铜元七八枚而已,而其重量每块约有两许,实熟食中之最廉者也。其佳处在肥者烂若羊膏,而绝不走油,瘦者嫩如鸡片而不虞齿决。如欲远寄,但购取新出锅者,俟其冷透,装于洋铁罐中,紧封其口,可历半月之久而其味不变。"

杜三珍在渡僧桥堍,旧称杜家老三珍斋,陆炜创于光绪八年(1882),后又开分号于道前街。杜三珍的酱鸭颇有名气,以秋冬时为最肥嫩,顾客远近而来;其次是蹄筋,每天所制不多,不但过早或过晚均不可得,而且还得与酱肉同买,不能只买蹄筋。其实杜三珍的酱肉也很好,必选用湖猪,这种猪生长期短,脚梗细,做的酱肉,色泽光亮,肉质细嫩。

糟鹅也为传统卤菜,久已闻名,选用太湖白鹅,尤以端午节前后上市的新鹅为佳,活宰后先加作料煮熟,然后置入糟缸,加大曲酒,严实盖紧,店家一般上午加工,下午应

老三珍(色粉画　颜文樑画)

市,当天做当天卖掉,不失为夏令佳肴。

旧时苏州野味店极多,街巷桥畔,处处可见。野味品种繁多,店堂的样子也大致仿佛,沿街的柜台上放一只大而扁的玻璃柜,有浅褐色的野鸡、野鸭、麻雀,琥珀色的熏蛋,黄褐色的熏鱼,乳白色的糟蛋等。有的野味店还兼卖卤味黄豆,黄豆是放在野味汤里一起熬烧的,故特别入味,尤为下酒所宜,孩子们也喜欢买来吃,几个铜板就可以买一大包。

苏州历史上,有名可考的野味店,惟顾震涛《吴门表隐附集》记一处"野味场野鸟",惜已不能考其故处,也不知创于何时。袁枚《随园食单》称"薛生白常劝人勿食人间豢养之物,以野禽味鲜,且易消化",薛雪这位吴门医家对野味情有独钟,而苏州人家制野味往往有极妙之法,袁枚在《随园食单》里记了两条,一是"野鸭切厚片,秋油郁过,用两片雪梨夹住,炮炩之。苏州包道台家制法最精,今失传矣";二是"黄雀用苏州糟加蜜酒煨烂,下作料与煨麻雀同。苏州沈观察煨黄雀,并骨如泥,不知作何制法。炒鱼片亦精,其厨馔之精,合吴门推为第一"。但家厨和市肆毕竟不同,家厨可得精湛之致,而市肆则大锅老汤,滋味高下,也难以分别。

晚近以来,野味以马咏斋最为有名。店主马咏梅本是常熟罟里人,在乡间以小本经营致大。光绪三十四年(1908)得铁琴铜剑楼主人瞿启甲帮助,在常熟城北赁屋设铺,称马咏记,以精湛烹技赢

卖熟食的小贩(摄于1936年前)

得生意。宣统二年(1910)迁寺前街,形成前店后坊规模,瞿氏题额"马咏斋",于是成为城内首屈一指的熏腊店。马咏梅殁后,其子马骥良继为店主。民国二十年(1931)至苏州开设分号。莲影《苏州小食志》记道:"迩年,忽有常熟店来苏,马咏斋倡于先,龙凤斋继之后。据云马店主人,本系老饕,于肉食研究有素,后家渐中落,试设小摊,售卖自己所发明之熟肉一种,因号'马肉',岂知生意大佳,逾于所望,遂开一熟肉铺,即以己号'咏斋'名其店云。马肉之佳处,肥而且烂,宜于老年无齿之人,而不宜于肠胃不坚之辈。马肉外更有酱鸡一味,为苏地熟食店所无。"苏州马咏斋总号和工场在观前街棋杆里,后又移至施相公弄口,有一分号在观前街洙泗巷口,另一分号在宫巷。继而又在上海开了两家分号,一家在大世界隔壁,一家在浙江路。马咏斋所制酱肉,重糖汁浓,酥糯不腻,其他如三黄油鸡、湖葱野鸭、鸡鱼肉松、红炙鸡鸭、醇烧肉蛋、凤鸡板鸭等,也很受食客青睐。据说当年选用的三黄鸡,必是常熟鹿苑鸡;所制肉松,选料均净,油而不腻,其味不让太仓倪鸿顺。

东小桥的赵元章,以野鸭闻名,用的是正宗的野鸭,烧制时鸭肚里塞满胡葱,胡葱的香味透入鸭肉,鸭肉的鲜味又透入胡葱,鸭香葱鲜,相得益彰。傍晚时分,从赵元章飘出的香味,在小河面洋溢起来,走过望星桥或者迎枫桥,老远就闻得到。另外,古吴路西口的西城桥畔,有一家野味店也以野鸭闻名,《吴中食谱》记道:"城南西城桥野鸭有异味,虽稻香村、叶受和亦逊一筹,惟只在冬令可购,易岁即无之。"

昆山燂鸭也颇有名,以周市某店所产为最早。光绪四年(1878),太和馆店主吴中堂父子对祖传秘方悉心研究,以十多味草药及七种调料配制成燣锅老汤,从此独占鳌头。制燣汤本是民间传统烹调野味的手段,后用四斤以上的麻鸭来代替野禽,从而转为专制燣鸭。燣鸭风味独特,香鲜入骨。

旧时茶食店往往兼售野味,如稻香村、叶受和、东禄、悦采芳都有佳制,甚至胜过专门的野味店,只是价格比较贵。

太仓肉松名闻遐迩,迄今已有百馀年历史。创始人倪德,咸丰初流落太仓,在老诚意糟油店学艺,相传某次不慎将红烧肉的汤熬干了,肥肉成油渣,肉

太仓肉松

皮变卷筒,卤汁全吸入精肉,稍动锅铲,块肉便成金黄色纤细绒毛,然异香扑鼻,滋味迥异,肉松便由此而来。同治三年(1864),倪鸿顺肉松店开业,在民国四年(1915)的巴拿马国际博览会上,倪鸿顺的"葫芦牌"肉松获得甲级奖,于是驰名海外。太仓肉松原料用老猪后腿,除膘、去皮、剔筋后,加入作料边炒边加酒边品尝,至少炒三小时方能出锅揉松,其味鲜香酥松,丝长而绒,入口即化,以不留残渣为上品,同行无敌。宣统《太仓州志》记道:"肉松,制法创于倪德,以猪、鸡、鱼、虾肉为之,德死,其妻继之,味绝佳,可久贮,远近争购,他人效之,弗及也。"倪鸿顺的猪肉松、鸡松、鱼松、虾肉等,可称佐粥、下酒佳品。据民国八年(1919)《江苏省省报》报道:"有倪鸿顺肉松,鸡、鱼、虾松,味美耐久,为太仓之特产,销路甚畅。"又民国二十五年(1936)《太嘉宝日报》报道:"倪鸿顺所出之货,味咸

耐久,不变其味,是其特长。"由此也可见得倪鸿顺历史之久、出品之佳。

虾子鲞鱼是苏州传统特产,旧时茶食店、野味店、南货店都有制售,以稻香村所出最为有名。鲞鱼有南洋鲞、北洋鲞、灵芝鲞之别。袁枚《随园食单》称为"虾子勒鲞",记其制法曰:"夏日选白净带子勒鲞,放水中一日,泡去盐味,太阳晒干。入锅油煎,一面黄取起。以一面未黄者铺上虾子,放盘中,加白糖蒸之,一炷香为度。三伏日食之,绝妙。"如今苏州虾子鲞鱼制法,仍按袁枚旧说。与虾子鲞鱼可媲美的,还有虾子鲥鱼,清人《调鼎集》记道:"虾子鲥鱼,小鲥鱼蒸熟,糁虾子;鳓鱼切段糁虾子,腐皮捣虾子,为之晒干成块,亦苏州物。"

冷　饮

旧时夏季,坊肆间饮品纷陈,种种名色,令人目不暇接。周密《武林旧事》卷六就录有"凉水"十七种,它们是甘豆汤、椰子酒、豆儿水、鹿梨浆、卤梅水、姜蜜水、木瓜汁、茶水、沉香水、荔枝膏水、苦水、金橘团、雪泡缩皮饮、梅花酒、香薷饮、五苓大顺散、紫苏饮。高濂《遵生八笺·饮馔服食笺》也录有"汤品"三十二种,它们是青脆梅汤、黄梅汤、凤池汤、橘汤、茴香汤、梅苏汤、天香汤、暗香汤、须问汤、杏酪汤、凤髓汤、醍醐汤、水芝汤、茉莉汤、香橙汤、橄榄汤、豆蔻汤、解醒汤、木瓜汤、无尘汤、绿云汤、柏叶汤、三妙汤、干荔枝汤、清韵汤、橙汤、桂花汤、洞庭汤、木瓜汤(又方)、参麦汤、绿豆汤。以上仅是举隅,实际存在的名目,当远不止此。

晚近以来,许多饮品早已失去,流行于市间者,仅银耳羹、杏仁茶、奶酪、橘酪、莲心红枣汤、鲜莲子汤等,苏州则以酸梅汤和甘蔗浆最为常见。

酸梅汤,每当夏令,生意兴隆,它醇香质纯,以冰镇之,又甜又酸,沁人心脾,其味能挂喉不去。酸梅汤制作讲究,一律用开水泡制,原料是干货店里的干梅子名酸梅,中药店里也有,称为乌梅,要用冰糖,加桂花露、玫瑰露发挥香味,绝对不用生水,也不用糖精,店家或小贩制成酸梅汤后,灌入白地青花的细瓷大甏中,周围镇以冰块,包裹严密,保持一定凉度。其汤色有两种,浓的色如琥珀,香味醇厚;淡的颜色淡黄,清醇淡远。其凉镇齿,一杯入口,烦暑都消,可称是旧时消暑的佳味。赵翼有《芸浦中丞邀我邓尉看梅,梦楼芷堂先在苏相待,遂同游连日,并偕蒋于野秀才》九首,其中一首咏道:"园丁种树岂因花,为卖酸浆冰齿牙。翻与山村添韵事,错疑比户总诗家。"酸梅汤大都由水果铺或糖果店供应,至 20 世纪六七十年代改用机制冰镇,大概五分一杯,味道似乎就不及过去醇真。

甘蔗浆也是由来已久,古人称为柘浆,《楚辞·招魂》便有"腰鳖炮羔,有柘浆些",《汉书·礼乐志》录《郊祀歌》,有道是"百末旨酒布兰生,泰尊柘浆析朝酲"。可见甘蔗浆既是筵席上的饮料,还能醒酒,其实蔗浆玉碗冰泠泠,最是消暑的妙品。特别是老人,齿牙动摇,不能大嚼甘蔗,甘蔗浆就大大方便了,其中滋味又胜过嚼甘蔗。春末夏初,苏州的水果铺、水果摊就开始供应甘蔗浆,旧时用木制的榨床,将切成的甘蔗小节榨出浆来,至 20 世纪 60 年代,大都改用金属榨机,现榨现卖,盛以玻璃杯,大杯一角五分,小杯九分,实在不能算是奢侈的消费。

冰镇汽水店(摄于 1940 年前)

至于苏州的冷饮业,民国初期已有用天然冰土法制造冰淇淋销售,至 20 世纪 20 年代,酒楼、冷饮室已有纸杯冰淇淋制作出售。民国二十三年(1934),广州食品公司购得从旧军舰上拆下的制冷设备,自制自售刨冰、冰淇淋、冰冻鲜橘水等,为苏州第一家冷饮制造商。至民国二十七年(1938),好莱坞、百乐棒冰厂开业,当时日本制造的氨压缩机投入市场,先后又有多家棒冰厂开业。民国三十六年(1947),棒冰商业同业公会成立,时有北极、美女、郑福斋、白雪、银雪、银星、金星、三吴、小朋友、美琪十家,主要生产棒冰,也生产少量雪糕,郑福斋还兼产酸梅汤。苏州的汽水生产,则较冷饮为早,光绪三十一年(1905)开业的二马路滋德堂即已制销,时称荷兰水。民国八年(1919)前,有南濠街德裕公司荷兰水厂,至 20 世纪 40 年代又有一家瑞记汽水厂。

常熟的第一家冷饮店,是冠生园协记糖果店,自民国二十年(1931)起供应冷饮。楼上设雅座,可容五十馀人,自制冰淇淋、刨冰、酸梅汤等,还销售上海正广和汽水与海宁洋行的美女牌棒冰。冰淇淋盛于高脚玻璃杯中,小杯即蛋卷冰淇淋。

刨冰有香草、可可、橘子、柠檬诸色。

腌 腊

腌腊诸品,市肆有专卖腌腊的,但苏州人家也自己腌制,宣统《太仓州志》记道:"风鸡,味绝腴美,为邑佳产。腊蹄,腊月腌豚蹄,至清明后食之,风味极佳。"家中腌腊,往往是在寒冬。沈云《盛湖竹枝词》咏道:"腊猪得酱晾风前,鱼鸭编绳庭共悬。笋党船来好烹煮,应夸味胜肉鲜鲜。"小注写道:"腊月家购豚肉,敷以椒盐渍酱油中,与鸡鸭鲤鱼同挂檐下,望之累累。二三月中,笋船成群而至,名曰笋党。生猪肉俗呼为鲜鲜肉。"又浙江金华人流落盛泽,以弹棉絮为业,而家制南腿,滋味称绝,蚑叟《盛泽食品竹枝词》咏道:"金华籍贯浙东人,卷絮弹花是客民。独出冠时南腿肉,钵头弄里话前因。"闻名遐迩的金华火腿,竟然在盛泽冠时独出,也可见得饮食文化的交流,钵头弄这个地名,就是历史的记录。

至于腌腊店肆,莫过于阊门孙春阳,字号之久,规模之大,又卓然有经营之法的,以孙春阳首屈一指。

孙春阳,宁波人,应童子试不售,遂弃文从商,来到苏州,那是在明万历中叶。开始时,在吴趋坊北口开了一个经营南货的小铺,由于经营得法,生意十分红火,规模也逐渐扩大。钱泳《履园丛话》说,孙春阳总柜下设六房,是根据货物的不同予以分类,这六房是南北货房、海货房、腌腊房、酱货房、蜜饯房、蜡烛房。凡去买物的人,无论是零售还是批发,都到柜上付款,然后取了货券,去各房兑取货物,或委托各房发运。而总柜随时掌握整个营业情况,一日一小结,一年一大结,对商品的供求关系了解得十分清楚。至钱泳写《履园丛话》时,孙春阳已成为极著名的老牌店肆,钱泳感叹道:"自明至今,已二百三四十年,子孙尚食其利,无他姓顶代者。吴中五方杂处,为东南一大都会,群货聚集,何啻数十万家。惟孙春阳为前明旧业,其店规之严、选制之精,合郡无有也。"据说,明亡之后,有人拿了万历年间的货券,去店中兑取货物,店中人不稍迟疑,立即付给,可见得孙春阳的声誉。孙春阳科学的管理与经营,可推为古代坐商的翘楚。这家著名店肆毁于咸丰十年(1860)太平军战火,后来也不曾重新开业。

孙春阳经营的商品,以质地优良、品类齐全而名闻天下,有的货物还常被宫中采办。除腌腊、海货外,袁枚《随园食单》"小菜单"记着一种"玉兰片",它以楠竹产的冬笋或春笋为原料,精制加工而成,因其外形和色泽与玉兰花瓣相似,故称之为"玉兰片"。袁枚说:"以冬笋烘片,微加蜜焉。苏州孙春阳有盐、甜二种,以盐者为佳。"还有熏鱼子也很著名,清人《调鼎集》记道:"熏鱼子出苏州孙春阳家,愈新愈妙,陈则变味。"孙春阳还有专门储藏水果的地窖,或许就是冰窖,使得一年四季,能够有各样水果应市,如寒冬腊月的西瓜、炎日酷暑的蜜橘等等,不及其时,每有异品,当然这种称为"异品"的水果价格,想来是非常昂贵的。

康熙五十七年(1718),海、淮、洋、泗四帮腌腊商人在阊门外潭子里创建高宝会馆,即江淮会馆。至乾隆七年(1742),"腌腊鱼货,汇集苏州山塘贩卖"者有二百四十人之多。乾隆年间,兖、徐、淮、阳、苏五府腌腊、鱼蛋、咸货商人又在胥门外创建江鲁会馆。咸丰八年（1858），海货商人也在南濠街建立永和会堂。同治以后，散帮的腌腊业有大东阳、生春阳、仁和堂等店号。

生春阳本原名为巨成祥腿栈，为绍兴祝氏创于同治年间，光绪十五年（1889）祝氏病危，委托小女未婚婿许瑞卿经营店务，时观前大东阳腿铺生意好于巨成祥，许瑞卿求得隆

南货店（戴敦邦画）

兴寺主持资助，从东阳、金华、义乌及如皋等地购进火腿，其进货严格，所售火腿均打上黑色圆章店号印记，营业遂与大东阳相匹敌。光绪十七年（1891）改号生春阳腿铺。光绪三十三年（1907），生春阳加入苏州商务总会。民国初年，生春阳将火腿运销香港，时价火腿仅两个银元一只，生意大好，获利颇丰，从此开始批发火腿业务。大东阳则营业萎顿，无力从产地直接进货，改向生春阳进货，终因难以维持，出盘给生春阳。于是生春阳成为苏州腌腊渔腿业的巨擘，购进大儒巷东口房屋一所作为库房，储火腿常在十万只上下。民国二十六年（1937），日军入侵苏州，生春阳、大东阳被洗劫一空。及至抗战胜利，生春阳已无力恢复旧业，仅能勉强维持而已。

价　格

　　清初，苏州是个繁华之地，海鲜时有应市，但价格不靡，康熙时人瓶园子《苏州竹枝词》咏道："冰鲜海上未沾牙，飞棹吴门卖酒家。一戢黄金尝一尾，人夸先吃算奢华。"石嘉言《姑苏竹枝词》也咏道："山珍海错市同登，争说居奇价倍增。独羡深宵风雨里，有人还对读书灯。"乾隆时，苏州酒楼筵席，都很豪华，耗费甚巨，同治《苏州府志》卷三称"一席费至数金，小小宴集，即耗中人终岁之资"。顾禄《桐桥倚棹录》卷十记嘉庆、道光年间山塘街三山馆、山景园、聚景园的酒席价格，称"每席必七折，钱一两起至十馀两码不等"。春秋佳日，游人既多，价格更高了。《吴郡岁华纪丽》卷三记道："至于红阑水阁，点缀画桥疏柳间，斗酒品茶，看馔倍常价，而人愿之者，乐其便也。"

　　包天笑在《衣食住行的百年变迁》里写道："在十九世纪之末，有一二银元的菜，便可以肆筵设席的请客了。即以我苏州而言，有两元一席的菜，有八个碟子（冷盆干果）、四小碗（两汤两炒）、五大碗（大鱼大肉、全鸡全鸭），还有一道点心。这种菜，名之曰'吃全'，凡是婚庆人家都用它，筵开十馀桌，乃是富绅宅第的大场面了。最高的筵席，名曰'十六围席'，何以称之为'十六围席'呢？有十六个碟子（有水果、干果、冷盆等，都是高装）、八小碗（其所以为特色者，小碗中有燕窝、鸽蛋，时人亦称之为燕窝席），也是五大碗，鸡鸭鱼肉变不出什么花样，点心是两道，花样甚多，苏州厨子优为之。这一席菜要四元。那种算是超级的菜，在婚礼中，惟有新娘第一天到夫家（名曰'待贵'),新婚第一天到岳家(名曰'回门')始用之。"

宴　饮(摄于1940年前)

　　民国十二年(1923)前,苏馆的同业,公定划一菜价,大略如下:吃全,十二盆五菜四小碗一道点,每桌洋五元五角;吃全换全翅,每桌加洋三元;吃全换半翅,每桌加洋一元六角;吃全换整鸭,每桌加洋五角;吃全换整鸡,全桌加洋四角;吃全小碗换银耳、鸽蛋,每样加洋三角。四菜四小碗四大盆,每桌洋三元八角;八盆五菜,每桌洋四元;四盆四菜或和菜,每桌洋三元;光五菜,每桌洋二元五角;四荤一素,每桌洋二元四角;五簋,每桌洋二元二角;中四,每次洋二角五分;全翅,每次洋三元五角;半翅,每次洋二元五角,点心,每道加洋三角;正果,每桌加洋六角。京馆则吃全无定,和菜二元四角,壳席三元,全翅二元四角,扒翅四元半。徽馆也吃全无定,大和菜四冷荤盆、四小碗、三大菜、一道点，价二元二角；中和菜二冷荤盆、二小碗、二大菜，价一元三角；小和菜二炒一汤，价五角。比较起来，徽馆点吃较苏馆为价廉，吃和菜则尤为便宜。如果加酒，无论是苏馆，还是京馆、徽馆，都另外结算，加付小账一成。

民国二十四年（1935）的市价，舒新城在《江浙漫游记》里记载，他在常熟山景园晚餐，"每席十元，有六碟十碗，有本地之叫化鸡、新松蕈等，味均可口"；在常熟兴福寺素餐，"四元素餐有四碟六盆一汤，味均可口，平时不易得也"。

自然真正的名菜还是很贵的，周劭在抗战前的苏州吃"蟹黄油"，那是松鹤楼外绝无仅有的，他在《令人难忘的苏菜》里记道："它全用雄蟹的膏油制成，一菜所需，不知需用多少只雄蟹，我清楚记得其时的价钱是银元六元。"

20世纪50年代的市价，比较低廉，何满子在《苏州旧游印象钩沉》里记道："价格也想象不到的低廉，一小碟两条鲫鱼，只要一千五百元，即1954年改币后的一角五分。牛肉、虾球、半边鸽子，和有松子和花生仁的肉圆，也都是一二千元，顶贵的不超过五千，即后来一角至五角。总之，两人对酌，花一万元（一元）就很丰富满意了。"

至1978年，苏州的饮食还是很便宜，树棻从上海来，住在观前街一家招待所里，他在《走出第一步》里回忆："这家招待所不供应伙食，但这也无妨，走出大门就是食肆林立的观前街，苏州有名的点心店和饭店如观振兴、黄天源、得月楼、松鹤楼等都在同一条街上，朱鸿兴、新聚丰等也都相距不远，就餐十分方便，并能丰俭随意。那回我算是上海文艺出版社派去出差的，按例每天有一元五角的伙食补贴。每天早晨到观振兴去吃一客汤包,中午到素香斋吃一餐素菜客饭,晚饭上朱鸿兴吃一碗双浇葱油焖肉面。三餐相加,也就是一元五六角钱,都由公家开支,自己基本上不用再掏钱了。"

会　饮

苏州人讲究吃,也喜欢吃,平日里想吃就要寻个理由,聚在一起吃他一顿,至于由谁惠钞,则想出种种办法。旧时醵资会饮大致有四种方式。

一、如会饮者十人,人出一元,共十元,其中一人主办其事,而酒食之资及杂费须十二元,结账时各人再补出二角,此平均分配也,苏州人俗呼为"劈硬柴"。

二、如会饮者十人,人出一元,共十元,也是其中一人主办其事,而酒食之资及杂费总有超出,这畸零之数,则由主办人来出。如此,主办人负担也就稍重。

三、如会饮者十人,估算这次酒食之资及杂费需十元,先由一人以墨笔画兰草于纸上,但画叶,不画花,十人则十叶,于九叶之根写明钱数,数有大小,多者数元,少者数角,一叶之根无字,不使其他九人见之。写好后将纸折叠,露其十叶之端,由画兰者请九人在叶端自写姓名,九人写毕,画兰者也将自己姓名写上,然后展开折纸,何叶之姓名与何叶之钱数相合,即依数出钱。这样出资者共九人,另有一人因叶根无字,可赤手得以醉饱。这种吃法,苏州人俗呼为"撒兰花"。

四、如会饮者十人,各出一次酒食之资及杂费开销,迭为主人,以醉以饱,十次而为一轮,钱之多少则不计。这种吃法,苏州人称为"车轮会"或"抬石头"。

醵资会饮，可丰可俭，确定办法后，视银数的多少，作会饮的繁简。旧时苏州一般商行职员发薪后，相约去太监弄鸿兴面馆吃小锅面，面与浇头同煨在锅里，有什景、三鲜、虾仁、火鸡，浇头鲜味深入面中，面热汤浓，连锅端上，各人按自己的食量挑面舀汤，吃得称心如意。银行、钱庄的职员，因为收入颇丰，他们聚餐的档次就要高一点。每当秋风乍起，菊黄蟹肥之时，他们就相约三五知己到观前街西脚门的蟹贩那里，买一串阳澄湖大闸蟹，再到马咏斋买几包油鸡、烧鸭、五香麻雀，来到宫巷元大昌酒店里，让酒店代煮那串大闸蟹，再要上数斤花雕，个个吃得心满意足，才相辞回家。

除醵资会饮外，有"罗汉斋观音"，则是多人请一人的聚宴。一般在知交同事、师门兄弟之间，有人因事离职，另就他业，也有因亲戚提携，求学深造，这时送行饯别，所费众人分摊，以表惜别之情。当然也有"观音请罗汉"的，外出多年，事业有成，衣锦归来，邀请同学知交，设宴叙旧。

旧时常熟，结社集会的风气很盛，有的利用神祇的诞日，招集善男信女，如关爷社、雷素社、观音佛会等；有的则带有公益事业性质，如以消防为名，斋供祝融的火烛会；有的则是松散型的经济组织。由一人或数人倡议，集十馀人为一会，分期举行，一般每年分两期举行，醵金摊缴，聚零为整，使成莒款，先由倡议者(称为头总、二总、三总、四总)挨次坐收，继由合伙人拈阄，凭骰子点色大小决定胜负，胜者收取莒批会款。每次会期，都要办会酒。各色各样的社酒、会酒，名目繁多，不胜枚举，无非借个名义一饱口福。豪门巨室固然这样，即中产之家也不例外,竞相效尤,社会风气奢侈一时。更有不借名义专为聚餐而成团体的,那时常熟便有一个"酒团",由沈同午、方山塘、潘天慧等十馀人组成,专事赌酒豪饮。其中沈的酒量最大,自夸百杯不醉,号称"酒牛",被推为"酒团"团长。

　　一般社酒、会酒所用的荤素筵席,都是四果食、四冷盆、两汤两炒、两点心和六大碗。荤的不外乎鱼肉鸡鸭,素的是蘑菇、香蕈等,煮法的巧妙,各地不同。常熟东乡一带盛行"十六会签",那是会酒、社酒中特等筵席,包括四冷盆、四热炒、四点心和四大菜(全鸡全蹄等),每人座前除杯箸外,置有折叠的草纸一方,加上一道红纸签条,以备吃客随时揩拭桌上的油腻。西乡佛会的菜席上,必有红烩油氽豆腐和红枣汤,尤为特色。还有一种社酒"公堂宴",旧俗城内城隍庙赛会前夕,例须"坐夜堂",有人扮作皂隶差役吆喝呵叱,提审阴曹地府的人犯,审讯毕,社里当值的人就在殿上聚饮,故称为"公堂宴",又称"斋班头",每席四人,分配每人一份,不仅是酒菜,还有其他物事,陈列桌上,光怪陆离。活人吃的酒席,却像死人的祭筵,也算是吃的一种极致了。

风味随谭

　　我国幅员辽阔,各地有各地的菜肴特色和烹饪技艺,旧时便有川、鲁、粤、维扬四大菜系,后来又发展为京、鲁、川、粤、苏、徽、闽、湘八大菜系,大致形成东酸、西辣、南甜、北咸的特点。钱泳《履园丛话》卷十二写道:"饮食一道如方言,各处不同,只要对口味。口味不对,又如人之情性不合者,不可以一日居也。"又写道:"同一菜也,而口味各有不同。如北方人嗜浓厚,南方人嗜清淡;北方人以肴馔丰、点食多为美,南方人以肴馔洁、果品鲜为美。虽清奇浓淡,各有妙处,然浓厚者未免有伤肠胃,清淡者颇能得其精华。"

　　在各家菜系中,苏州菜肴能得中庸之道,独擅胜味。周劭在《令人难忘的苏菜》里写道:"建都达七百多年的北京,其实是没有什么特色菜肴可言,只是京师五方杂处,做官的来自南北各地,取长补短,成了一个以'京苏大菜'为号召顾客的京菜,这便是苏州菜和直、鲁、豫北方菜糅合的产物。在本世纪四十年代广东菜大举进入上海之前,京苏大菜和徽菜是上海最重要的菜馆。"由此可见,苏州菜肴在保持自己名望和地位的同时,因地制宜,兼容其他地方的风味。

俞明在《苏帮菜》里写道:"几百年间,苏州城为商贾集散地,官僚回归林下的休憩所,资产者金屋贮娇的藏春坞,豪绅吃喝嫖赌的游乐场,发扬海内独树一帜的苏帮菜肴为适合此等需要应运而生,

苏帮菜肴

与京、粤、川、扬等各帮分庭抗礼。很多众口交誉的名菜都出自家厨,比如明代宰相张居正爱好吴馔,官府竞相仿效,吴地的厨师都被雇去做家庭厨子。吴人唐静涵家的青盐甲鱼和唐鸭,被《随园食单》列为佳肴。清徐珂著《清稗类钞》载'凡中流社会以上人家,正餐小吃无不力求精美'。这些中等人家雇不起家庭厨子,便亲自下庖厨采办。烹饪艺术本是一种创造,在不断的翻新和扬弃中发展,主人中不乏有文化修养并且心灵手巧之辈,于是便有不少使饕餮者垂涎三尺之创造。陈揖明等著《苏州烹饪古今谈》中有精辟的论述:'在千百年的苏州烹饪技术长河中,民间家庖是本源,酒楼菜馆是巨流……使苏州菜系卓然特立,名闻全国。'而且,民间庖厨和酒肆菜馆的'汇流'也是常有的事。在沪宁一带,包括苏州,社会变革和战乱

使一些巨绅豪门家道中落,他们之中有些人开菜馆以维持生计,用自创的拿手菜招徕食客,一些用'煨'、'焖'、'炖'、'熬'等方法文火制作的功夫菜,是这些酒家的特色。此外,如上文所述,一些知识阶层,虽雇不起家庭厨师,却上得起酒楼,他们是君子远庖厨,动嘴不动手,成年累月,他们成了'吃精',他们是酒肆的常客,和跑堂厨子结成至交,从事'共建活动',创制了一些用料时鲜,做法讲究,色香味俱佳的名肴,高度发达的头脑和长期劳动的积累使饮食这个行当的名帮菜成为一种艺术生产。"

这就是苏帮菜"源"和"流"的关系,也是苏州人不断推陈出新、创造出人间美味的缘故。

特　色

苏州物产丰饶,尤其是鱼鲜虾蟹四季不绝,蔬菜鲜果应候而出,故苏州菜肴的一大特点就是讲求时令,并有春尝头鲜、夏吃清淡、秋品风味、冬食滋补的传统。一些名菜佳肴,四时八节各有应市时间。如春季有碧螺虾仁、樱桃汁肉、莼菜氽塘片、松鼠桂鱼等;夏季有西瓜童鸡、响油鳝糊、清炒虾仁、荷叶粉蒸鸡镶肉等;秋季有雪花蟹斗、鲃肺汤、黄焖鳝、早红橘酪鸡;冬季有母油船鸭、青鱼甩水、煮糟青鱼等。即以鱼腥为例,因上市时间有先后,故各式菜肴,都以"尝头鲜"为贵。如正月塘鳢鱼、二月刀鱼、三月鳜鱼、四月鲥鱼、五月白鱼、六月鳊鱼、七月鳗鱼、八月鲃鱼、九月鲫鱼、十月草鱼、十一月鲢鱼、十二月青鱼,季节性极强,如菜花开时的塘鳢鱼、甲鱼,小暑时的黄鳝,苏州人十分称赏,一旦过了时节,便身价大跌,如夏天的甲鱼,民间便称"蚊子甲鱼",苏州人很少去吃。

苏州菜肴讲究选料,要求生、活、鲜、嫩,采用当地所产之物,如娄门大鸭、太湖白壳虾或青虾、阳澄湖大闸蟹、湖猪、三黄鸡等。钱泳《履园丛话》卷十二写道:"欲作文必需先读书,欲治庖必需先买办,未有不读书而作文,不买办而治庖者也。譬诸鱼鸭鸡猪为《十三经》,山珍海错为《廿二史》,葱姜蒜醋油盐一切佐料为诸子百家,缺一不可。治庖时宁可不用,不可不备,用之得当,不特有味,可以咀嚼;用之不得当,不特无味,惟有呕吐而已。"同是一物,因菜肴名色不同,选择的大小轻重也不同。

苏州菜肴更讲究烹饪技艺,精于刀工火候,以炖、焖、煨、焐、蒸见长,并融合炸、爆、溜、炒、煸、煎、烤、煮、氽等其他烹饪手段,融会贯通,辅以剞、叠、穿、扎、排、卷等手法。像响油鳝糊、天下第一菜、松鼠桂鱼等,还要上菜店伙的配合,上桌挂卤时,任其发出声响,如果食客听不到,也就失去了意趣。

苏州菜肴的成品,讲究色、香、味、形俱佳,不同菜肴汤羹,要求呈现不同的色彩,或以浓油赤酱,或以清爽淡雅,或以红绿相映,或以青白相间,全凭厨师匠心独运,并且整席菜肴,在色彩上也有对比,有烘托,摆得恰到好处。香是菜肴上桌散发的味道,款款不同,以菜肴的原料本味为贵,以轻淡缥

蟹黄鱼翅

缈为上。味便是入口的滋味,追求本色真味,不但是入口的感觉,还讲求回味。形即是菜肴的表现形式,如冷盆的摆布,围边的点缀,菜肴本身经烹调后的形状,以及一些必要的雕镂造型。

苏州人的饮食口味,与其他地方有很大不同,并且也不断变化。周振鹤《苏州风俗》写道:"苏人食欲上之习惯,喜烂喜甜。无论荤素各物,其稍考究者,必用文火(即炭墼火),慢慢使之烂若醍醐,故入口而化,不烦咀嚼。是固合于卫生,然胃肠因是失其消化能力,偶食生硬之物,即不免有腹痛之患,亦一弊也。至于鸡肉、鸭肉之红烧者,例必以冰糖收汤,嗜甜之习,亦他处所不及。若夫辛辣各品,如葱、蒜、椒、辣、莞菜等,绝对非苏人欢迎。近来酬酢场中,亦有沾染北方风味,而嗜之者然究属少数也。"苏州人口味的不断变化,也使得菜肴不断变化提升。

钱泳在《履园丛话》卷十二里将"治庖"比作读书或做诗文,这实在可说是妙喻,苏州厨人深得其中三昧,故而烹饪能独领风骚。如说:"古人著作,汗牛充栋,善于读书者只得其要领,不善读书者但取其糟粕,庖人之治庖亦然。"苏州厨人往往能得烹饪的要领,包括原料、剁切、火候、调料的使用,时候的掌握等等,淋漓尽致地表现出一盆一锅的精华所在。再如说:"喜庆家宴客,与平时宴客绝不相同。喜庆之肴馔如作应制诗文,只要华赡出色而已;若平时宴饮,则烹调随意,多寡咸宜,但期适口,即是嘉肴。"苏州厨人对宴席的对象、规制了然于心,几十席或上百席,虽能应付裕如,然而只求不坏;一席两席,小锅小炒,精心烹制,以获赞美,使得声誉不败。又如说:

苏帮名菜

"或有问余曰：'今人有文章，有经济，又能立功名、立事业，而无科第者，人必鄙薄之，曰是根基浅也，又曰出身微贱也，何耶？'余笑曰：'人之科第，如盛席中这脔肉，本不可少者。然仅此一脔肉，而无珍馔嘉肴以佐之，不可谓之盛席矣。故曰经济、文章，自较科第为重，虽出之捐职，亦可以治民。珍馔嘉肴，自较脔肉更鲜，虽出之家厨，亦足以供客。"苏州厨人讲求配菜，调理席面，既有重点，又有陪衬，荤素搭配，贵贱相宜，将一席菜肴作为一个整体来看待，有时也会出现"喧宾夺主"的现象，那也就是厨人的神来之笔了。

食　单

顾禄《桐桥倚棹录》卷十记录了山塘街上三山馆、山景园、聚景园的一张食单："所卖满汉大菜及汤炒小吃，则有烧小猪、哈儿巴肉、烧肉、烧鸭、烧鸡、烧肝、红炖肉、黄香肉、木樨肉、口蘑肉、金银肉、高丽肉、东坡肉、香菜肉、果子肉、麻酥肉、火夹肉、白切肉、白片肉、酒焖蹄、硝盐蹄、风鱼蹄、绉纱蹄、燻火蹄、蜜炙火蹄、葱椒火蹄、酱蹄、大肉圆、炸圆子、溜圆子、拌圆子、上三鲜、炒三鲜、小炒、燻火腿、燻火爪、炸排骨、炸紫盖、炸八块、炸里脊、炸肠、烩肠、爆肚、汤爆肚、醋溜肚、芥辣肚、烩肚丝、片肚、十丝大菜、鱼翅三丝、汤三丝、拌三丝、黄芽三丝、清炖鸡、黄焖鸡、麻酥鸡、口蘑鸡、溜渗鸡、片火鸡、火夹鸡、海参鸡、芥辣鸡、白片鸡、手撕鸡、风鱼鸡、滑鸡片、鸡尾搧、炖鸭、火夹鸭、海参鸭、八宝鸭、黄焖鸭、风鱼鸭、口蘑鸭、香菜鸭、京冬菜鸭、胡葱鸭、鸭羹、汤野鸭、酱汁野鸭、炒野鸡、醋溜鱼、爆参鱼、参糟鱼、煎糟鱼、豆豉鱼、炒鱼片、炖江鲚、煎江鲚、炖鲥鱼、汤鲥鱼、剥皮黄鱼、汤黄鱼、煎黄鱼、汤着甲、黄焖着甲、斑鱼汤、蟹粉汤、炒蟹斑、汤蟹斑、鱼翅蟹粉、鱼翅肉丝、清汤鱼翅、烩鱼翅、黄焖鱼翅、拌鱼翅、炒鱼翅、烩鱼肚、烩海参、十景海参、蝴蝶海参、炒海参、拌海参、烩鸭掌、炒鸭掌、拌鸭掌、炒腰子、炒虾仁、炒腰虾、拆炖、炖吊子、黄菜、溜卜蛋、芙蓉蛋、金银蛋、蛋膏、烩口蘑、蘑菇汤、烩带丝、炒笋、莴肉、汤素、炒素、鸭腐、鸡粥、十锦豆腐、杏酪豆腐、炒肫干、炸肫干、烂煨脚鱼、出骨脚鱼、生爆脚鱼、炸面筋、拌胡菜、口蘑细汤。点心则有八宝饭、水饺子、烧卖、馒头、包子、清汤面、卤子面、清油饼、夹油饼、合子饼、葱花饼、馅儿饼、家常饼、荷叶饼、荷叶卷蒸、薄饼、片儿汤、饽饽、拉糕、扁豆糕、蜜橙糕、米丰糕、寿桃、韭合、春卷、油饺等，不可胜纪。盆碟则十二、十六之分，统谓之'围仙'，言其围于八仙桌上，故有是名也。其菜则有八盆四菜、四大八小、五菜、四荤八拆，以及五簋、六菜、八菜、十大碗之别。"

这份食单是苏州饮食史上的重要史料，它记录了嘉庆、道光年间苏州菜点的名目，虽然没有详细说明菜点的烹制方法，但大略也可领略滋味。从这份菜单里，可以看出北方菜肴占有很大比例，还属于满汉饮食风味相交融合的阶段，真正意义上的苏帮菜尚未脱颖而出。

名　菜

苏州名菜，不可指数，限于篇幅，只能略略举隅，并且仅是浮光掠影的浅浅记述，所谓聊窥一斑而已。

松鼠桂鱼,为松鹤楼名菜,相传乾隆帝弘历南巡,曾于店中得以品尝,龙颜大悦,于是得名。桂鱼也就是鳜鱼,张志和《渔父词》咏道:"西塞山前白鹭飞,桃花流水鳜鱼肥。青

松鼠桂鱼

箬笠,绿蓑衣,斜风细雨不须归。"每到春来,桃花水发,鳜鱼也就肥硕可食了。以鲜活鳜鱼精心烹制,保留头尾安好,在鱼身上剞菱状纹,经油炸后,鱼肉蓬松如毛,装入盆中,昂首翘尾,犹如金黄的松鼠,挂卤时且"嗤嗤"作声,仿佛松鼠吱叫。此菜外脆内嫩、甜酸适口、堪称色、香、味、形俱佳。

千层桂鱼,于20世纪40年代应市,原汁原味,咸中带鲜,深受食客青睐。千层者比喻层次之多,将鳜鱼及火腿、香菇、黄蛋糕等原辅料切片,间隔相叠,使具色彩、形状,且能入味。

煮糟青鱼。青鱼素称鱼中上品,与鳜鱼一样,肉质肥嫩,骨疏刺少,逢年过节,苏州人家都将它作为馈赠礼品。此为传

煮糟青鱼

统名菜,取香糟与青鱼同煮,并取火腿片、香菇片、笋片和菠菜等,出锅时将诸品铺放鱼段,具有糟香浓烈、入口鲜嫩的特点。

青鱼甩水。吴谚有"青鱼尾巴鲢鱼头",青鱼

尾肥腴肉嫩，尾鳍粘液更有滋味，是为青鱼最佳处，苏州人将鱼尾呼为"甩水"，故得此名。此菜将青鱼尾竖斩成带尾鳍的条状鱼块，加调料精烹而成，色呈酱红，咸中带甜，肉质肥嫩。旧时义昌福善烹此菜，素有名声。

五香熏青鱼。青鱼有乌青、血青之分，此菜以血青为之，加酱油、绍酒、桂皮、茴香、砂仁等腌渍，再入油锅中氽熟，加上卤汁及五香粉即成。具有色泽红褐、五香味美、咸中带甜、肉嫩鲜洁的特点，最宜下酒，也可作馈赠亲友的美食。袁枚《随园食单》有"鱼脯"一款，与此仿佛。

莼菜氽塘片。塘片即塘鳢鱼片，塘鳢鱼肉质细嫩，两颊有蚕豆瓣状面颊肉，取而炒之，称为"炒豆瓣"，旧时一盆百金。苏州的菜花塘鳢鱼为时令佳品，切去鱼头，批去骨刺，以鱼片入馔，莼菜无味，故需辅以猪油肉汤、火腿丝等。这是一道以清隽称胜的汤菜，莼菜碧绿，鱼片白嫩，羹汤清鲜，馀味无穷。

清汤鱼翅。鱼翅即鲨鱼鳍干，属八珍之一，一因物希为贵，二因加工复杂，有剪边、浸泡、焖制、褪沙、去腐肉、出骨等涨发工序，故属高档菜馔，上席益增其价。又因鱼翅本身无味，故须用其他辅料同烹。清汤鱼翅最有真味，鱼翅外，用熟火腿、新母鸡、青菜心、猪肥膘等，以汤清、味鲜、翅糯为特点。

糟溜鱼片，南北都有，北方用鲤鱼，苏州则用鳜鱼，王世襄《鱼我所欲也》写道："鲜鱼去骨切成分许厚片，淀粉蛋清浆好，温油拖过。勺内高汤对用香糟泡的酒烧开，加姜汁、精盐、白糖等佐料，下鱼片，勾湿淀粉，淋油使汤汁明亮，出勺倒在木耳垫底的汤盘里。鱼片洁白，木耳黝黑，汤汁晶莹，宛似初雪覆苍苔，淡雅之至。鳜鱼软滑，到口即融，香糟祛其腥而益其鲜，真堪称色、香、味三绝。"

鲃肺汤，为秋令
佳肴，鲃鱼头大尾细，
形如蝌蚪，也俗呼蝌
蚪鱼，当地人呼为斑
鱼，据说春秋时人会
客即有此鱼，有此一
款即为盛宴。木渎石

鲃肺汤

家饭店以烹调鲃肺汤著名，费孝通在《肺腑之味》里写道："斑
鱼原是太湖东岸乡间的家常下饭土肴，各家有各家的烹饪手
法，高下不一。大多也知道这鱼的鲜味出于肝脏，但一般总是
把整个鱼身一起烹煮。叙顺楼的主人却去杂存精，单取鱼肝
和鳍无骨的肉块，集中清煮成汤，因而鱼腥全失，鲜味加浓。
汤白纯清澈，另加少许火腿和青菜，红绿相映，更显得素朴洒
脱，有如略施粉黛的乡间少女。上口时，肝酥肉软，接舌而化，
毋庸细嚼。送以清汤，淳厚而滑，满嘴生香，不忍下咽。"鲃肺
汤以鲃鱼肝为原料，伴以蘑菇、鸡汁、南腿、菜心，肝色澄黄，菜
心碧绿，色泽悦目，汤味鲜美。故木渎人有"秋时享福吃斑肝"
之说。

带子盐水虾。青虾于端午节前后为盛产期，以太湖所出
为多，个大肉饱，有卵在腹外，当时令烹制，皆为水煮，以显其
清淡之致。因虾子本身别有鲜味，故水煮时，仅需加入葱、姜、
酒即可，以突出本味，诚乎是夏令佳肴。

碧螺虾仁，以太湖白壳虾和碧螺春茶精烹而成，具有浓郁
的苏州地方特色。白壳虾壳薄肉多，易挤虾仁，且肉质细嫩；

碧螺春叶瓣纤弱，茶味甘醇。此菜先用碧螺春泡茶，取茶汁作调料，烹调后以清溜虾仁装盘，取碧螺春茶叶点缀作盘边围饰，绿白相映成趣，别具清香风味。

碧螺虾仁

卷筒虾仁，于20世纪40年代应市，选料时用熟火腿、甜小酱瓜、甜嫩姜、香菇、鸡蛋等辅料，用猪油包裹，用花生油炸制，故而色泽金黄、外脆里嫩、肥而不腻、入口鲜香，为下酒上品。如果另备一碟甜面酱，蘸之以食，益臻其味。

翡翠虾斗，以整个青椒与河虾仁为主料烹制，青椒碧绿，近乎翡翠，故以名之。青椒宜用柿子椒，辣味较淡，适合吴人口味，且个大肉厚，宜于造型。此菜属派菜，每客一份，色泽上绿白相映，口味上青椒具脆性，虾仁则鲜嫩爽滑，以色、香、味、形完美结合见长。

孔雀虾蟹，以鲜活河虾仁和清水大闸蟹肉为原料，以孔雀为造型。烹制时用虾茸、蹄筋、鸡脯、香菇等辅料分别制成孔雀的头、冠、羽，这与用南瓜、萝卜等作雕镂不同，堪称是苏帮造型菜中的别裁。

三虾豆腐。三虾者，即虾仁、虾子、虾脑，以太湖白虾和近郊五龙桥清水大虾为佳，因为带子虾惟有端午节前后始有，故此菜具有时令。苏州的豆腐亦与他处不同，以白嫩腴美著称，据顾震涛《吴门表隐附集》称"豆腐，宋干将坊王福十创始"，想来大概就是淮安王刘安遗制的改进。做这道菜前,豆腐要略加造型,然后在豆腐上配上虾仁、虾子、虾脑及调料,放入砂锅,以旺火烧至汤稠,装盆后菜形美观,色呈棕黄,肥滑鲜美。旧时,以石家饭店烹制负有盛名,据说专请灵岩寺僧人加工豆腐,有金和尚者最为擅长,所制豆腐白净鲜嫩,滋味独特。

天下第一菜,即锅巴汤。历代传说很多,均属无稽之谈。以石家饭店最有特色,金黄松脆的锅巴,玉白鲜嫩的虾仁,红润酸甜的番茄,先将锅巴油炸后盛在荷叶汤盆内,再浇上虾仁、番茄做成的汤汁,锅巴遇热汤爆裂出声,此菜声悦耳,色醒目,香扑鼻,味可口,颇有食趣。

清蒸大闸蟹,烹制最为简单,将蟹洗净后,用席草或稻草将蟹的八腿两螯绕圈扎紧,放在锅内笼格上隔水清蒸,如此则蟹脚不会脱落,装盆完整,鲜味不失。

清蒸大闸蟹

吃蟹蘸食的作料,用生姜末、醋、糖、酱油拌和而成。

软煎蟹合,此为常熟山景园名厨创制,既省剥壳之烦,又增蟹肉滋味。烹法是先将整蟹煮熟,取其背壳为盒,剔出螯足间蟹肉和蟹黄,再佐以火腿末、姜末等,置于蟹盒内,覆上鸡蛋汁,入锅煎至结糊成软盖,即可上桌,色泽金亮透红,蟹粉格外鲜嫩,蘸食香醋姜丝,风味特佳。

响油鳝糊,苏州有"小暑黄鳝赛人参"之说,此菜亦以小暑为时令。烹法是将鳝丝用熟猪油炒熟,加高汤、调料,烧至汤汁收稠,再将淀粉等做成鳝糊,另用滚烫麻油一碗,同时上桌,将油浇在鳝糊上,有"噼叭"之声,再撒上胡椒粉。

刺毛鳝筒,宜用大黄鳝,活杀后,配以猪肉酱,卷曲成筒状,因为鳝肉上剞网眼花刀纹,如刺毛状,故以得名。

黄焖鳗,取河鳗,夏末秋初时为最佳,宜大锅焖制,小锅复烧。据《醇华馆饮食脞志》称以"城中松鹤楼最腴美"。它起锅装盘时,先放鳗段,再匀放笋片、木耳等,色泽棕黄,卤汁浓稠明亮,肉质细嫩,口味咸鲜中略微带甜。

甫里鸭羹,吴地多鸭,甫里鸭声名远播,典出陆龟蒙"能言鸭"故事。甫里鸭羹以煮熟之鸭,拆骨碎肉,与蹄筋、火腿、冬菇、鱼圆、干贝、虾米等置于砂锅,焐至酥烂,上席时撒上荠菜末,五色纷呈,浓肥鲜美。

早红橘酪鸡,早红橘为洞庭东山特产,甜中带酸,烹制此菜时,去皮去核去络,加作料制成糊状橘酪,选用稻熟上市当年新母鸡,先将整鸡油炸,呈橘黄色,然后加橘酪上笼焖焐,装盆时以橘瓣饰成花朵围边。

荷叶粉蒸鸡镶肉,由新聚丰名厨首创。吴俗素喜用荷叶包裹后蒸煮的佳肴很多,如叫化鸡、粉蒸肉、粉蒸鱼等。此菜以嫩母鸡肉、五花肋条肉,拌上炒粳米、茴香粉等,用鲜荷叶包裹后上笼蒸制,咸中带甜,松糯不粘,油润不腻,且渗入荷叶清香,素称夏令佳肴。

母油船鸭,由船菜演变而来,以新聚丰所制为佳。母油即头油,醇厚鲜美,尤以伏酱秋油为佳。选用太湖绵鸭,形大肥壮者,取整鸭配以猪脚爪、肥膘等,加母油焐煨而成。汤醇不浊,鸭酥脱骨,色浓味鲜。由于油层覆满汤面,看似不热,食时烫嘴,素以火候功夫到家著称,为秋冬佳肴。

八宝鸭　　　　　　熏整塘

美椒鳝背　　　　　　鲫鱼塞肉

常熟叫化鸡,传说故事颇多,都无可确考。同治二年(1863)常熟长华菜馆开业,名厨黄培璋将家厨叫化鸡加以改进,列入菜谱。光绪间又经名厨朱阿二改进调味配料及烹制方法,作为山景园的名菜,传名久远。《吴中食谱》记道:"有所谓叫化鸡者,以鸡满涂烂泥,酒及酱油自喉中下注,然后烯炭炙之,既熟略甩,泥即脱然,香拂箸指。相传此为丐者吃法,盖攘窃而来,急于膏吻,不暇讲烹调事也。常熟馆中有此馔,美其名曰'神仙'。前年阊门有琴川嵩犀楼,枉顾尝新者颇众,后以折阅而辍业,此味遂不得复尝矣。"所记制法或为想当然耳。叫化鸡当选用常熟特产三黄母鸡烹制,用鸡肫丁、火腿丁、精肉丁、香菇丁、大虾米等作配料,填塞鸡腹,以荷叶

叫化鸡

包裹鸡身,涂以酒坛封泥,入炉烤制。上席前脱泥解叶,其味独特,酥烂鲜嫩,香气四溢。

白汁元菜。河鳖也称团鱼、元鱼,苏人称为甲鱼,菜馆行话则呼元菜,甲鱼以春秋两季最为肥美,春天的菜花甲鱼,秋天的桂花甲鱼,都称佳品。此菜以活甲鱼宰后切块,与猪肥膘等入大锅煮焖酥烂,再以冬笋、山药、木耳等入锅复烹而成。此菜甲鱼肉酥,裙边透明,汁稠似胶,滋味淳厚。

西瓜童鸡,为夏季消暑妙品,以西瓜作盛器,蒸煮童子鸡

西瓜童鸡

而成。西瓜选用个头圆整、色泽绿莹、纹路清爽者,截瓜顶为盖,挖去瓜瓤,外皮镂雕花纹图案,或刻喜庆吉祥之语,将煮成八成熟的童鸡与火腿片、香菇、笋片等置瓜中,加作料调料,按下瓜盖,上笼

蒸煮即成,此菜造型别致,鸡嫩汤鲜,别具瓜香,可称集观赏和品尝于一体。

鸡油菜心。苏州四季皆有青菜,以小塘菜为最佳,菜心翠绿鲜嫩,且形状美观。此菜取整棵菜心,十字剖开,以火腿片为辅料,熟鸡油为调料,烹调而成,菜心完整,色泽油绿,嫩糯爽口,尤其宜于品尝荤腥之后,咀嚼菜心,滋味倍佳。

影　响

明清时期,苏州在全国的影响很大,特别是在北京,名为"苏州胡同"的地方就有好几处。这是因为当时苏州经济高度繁盛,商旅货物不断抵京,苏州的名声在都下家喻户晓。由于谋生者多,苏州会馆也多,据李若虹《朝市丛载》记载,北京有长元和会馆、长吴会馆、常昭会馆、昆新会馆、太仓会馆等。此外,各地举子来京会试,以江南人为多,其中不少是苏州人;各衙门的大小官吏,也以江南人为最多,就这样逐渐形成了一个以官僚为中心的社会阶层。邓云乡在《红楼风俗谭》里写道:"这个阶层讲吃、讲穿、讲第宅、讲园林、讲书画文玩、讲娱乐戏剧、岁时节令、看花饮酒、品茗弈棋,无一不以江南为尚。在这样的历史影响和延续下,江南风俗在北京就变成最高贵、最风雅、最时尚的了。"

即以饮食而言,明末时,苏州厨师已远赴北京主厨,为人所重,史玄《旧京遗事》记道:"京师筵席以苏州厨人包办为上,馀皆绍兴厨人,不及格也。"清乾隆时宫中御厨有张东官、赵玉贵、吴进朝等,弘历常吃他们做的菜。且说张东官,他是由长芦盐政西宁出重金礼聘自苏州。乾隆三十六年(1771)二月,弘历出巡山东,西宁进张东官进菜四品,其中一品是"冬笋炒鸡",很合弘历的口味,赏张东官一两重银锞两个,此后,弘历每进张东官所制小菜,就赏银二两,一直到三月底回京。乾隆四十三年(1778),弘历再次出巡盛京,传张东官随营做厨。七月二十二日张东官做了一品猪肉馅煎馄饨,晚上又做"鸡丝肉丝油煸白菜"、"燕窝肥鸡丝"、"猪肉馅煎黏团"等,极为称旨,赏银二两。之后,张东官做的菜进旨,有"豆豉炒豆腐"、"糖醋樱桃肉"及"苏造肉、苏造鸡、苏造肘子"等,这段时间,弘历时常赏赐,记载赏有"熏貂帽沿一副"、"小卷缎匹"、"大卷五丝缎匹",可见他对一个苏州厨子的礼遇。乾隆四十六年(1781)二月,张东官正式入宫当御厨,官居七品,《紫金城秘谈》记张东官最后一段:"乾隆四十八年正月初二晚膳,张东官做'燕窝脍五香鸭子热锅'一品、'燕窝肥鸡雏鸭鸡热锅'一品,尤称旨,屈指初承恩眷,至是匆匆十二年矣。"

至于在京中市间,苏州菜肴风行一时。潘荣陛《帝京岁时纪胜》的《皇都品汇》记有"苏脍南羹,玉山馆三鲜美";"香橼佛手橘橙柑,吴下泾阳字号"等。都人饮酒以洞庭春为尚,康熙时人周兹文《燕九竹枝词》咏道:"搜奇双足捷于轮,带得葫芦酒入唇。兴到只倾三两盏,当垆争买洞庭春。"泡茶之水,也仰慕苏州水质的甘洌醇厚,黄钊《帝京杂咏》咏道:"碧潭饮马想春流,甘井应难此地求。且向春坊求正字,为因泉味似苏州。"即使是水果,也以吴地所出为美,虽价高而不计,乾嘉时佚名者《燕台口号一百首》有咏道:"据钱小聚足盘桓,消暑还须点食单。水果不嫌南产贵,藕丝菱片拌冰盘。"以饭馆而言,推重苏馆,得硕亭《草珠一串》咏道:"苏松小馆亦堪夸,南式馄饨香片茶。可笑当垆皆少妇,馆名何事叫妈妈(宣武门外有妈妈馆)。"又咏道:"华筵南来盛当时,水爆清蒸作法奇。食物不时非古道,而今古道怎相宜。"吴思训《都门杂咏》也咏道:"水陆纷陈办咄嗟,南北庖丁尽易牙。底事老饕难下箸,偏夸异味在侬家。"至晚清时,北京苏馆甚多,如三胜馆,夏仁虎《旧京琐记》卷九记道:"南人固嗜饮食,打磨厂之口内有三胜馆者以吴菜著名。云有苏人吴润生阁读,善烹调,恒自执爨,于是所作之肴曰吴菜。余尝试,殊可口。庚子后,遂收歇矣。"还有一家义盛居,崇彝《道咸以来朝野杂记》记道:"义盛居者,在宣武门外达智桥口内,南省京官多饮于此,盖南味也。以四喜大丸子出名,其他清蒸类亦佳,鱼类亦佳。此肆名不甚彰,非普遍于众口者,亦广和居之比也。先君与李莼客在户部日,尝集于此,盖在同治末光绪初也。"至于点心铺,徐凌霄《旧都百话》记道:"旧都的点心铺,明明是老北京的登州馆,要挂'姑苏'二字。"陈莲痕《京华春梦录》也记道:"都门操糕饼蜜饯业者,以'稻香村'三字标其肆名,几似山阴道上之应接不暇。"晚清时前门外大栅栏东口路北的滋兰斋,以经营南点心著名。民国时期,北京主要有两家经营南味的大店,一家是城东的稻香春,一家是城西的桂香村。稻香春在东安市场北门路西,糕点四季迭出,花式众多,由于油糖重,放十几天也不会干,苏式的就有烧蛋糕饼、蒸蛋糕饼、肉松饼、萝卜丝饼、鲜肉饺、炸花边饺、水晶绿豆糕等;还聘来上海陆稿荐技师,专门制作苏州的酱鸭、酱鸡、酱汁肉、熏鱼、熏肉等,顾客争相购买,在商市上有很好的声誉。桂香村在西单北大街白庙胡同,自制糕点有梅

清水绿豆糕

葱油饼

枣泥拉糕

鸳鸯方酥

花蛋糕、方蛋糕、卷蛋糕、桃酥、猪油夹沙蛋糕、蒸蛋糕、杏仁酥、袜底酥、椒盐三角酥、太师饼、云片糕、桃片糕、枣泥麻饼、五香麻糕、椒盐烘糕、定胜糕、汪绿豆糕、眉毛肉饺、苏式月饼、鲜花玫瑰饼、龙凤喜饼、重阳花糕、鲜花藤箩饼以及各种南糖，其中苏式月饼有枣泥、豆沙、玫瑰、干菜、葱油等馅；逢年过节还自制年糕、元宵、粽子等，年糕有猪油玫瑰年糕、桂花白糖年糕，元宵有白糖、豆沙、桂花、黑麻等馅，粽子则有枣泥、豆沙、咸肉、火腿等馅。自制的南糖有寸金糖、麻酥糖、豆酥糖、浇切麻片、花生糖、粽子糖、松子糖、芝麻皮糖、桂花皮糖等，还自制各种瓜子、熏青豆、五香花生米、椒盐核桃、琥珀桃仁等。自制的熟食有酱汁肉、熏鱼、酱鸡、糟鸭、肉松、风鸡、笋豆、五香豆腐干、兰花豆腐干等。桂香村经销的苏州蜜饯有金橘饼、陈皮、话梅、五香橄榄等，深受顾客青睐。

至于上海，道光二十三年(1843)开埠后，由荒凉偏僻的滨海小县迅速成为繁华的十里洋场，尽管华洋杂处，五方辐辏，但苏州饮食仍有相当市场。黄式权《淞南梦影录》卷三称"苏馆则以聚丰园为最"；海天烟瘴曼恨生的《沪游梦影记录》更有详记，写道："上下楼室各数十，其中为正厅，两旁为书厅、厢房，规模宏敞，装饰精雅，书画联匾，冠冕堂皇。有喜庆事，于此折笺召客，肆筵设席，海错山珍，咄嗟立办。门前悬灯结彩，鼓乐迎送，听客所为。其寻常便酌一席者，则以花鸟屏花隔之，左肴右馔，色色精美。上灯以后，饮客偕来，履舄纷纭，觥筹交错，繁弦急管，馀音绕梁，几有酒如池肉如林，蒸腾成霮之象。虽门首肩舆层累迭积，而邀客招妓之红笺使者犹络绎于道，其盛可知矣。"此外，苏馆还有孙山馆、状元楼，洛如花馆主人《春申浦竹枝词》咏道："愿郎莫赴孙山馆，愿郎早赴状元楼。状头他日能如愿，金花也得插侬头。"又有姑苏糖食店，颐安主人《沪江商业市景词》咏道："姑苏糖食各般陈，糕饼多嵌百果仁。蜜饯驰名成十景，天府贡品竞尝新。"另外，街头小吃也都具苏州风味，蒋通夫《上海城隍庙竹枝词》咏道："葱油面与蛋煎饼，常熟吴阊各一邦。手段高低吾未判，但求不碎善撑腔。"

其他地方也有专营苏州食品的店肆。如扬州便有苏式小饮，李斗《扬州画舫录》卷十五记道："苏式小饮食肆在炮石桥路南，门面三楹，中藏小屋三楹，于梅花中开向南窗，以看隔江山。旁有子舍十馀间，清洁有致。"又金长福《海陵竹枝词》咏道："茶棚精雅客频邀，嫩叶旗枪味自超。闲坐雨轩留小啜，芝麻卷子又斜糕。"小注写道："茶社之名，雨轩最古。近有南京馆、京江馆、苏馆、扬馆、泰馆之分。肉面、馄饨可补《梦华录》所未及。"杭州的情形也是如此,清末时佚名者撰《杭俗怡情碎锦》,专记当时杭州岁时风俗物产,其中记有苏州店,"酱肉,肘子。稿荐,草席也,以草席办薪煮狗肉的名店,有'陆稿荐'者,一如'赖汤圆'、'麻婆豆腐'等。酱鸭、鸡、肠肚,各式酱货";又记有苏州点心店,"黏团,火腿肉馅、细沙白糖、粗粉黄白锭式糕";又有苏式茶食店,"颐香斋,各样茶食:猪油黏糕、桂花黏糕。夏则松粉方糕,冬有条头糕、黄白黏糕、块楂糕等类"。并记道:"近时苏人在市口开设馄饨、肉馒首、烫面饺、烧买。"

由此也可见得苏州饮食在其他地方的影响。

食　家

苏州历史上,老饕颇多,有案可稽的,实在也不可胜数,且举几位。一位是明常熟人陈某,陆容《菽园杂记》卷十四记道:"陈某者,常熟涂松人,家颇饶,然夸奢无节,每设广席,殽饤如鸡鹅之类,每一人前必欲具头尾。尝泊舟苏城沙盆潭,买蟹作蟹螯汤,以螯小不堪,尽弃之水。"还有一位是清吴县人陆锡畴,《清稗类钞》记道:"吴人陆荼坞,名锡畴,水木明瑟园之主人也。性嗜客,豪于饮,尤讲求食经。吴中故以饮馔夸四方,其父砚北已盛有名,至荼坞而益上。他处有宴会,膳夫闻座中有荼坞,辄失魄,以其少可多否也。其家居,无日不召客,一登席,则穷昼继夜不厌。"又有清昆山人徐乾学,官至刑部尚书,钱泳《履园丛话》卷一记道:"玉峰徐大司寇乾学,善饮啖,每早入朝,食实心馒头五十、黄雀五十、鸡子五十、酒十壶,可以竟日不饥。"

还有不少老饕，不但善吃知味，并有所著述，这是值得一谈的。

郑虎臣名景行，以字行，南宋吴县人，居鹤舞桥东，府第甚盛，号"郑半州"。相传德祐元年（1275）即是由他监押贾似道，杀之于漳州木棉庵。郑虎臣性甚豪侈，极意奉养，著有《集珍日用》一卷，多谈饮食之事，惜已久佚。苏州市楼多供奉他的画像，以为厨神之一。

韩奕字公望，号蒙斋，元末明初吴县人，居乐桥，好游览山水，博学工诗，精医理而不仕。他的饮食著述传有《易牙遗意》两卷，《四库全书总目》谱录类存目著录，称"旧本题元韩奕撰"，记道："此编仿古《食经》之遗，上卷为酿造、脯鲊、蔬菜三类，下卷为笼造、炉造、糕饼、汤饼、斋食、果食、诸汤、诸药八类。周履靖校刊，称为当时豪家所珍。考奕与王宾、王履齐名，明初称吴中三高士，未必营心刀俎若此，或好事者伪撰，托名于奕。周氏《夷门广牍》、胡氏《格致丛书》、曹氏《学海类编》所载古书，十有九伪，大抵不足据也。"考核《易牙遗意》，其内容大多摘自吴氏《中馈录》和高濂《遵生八笺·饮馔服食笺》。

顾元庆字大有，明长洲黄埭人，所居称顾家青山，在阳山大石东麓，故又称大石山房，藏书万卷，从中选精善之本刻印，且撰著颇丰，有关饮食的，有《茶谱》、《云林遗事》等，《云林遗事》多记倪瓒故事，《洁癖》有一则记道："同郡有富室，池馆芙蓉盛开，邀云林饮，庖人出馔，拂衣起，不可止。主人惊愕，叩其所以，曰庖人多髯，髯多者不洁，吾何留焉。坐客相顾哄堂。"《饮食》记有蜜酿蜻蜓、煮蟹、黄雀馒头、雪庵菜、熟灌藕、莲花茶、糟馒头、煮决明八种烹饪之法，多吴下风味，所记具体详细，如"黄雀馒头法，用黄雀以脑及翅，葱椒盐同剁碎，酿腹中，以发酵面裹之，作小长条，两头令平圆，上笼蒸之，或蒸后如糟馒头法糟过，香油炸之，尤妙"。

吴禄字子学，号宾竹，明吴江人，县医学候补训科，著有《食品集》两集又附录一卷，有嘉靖三十五年（1556）刻本。上集记有谷部三十七种，果部五十八种，菜部九十五种，兽部三十三种；下集记有禽部三十三种，虫鱼部六十一种。附录十八则，多摘自前人著述，标目为五味所补、五味所商、五味所走、五脏所禁、五脏所忌、五脏所宜、五谷以养、五果以助、五畜以益、五菜以充、食物相相、服物忌食、妊娠忌食、诸兽毒、诸鸟毒、诸鱼毒、诸果毒、解诸毒。

陈鉴字子明，南越人，流寓苏州，著有《虎丘茶经注补》一卷，又《江南鱼鲜品》一卷，均收入《檀几丛书》。前者记述虎丘茶掌故；后者记述吴中鱼类，包括品名、形体、性味等，属皆可入馔者，列举者有鲥鱼、刀鲚、鲤鱼、鲩鱼、青鱼、鲈鱼、菜花小鲈鱼、鳜鱼、白鱼、鳊鱼、鲟鼻鱼、鳢鱼、鲖鱼、玉筋鱼、鲫鱼、面条鱼、黄鳝、黄鱼等。

尤侗字同人，更字

《檀几丛书》本（《虎丘茶经注补》书影）

展成,号艮斋,晚号西堂老人,清长洲人,著述富赡,极负文名。关于饮食之文,著名者有《豆腐戒》和《簋贰约》,均收入《檀几丛书》。《簋贰约》实为一篇家庭待客饮馔的简约,提出只宜两簋足矣,"如此者,简而雅,易而安,可以数,可以久"。两簋即为"一肉一鱼,或参鸡鸭,加一汤,虾蛤之类可以下饭,他如燕窝海参难得之物,不必设也",还述及所定蔬果、小鲜、汤点、糕饼、旨酒、筵席、食客之数,甚至时间也作规定,"辰集酉散,不卜其夜"。用具则"皆用陶瓦,勿用金银犀玉之物",对仆人"给以腐饭,或用便舆,犒以酒钱"。全文仅三百馀字,也可窥见清初士大夫所向往的饮食风尚。

吴林字息园,清长洲人,著有《吴蕈谱》,收入《赐砚堂丛书》和《昭代丛书》。小序写道:"凡蕈有名色可认者采之,无名

《昭代丛书》本 （《吴蕈谱》书影）

者弃之，此虽一乡之物，而四方贤达之士，宦游流寓于吴山者，当知此谱而采之，勿轻食也。"共记苏州西郊山中野生蕈二十六种，分上、中、下三品，另列不可食的毒蕈，以便识辨。谱后附录《斫蕈诗》四首，咏道："老翁雨过手提筐，侵晓山南斫蕈忙。敢为家人充口腹，卖钱端为了官粮。""梅花水发接桃花，又动南山霹雳车。春熟却教无麦种，松间剩有菌如麻。""松花着处菌花生，雨后岩前采几茎。分付山妻好珍重，姜芽篱笋共为羹。""看他车马踏京尘，博得邯郸一欠伸。争似平生钼菜手，栽花拾菌过残春。"诗后注道："康熙癸亥岁，一春风雨，菜麦尽烂，种子无粒，是年产蕈极多，若松花飘坠，着处成菌。"这也是苏州饮食史上的一条掌故。

褚人获字学稼、稼轩，号石农，别署没世农夫，清长洲人。少而好学，至老弥笃。饮食著作有《续蟹谱》一卷，小序写道："予性嗜蟹，读傅肱《蟹谱》，未免朵颐，既作蟹卦，复隶蟹事，以补傅谱之所未备，名曰《续蟹谱》。"共得四十条，又增补两条。

李公耳，民国时常熟人，著有《家庭食谱》，上海中华书局民国六年（1917）初版。自序称"言虽俚俗，切近事实，妪媪稚女，皆可通晓"。全书分十类，依次为点心、荤菜、素菜、盐货、糟货、酱货、熏货、糖货、酒、果，共介绍二百二十八种食品，每种又分材料、器具、制法、注意四项论述，其烹饪用料和方法，具有吴中家庭特点。李公耳还著有《西餐烹饪秘诀》，上海世界书局民国十一年（1922）初版，介绍西方诸国日常烹饪诸品。

时希圣，民国时常熟人，作《家庭食谱》之续编，先后三册。《家庭食谱续编》，上海中华书局民国十二年（1923）初版，体例按李著，共介绍二百零五种食品，风味以常熟地方家庭食品为主,还述及辣油、笋油、小磨麻油、砂糖、白糖、冰糖等作料的制作方法。《家庭食谱三编》,上海中华书局民国十四年(1925)初版,共介绍二百二十五种食品,其中有些并非当时一般家庭可以制作,还述及啤酒、香槟酒等西方输入的饮料,介绍制法,都不正确,或为想当然耳。《家庭食谱四编》,上海中华书局民国十五年(1926)初版,自序称"本书半由编者心得,半由经验家口述,兼参照务家专书而成","以备一般新家庭之应用",共介绍三百六十四种食品,其中点心类多采入西式,如香蕉布丁、西米布丁、德国土斯、白塔蛋糕、芥伦子蛋糕等,也非为一般家庭可以制作。时希圣还著有《素食谱》,所述分冷盆、热炒、小汤、大汤、点心五辑,每辑介绍五十种食品。

小　食　琐　碎

　　北方人讲究实惠,苏州人则讲究精细,小食点心,无不做得异乎寻常的精美,所谓"少吃多滋味",让食客永远存着一点对美食的回味。周作人在《北京的茶食》里说得特别清楚:"我们于日用必需的东西以外,必须还有一点无用的游戏与享乐,生活才觉得有意思。我们看夕阳,看秋河,看花,听雨,闻香,喝不求解渴的酒,吃不求饱的点心,都是生活上必要的——虽然是无用的装点,而且是愈精炼愈好。"最有典型性,并且最普遍而常见的小食,便是苏州的小馄饨和豆腐花。小馄饨盛在白瓷的尖底浅碗里,数量不会太多,清澈的汤里漂浮着几只兰花似的馄饨,半透明的皮子薄如蝉翼,中间透出一点粉红色,汤面上洒一层橘红色的虾子,其色泽和形态,使人食欲大动,津津有味地吃完,意犹未尽。再如豆腐花,主料就是未经滤水的嫩豆腐,用一把浅得像一张圆铜片似的勺,撇上两片嫩豆腐,放入滚开的汤中烫一下,连汤带豆腐盛入浅碗里,几粒虾米,几丝肉松,几根榨菜,几滴辣油,实在轻柔得很,说是吃了,实际并没有吃到什么,说是没吃,却品尝到了美味。确乎苏州的小吃,并不在于果腹,而在于品尝。当年黄天源的鲜肉汤团,被人赞赏的,并不是它的味美肉大,而是皮薄汤多,这就是苏州小吃的精髓,评弹艺人蒋月泉在书坛上对此有过生动的描述。

小食、点心、茶食、茶点诸多名目,大概也不能细分。吴曾《能改斋漫录》卷二记道:"世俗例以早晨小食为点心,自唐时已有此语。

苏式糕团

按:唐郑傪为江淮留后,家人备夫人晨馔,夫人顾其弟曰:'治妆未毕,我未及餐,尔且点心。'其弟举瓯已罄,俄而女仆请饭库钥匙,备夫人点心,傪诟曰:'适已给了,何得又请。'云云。"小食一词,或还更早,王楙《野客丛书》卷三十记道:"或谓小食亦罕知其出处,仆谓见《昭明太子传》曰:'京师谷贵,改常馔为小食。'小食之名本此。"至于茶食,洪皓《松漠纪闻》卷上记道:"金国旧俗多指腹为婚姻,既长。虽贵贱殊隔亦不可渝。婚纳币皆先期拜门,戚属偕行,以酒馔往,少者十馀车,多至十陪,饮客佳酒则以金银𤭖贮之,其次以瓦𤭖列于前,以百数,宾退则分饷焉。男女异行而坐,先以乌金银杯酌饮(贫者以木),酒三行进大软脂、小软脂(如中国寒具)、蜜糕(以松实、胡桃肉渍蜜和糯粉为之,形或方或圆,或为柿蒂花大,略类涮中宝塔糕),人一盘,曰茶食。"可见所谓小食、点心、茶食、茶点等,无非是正餐之外的享用，有的虽然也可以作为正餐的一品，但其意义，主要还属于消闲的零食。

　　苏州点心茶食坊肆极多，至南宋，有雪糕桥、沙糕桥、水团巷、豆粉巷等地名，可见都为同业集中之地。顾震涛《吴门表隐附集》记述了咸丰、道光年间的名品，"业有招牌著名者"有"悦来斋茶食"、"安雅堂酏酪"、"有益斋藕粉"、"紫阳馆茶干"、"茂芳轩面饼"、"方大房羊脯"等，"业有地名著名者"有"鼓楼坊馄饨"、"南马路桥馒头"、"周哑子巷饼饺"、"小邾弄内钉头糕"、"善耕桥铁豆"、"马医科烧饼"、"锦驾桥汤团"、"甪直水绿豆糕"等，"业有混名著名者"有"野荸荠饼饺"、"曹箍桶芋艿"等，时过境迁，这许多名目如今已无从稽索了，但它提供了一份当年苏州点心茶食的实录，故不啻是珍贵的文献。至民国

街头小吃摊（摄于1915年前）

时,陆鸿宾《旅苏必读》
记道:"点心店凡四种,
如面店、炒面店、馄饨
店、糕团店。面店则有
鱼面、肉面、虾仁面、火
鸡面;炒面店则有炒
面、炒糕,看夜戏回栈,
尚可喊唤来栈;馄饨店
则有馄饨水饺、烧卖、

苏式小吃

汤包、汤团、春卷;糕团店则有圆子、元宵、年糕、团子、绿豆汤、
百合汤。"以糕团店为例,时有黄天源、颜聚福、乐万兴、谢福
源、柳德兴五户,颇有名气,民间有"黄颜乐谢夹一柳"和"四根
庭柱一正梁"之说。苏城内外,遍布大大小小的点心茶食坊
肆,虽然是街市上的寻常风景,却有不寻常的意味。周作人在
《苏州的回忆》里写道:"在小街上见到一爿糕店,这在家乡极
是平常,但北方绝无这些糕类,好些年前在《卖糖》这一篇小文
中附带说及,很表现出一种乡愁来,现在却忽然遇见,怎能不
感到喜悦呢。只可惜匆匆走过,未及细看这柜台上蒸笼里所
放着的是什么糕点,自然更不能够买了来尝了。不过就只是
这样看一眼走过了,也已很是愉快,后来不久在城里几处地
方,虽然不是这店里所做,好的糕饼也吃到好些,可以算是满
意了。"这样的心情,实在也表现出一种悠远而深刻的思乡
之情。

点心茶食,除坊肆零卖之外,玄妙观中为最多,《清嘉录》
卷一称"观内无市鬻之舍,支布幕为庐,晨集暮散。所鬻多糖

玄妙观里吃食最多(摄于1920年前)

果小吃,琐碎玩具,间及什物而已,而橄榄尤为聚处";"茶坊酒肆及小食店,门市如云";"托盘供买食品者,亦所在成市"。那些小吃有荤素、甜咸、干湿、冷热之不同,随四季变换。其品种繁多,有鸡鸭血汤、荤素线粉汤、桂花莲子汤、绿豆汤、桂花糖芋艿、藕粉圆子、酒酿圆子、千张包子、虾肉馄饨、赤豆糖粥、牛肉汤、甜咸豆浆、汤面、炒面、梅花糕、海棠糕、扁豆糕、八宝饭、粽子、生煎馒头、油煎包子、油汆紧酵、小笼馒头、锅贴、春卷、油饼、蟹壳黄、糖油山芋、五香茶叶蛋、面筋塞肉、糖炒栗子、铜锅菱、酱螺蛳、焐酥豆、粢饭团等等。特别是民国元年(1912)弥罗宝阁火毁后,废墟上竟成为小吃摊的世界。茶馆里也有点心供应,如吴苑茶馆有丁金龙饼摊,鸭蛋桥长安茶馆边有王承业王云记饼店,所制生煎馒头、蟹壳黄、盘香饼、

蟹壳黄

火腿粽子、夹沙粽子等脍炙人口。还有便是在澡堂里,旧时苏州闲人多,有句俗话说"早上皮包水,午后水包皮",也就是说,上午孵在茶馆里吃茶,下午孵在混堂里溺浴。溺浴活络了浑身筋骨,十分轻松,但也有点累,甚至感到有点饥饿,混堂里就能吃到各种小吃,一是小贩进来兜卖,二是吩咐伙计去叫来,顷刻之间,像生煎馒头、蟹壳黄、盖浇面、鲜肉汤团、加水潜鸡蛋的馄饨,就出现在你的榻旁茶几上了。

至于在家中待客,落座后先是进茶,然后进茶点,茶点大都放在果盆里,果盆有玻璃高脚的,有银制高脚的,尤有旧制,普通人家则用瓷碟,还有用果盘,俗呼为九子盘或七子盘,九子盘就是其中有九样茶点,七子便是七样,讲究的果盘用红木制成,或者就是嵌银镶螺的扬州漆器,形状有方有圆,也有瓜果形的,以方形红木果盘来说,掀开盒盖,盘架上正中一方瓷碟,四环绕六只或八只略小的瓷碟,瓷碟都飞金沿边,并精绘山水花鸟仕女,风格浑然为一套,颇有观赏价值。《浮生六记》里芸娘为沈三白盛放下酒菜的梅花盒,用的就是果盒。20世纪20年代以后,苏州的采芝斋、叶受和、稻香村等店家,卖茶食时兼带果盘,即将几样茶食放在果盘里出售,这种果盘用裱花硬板纸做成,上面的盒盖镶嵌玻璃,因其价廉物美,特别适宜作为访客的礼品,一时有相当销路。

糕　　点

苏式月饼,在烤制酥皮类糕点中堪称精品,历史也颇为悠久,据说始于唐而盛于宋。苏轼官江浙,特别喜欢酥甜点心,有诗称"小饼如嚼月,中有酥和饴"。和其他地方一样,苏式月饼向为中秋节物,其工艺有独到之处,形制或如满月,或如平鼓,金黄油润,香酥蜜甜,皮层酥松,酥层清晰不乱,馅心无水,久储则嘉味不变。其花色品种繁多,以口味分为甜咸两种,以制法分为烤烙两种。甜月饼以烤为主,品种有大荤、小荤、特大、大素、小素、圈饼等,其味分玫瑰、百果、椒盐、豆沙四色四品,还有黑麻、薄荷、干菜、枣泥、金腿等。另有所谓宫饼和幢饼,幢饼者叠饼为幢也,有五只、七只、九只、十只为一幢,取石幢之义,都为单数。咸月饼以烙为主,品种有火腿猪油、香葱猪油、鲜肉、虾仁等,其味各有千秋。苏式月饼的精品有清水玫瑰、精制百果、白麻椒盐、夹沙猪油等。月饼皮酥用小麦粉,荤的用熟猪油,素的用植物油。甜的馅料有松子仁、瓜子仁、核桃仁、芝麻仁、青梅干、玫瑰花、桂花、糖渍橙丁、赤豆等;咸的馅料有火腿、猪板油、猪腿肉、虾仁、香葱等,都肥而不腻。苏式月饼,苏州各处都有,顾震涛《吴门表隐附集》有"黄埭月饼"之记,城中则以稻香村所制为最佳,也最有影响。乡镇所制也自有特色,如光绪《周庄镇志》便记道:"月饼,油多而松,糖亦洁白,不亚于芦墟者,惟近年夹沙馅中多用洋糖,为嫌耳。"另如光绪《黎里续志》也记道:"月饼随处都有,出黎里陆氏生禄斋者,制配精而蒸煎得法,驰名远省,都下名公有从轮舶寄购者。"李堂《寿朋侄惠黎里月饼》诗曰:"人来禊湖曲,路遇竹林贤。匆促苞苴寄,寒温书札芟。松疑冰解冻,圆似镜开函。相对楼头月,思余老更馋。"

枣泥麻饼,可称烤制浆皮类糕点的代表之作,也是苏式糕点的传统品种。相传隋唐时由京师传入苏州,经不断变化改进,成为风味独特的一方名品。它采用白砂糖、饴糖、鸡蛋、猪油、小麦粉和油制作皮面,以枣泥、松仁、胡桃仁等为馅料,双面沾铺芝麻,精心焙烤,芝麻粒粒饱满,枣泥细腻醇

枣泥麻饼

郁,松仁肥嫩清香,玫瑰芬芳扑鼻,具有色香兼顾、形味并重的特色。枣泥麻饼有荤素两种,都香甜可口。苏州所出,有稻香村松子枣泥麻饼、木渎枣泥麻饼、相城麻饼、苏州梅园三色大麻饼等,其配料、工艺、规格、风味各尽其妙,品种有松子枣泥、松桃枣泥、松子枣泥豆沙、枣泥猪油、玫瑰猪油、百果猪油等。稻香村所出,色泽金黄,表面油亮,周边腰箍微裂,滋味纯正,肥甜适口,且有麻香、枣香和松仁之香,堪称色、香、味、形俱佳。木渎所出,形制精美,香而不焦,甜而不腻,油而不溢,吃口松脆,先后以费萃泰、乾生元两家所制最为著名,凡游山入湖,途经木渎,必买几筒枣泥麻饼归去,作为土宜,馈赠亲友。金孟远《吴门新竹枝》咏道:"春来一别几回肠,遗尔琼瑶湘竹筐。今日张盘无别物,枣泥麻饼脆松糖。"小注写道:"苏俗,亲戚间久缺音问者,每遣娘姨(女仆,吴语谓之娘姨)送时新礼物数式,储竹篮中,名曰张盘,以吴语称探望曰张也。"相城所出,以老大房历史最为悠久,迄今已有九十年,选用黑枣、松仁、赤豆、板油、桂花、白糖、白麻为原料,外形圆整,皮薄松脆,馅多味美,清香可口,如果从中间切开,五个层次分明,各具色泽。

炸食，稻香村传统名品之一，以小麦粉、白糖、鸡蛋等调制面团，模印后入锅油汆，使之成金黄色后起锅。炸食造型繁多，小巧精致，松酥香甜，深受食客青睐。

酒酿饼，即以酒酿作饼，不仅可口，且兼具药性，能活血行经，散肿消结。旧时苏州以同万兴、野荸荠所制最为有名，其次是稻香村，品质柔软，颇耐咀嚼。酒酿饼品种有溲糖、包馅和荤素之分，包馅又有玫瑰、豆沙、薄荷诸品。酒酿饼以热吃为佳，甜肥软韧，油润晶亮，各式不同，故滋味也分明。苏式糕点有春饼、夏糕、秋酥、冬糖的大约时序，酒酿饼即是春天上市的美食。

米风糕，又名米枫糕、碗枫糕，是以甜酒酿发酵而成的米粉制品，采用粳米粉、小麦粉、白糖、甜酒酿、松子仁、熟猪油等为原料。旧时苏州以周万兴、同万兴、同森泰所出为有名，有松子米风糕、红枣米风糕等，色泽白净，柔绵软糯，可堪咀嚼。

太师饼，太仓地方特产之一，形圆而薄，两面芝麻，油酥重，馅心软，馅心用白糖、椒盐、香葱等，吃起来香甜酥肥。相传万历时王锡爵官至丞相，告老还乡，人称王太师，而邻人某君幼时与王锡爵稔熟，正经营一家号为鸿发的糕饼小肆，生意清淡，王便买了些鸿发所制的小饼，凡来客拜望，便以此为饷，结果鸿发的生意便蒸蒸日上，人们便称这小饼为太师饼。

方脆饼和竹爿糕，也为太仓地方特产。清末民初时，崇明人蒋云卿在璜泾小石桥东首开设蒋天茂号糕饼坊，为适应老人孩子爱好松脆干点的要求，创制方脆饼，饼形长方，两面沾白芝麻，油酥轻薄如纸，层层折叠，故又称经折饼。其制法有独到之处，将面团擀薄后，折叠再擀，然后在木炭炉中壁贴烘烤,出炉后并不应市,而把它放在箩内,利用炉内馀热再烘烤一夜,故就特别松脆。竹片糕以面粉、白糖、猪油、鸡蛋、糖桂花拌和,做成状如竹片的小糕,入炉烘烤,色泽金黄,鲜香松脆。

盘香饼,常熟地方特产之一,得名甚久,民国初年,以石梅新梅林茶馆内的沈兴记馒饼店所出为有名,故以石梅盘香饼为号召。相传盘香饼是由烧饼改制,用面粉糅白糖、板油等擀为长条,另取玫瑰、香葱、椒盐、百果诸馅中之一品,再盘转为饼状,饼面刷饴糖水,沾白芝麻,入饼炉中以文火烘至熟,状如盘香,色泽黄霜,出炉装盒,外香里酥,糖甜油润,趁热食之,最为可口。唯亭也有盘香饼,取意略有不同,道光《元和唯亭志》称其是"脂油和糖一并数盘"。

云片糕,因其形狭长如带,其色洁白如玉,也称为玉带糕。旧时苏州有三层玉带糕,袁枚《随园食单》记道:"三层玉带糕,以纯糯米粉作糕,分作三层,一层粉,一层脂油、白糖,夹好蒸之,蒸熟切开,苏州人法也。"晚近以来,云片糕以糯米粉、白砂糖、胡桃仁为原料,素以松脆可口、香甜不腻、风味独特而受到人们喜爱。云片糕制作甚精,关键有炒米、蒸煮、刀切三节,炒米使之色白,蒸煮使之松脆,刀切则使之精细美观也。据说云片糕长八寸,要切八十多刀,一片片既薄又匀,不断不散。沈云《盛泽竹枝词》咏道:"薄于蝉翼雪云糕,争说饼师手段高。斤运成风丝不起,祖传惟有许湾刀。"小注写道:"云片糕一名雪片糕,处处有之,惟切糕之刀皆制于许家湾。相传湾前之水用以锻炼,刀锋犀利而糕不起丝云。"周庄店肆所制云片糕独擅胜场,为当地民间茶食之一品。

四色片糕,为苏州传统糕点,色泽美观,两边呈本色,中间分别为红、黄、绿、白四色,有四种不同滋味,故称四色片糕。红的为玫瑰片,黄的为松花片,绿的为苔菜片,另外还有椒盐片,中为黑色,有甜中带咸之味,实际为五色,但仍习称四色片糕。四色片糕由云片糕演变而来,先是软片糕,后为便于存放,改为烘片糕。四色片糕除吃口香脆、风味不同外,还有一定的食疗功效,玫瑰片能利气行血、散淤止痛,松花片能养血祛风、益气平肝,苔菜片能清热解毒、软坚散结,杏仁片能滋养缓和、止咳停喘。话虽如此说,但它的食疗功效是很浅微的。

五香麻糕,以白芝麻、核桃仁、炒糯米粉、白糖等为原料,以文火炖糕,静置过夜,刀切后再文火烘烤,趁热整理包装。它片形小巧,色泽浅黄,松脆可口,能增进食欲。旧时,稻香村经销的五香麻糕最为有名。

椒盐桃片,为烘糕型代表品种,旧时以太仓鼎顺祥所出为最佳。它以黑芝麻、核桃仁、糯米粉为主要原料,糕面乌黑,两边呈黄白色,镶嵌核桃仁,则为淡黄色,糕片平正,厚薄均匀,香脆爽口,甜中带咸,有核桃和芝麻之味。

八珍糕,苏式糕点中有名的食疗之品,稻香村所制采用民间验方,经叶天士审定,用意颇为审慎,选用怀山药、白扁豆、南芡实、砂仁、党参等,故具有健脾运胃的功效,可以肥儿,可治疳积,可供调养,通辅兼顾,为儿童的强身食品。八珍糕制作,选用晚稻粳米,焙炒碾粉,和以白糖、素油,且以八味中药为辅料,辅料由国药店精研成粉末,与主料混合,制糕用模印,再进行烘烤。

蜜糕,稻香村名品之一,相传乾隆帝弘历南巡时曾尝得,

食之不忘，下谕稻香村定做。稻香村饼师将糯米粉、白糖、蜜糖拌和糅透，再加入松子仁、核桃仁、瓜子仁、桂花、玫瑰花，做成的蜜

苏式糕点

糕色如白玉，镶嵌果仁，柔软甜香，可称糕中异品。于是呈送宫中，弘历大加赞赏，御赐一葫芦形招幌，上书"稻香村"三字，稻香村名声益彰。晚近以来，苏州蜜糕品种增多，有百果蜜糕、清水蜜糕、喜庆蜜糕等。喜庆蜜糕色泽玫红，长方条形，彩盒包装，糕面或盒面上覆盖着印有"喜庆蜜糕"和"百年好合"字样的红纸，作为苏州喜庆人家必备的喜糕，故也称为和合糕。旧时稻香村、叶受和、赵天禄等店家承接订货，送糕上门，并现场开切、称量、包装。

绿豆糕，为清凉消暑的夏令佳品，端午节前后应市，有荤素两类，味分玫瑰、枣泥、豆沙等，糕形小巧油润，内嵌馅心，印纹清晰，故显得特别精致，似乎特别适宜小家碧玉女子作为茶点小食。甪直所出绿豆糕，乾隆《吴郡甫里志》称为"里中佳制"。

杏仁酥，属烤制油酥类糕点的代表，相传唐宋时苏州糕点中已有此品。旧时制糕时在糕面中间镶嵌一颗杏仁，故称杏仁酥。杏仁酥有大有小，有荤油有素油，无论荤素，都用小麦粉、鸡蛋及白玉扁甜杏仁等作主辅料，用文火烘烤，待糕面自然开花后出炉。它的色泽金黄，花纹自然，吃口香酥松甜，且价格便宜，可放十多天而滋味不变，故深受食客欢迎。

松子酥,也是苏式糕点中的传统名种,据说已有两百多年的产销历史,常年应市,造型美观,中心露出玫瑰红馅子,饼面曲线条纹,橙黄色彩鲜艳,象征吉祥如意。色泽橙黄,面底一致,外形圆整,微孔均匀,松酥爽口,滋味纯正。

袜底酥,为昆山陈墓传统糕点,相传本为宫中小食,南宋时传入当地。旧时织袜,以硬衬为底,此饼仿佛,故以名之。小小酥饼,一层层薄如蝉翼,吃口清香松脆,因有椒盐,故甜中带咸,是人们喜爱的传统茶食。袜底酥精选配料,做工考究,用油酥和面时,要反复糅五六次至完全均匀为止,这样烘制出来的袜底酥才一层层薄得透明,馅心制作更是精细,如椒盐的盐要在镬里煨熟,再用擀面杖擀得极细,小葱要捣成碎末,这样酥饼才不穿孔、不露馅。又有"三分料,七分烤"之说,烤制时炉火不能太旺,并要不时翻动,直到酥饼呈鲜亮光泽,散发出清香时才出炉。袜底酥本称为显饼,乾隆《陈墓镇志》记道:"显饼,以面擦入荤素油,装入椒盐,熬盘炙熟,两面有芝麻,此系朱显章始置制,故名。"这应当是它的旧制。陈墓还有一种特产,称为到口酥,《陈墓镇志》记道:"到口酥,以面入荤素油、胡桃肉炙熟。"今已不得其详。

芙蓉酥,浒墅关下塘北街味香村创制,时在 20 世纪 30 年代。芙蓉酥为时令性糕点,每年九月至来年三月上市。制法是取上好糯粉,和入白糖制成条糕,入荤油锅氽,加糖浆制成酥块,上面缀以棉白糖、玫瑰花、木樨花、猪油块等,色泽白中略显金黄,其味香甜沁人,且吃口松脆。芙蓉酥既为浒墅关所出,附近的望亭、东桥、通安也都至味香村进货。

小方酥,为吴江传统糕点之一,已有近三百年产销历史,相传最早为芦墟开罗斋所制,传入京城,人们不详其名,见其形如官印,便称为"一颗印",由是闻名。小方酥以糯米粉、麦芽粉为原料,辅以芝麻、白糖、糖桂花等,肥而不腻,松香脆甜,入口而化,馀意无穷,最为老人孩子所喜爱。

东坡酥,也为吴江传统糕点,以莘塔所产为最著名。东坡酥之名得之于苏轼,但无文献可以征引。其属米粉制品,辅以绵白糖、猪油、玫瑰、桂花、芝麻等,为方形小糕,极薄,但分三色,每块糕上模压花卉图案,还有文字,如"进京贡品"、"福禄寿鼎"等,出售以盒装,每盒二十四块,分两层,上一层十二块均为"进京贡品",下一层十二块为"福禄寿鼎"及花卉图案。东坡酥的特点是糕小色美,味香而甘,入口酥化,齿颊留芳。

糖枣,为昆山陆家浜地方特产,旧时农历八月十七龙王生日那天,陆家浜都要举行庙会,四邻八乡的男女老少都要到龙王庙进香,热闹非凡,所在成市,糖枣就是在那些糖果摊上出现的小食品,以后传播至江浙沪各地,享有盛名。糖枣大小形制如红枣,用糯米粉拌麦芽糖入油锅炸余,再用白糖渍桂花拌制而成,也称之为油梗,又名为金果,类乎枇杷梗,又不完全相同,具有甜而不腻、松而不粘、香脆有回味的特点,男女老少皆喜食之,轻轻咀嚼,满嘴桂花香味。

麻雀蛋,为太仓双凤地方特产,以其状呈椭圆形且色白,形如雀蛋,因而得名。麻雀蛋始创于晚清,距今已有百年以上的历史,它以精白面粉和白砂糖为原料,加工炒焙而成,外敷桂花,故有香甜松脆、落地而碎的特点。相传麻雀蛋曾进呈宫中,为慈禧太后赏识。

枇杷梗,因形似枇杷果实之梗,故得其名,是冬春时的极佳茶点。它用糯米粉、白砂糖、棉白糖、饴糖等为原料,调制成形后油炸,再上浆、拌糖,以形制一致,中不透油者为上。其特点是色泽金黄,外敷白糖,内孔多汁,入口香脆,遇水松酥,为老幼皆宜的吃食。

鲜肉饺,也称文饺、眉毛饺,包馅卷边,长条形状,两端略狭,形似眉毛,是茶食点心的常见之品,是在苏式月饼基础上发展起来的,反映出苏式糕点酥皮点心制作的高超技艺。鲜肉饺以鲜肉为馅,故以热吃为佳。旧时以野荸荠所出最为著名,香酥味嫩,鲜美可口。唯亭所出者称为金饺,乾隆《元和唯亭志》称"金姓做者,故名,不减于郡中野荸荠"。

酥糖,为苏州传统名品,是熟粉制品包屑折叠类的代表。它以用油不同,分荤素两种,品种有玫瑰白麻酥糖、椒盐黑麻酥糖、玫瑰猪油酥糖、椒盐猪油酥糖等,夏天还有饴糖坯的夏酥糖。旧时以稻香村所制酥糖最为有名,皮薄屑重,罗纹密细,凤眼心形,四小块为一小包。凡旅苏游人都要买些,作为土宜,馈赠亲友。

米花糖,为苏州民间传统糕点,色泽洁白,质地疏松,香甜松脆,不油腻,不沾牙,入口而化,且价格低廉,尤得老人孩子喜欢。其品种亦多,有沙炒、爆米花、油氽等,从色香味各方面来看,以油氽者为佳。太仓鼎顺祥所出米花糖用料讲究,技艺独特,米用常熟"统扁"糯米,油用太仓璜泾"大花脸"猪油,再加上广东白糖、苏州桂花,故远近闻名。

巧果,起源于民间,后由茶食店制售。旧时农历七月初七,苏州风俗家家吃巧果、巧酥,故为地方节令食品。巧果用小麦粉、绵白糖、饴糖、芝麻仁、嫩豆腐等调制面团,然后压成极薄状,横向整齐折叠,纵向开切成形,入油锅炸余。其特点是金黄色彩,黑麻镶嵌,薄松香脆,甜中带咸,每年农历四月初十后上市,七月初十后渐渐从坊肆间消失。

粢饭糕,虽说各处都有,然以常熟梅李陈日升茶食店所制最为佳妙。相传起盛于道光年间,配料十分讲究,在磨细的米粉中搀入赤砂糖,拌入松仁、青丁、橘皮、桂花等作料,有搓拌、上黄、划糕、蒸糕、倒正、开糕、烘糕等工序。因其价廉物美,受到食客青睐。制作粢饭糕时,坯料发酵要足,炉火要旺,但又不能烧焦。这样烘制出来的干糕,甜香松脆,色泽焦黄,仿佛饭粢,故以得名。

糕 团

大方糕,旧时为桂香村特产,时令极强,清明上市,端午落市。其品种有甜咸之分,甜者有玫瑰、百果、薄荷、豆沙四色,咸者则为鲜肉馅,甜者以色之不同,分别辅以松子仁、瓜子仁、核桃仁、青梅

方 糕

干、糖桂花、糖渍板油等;咸者也略加白砂糖。大方糕出笼即应市,皮薄馅重,表面洁白,内馅透明,花纹清晰。

葱猪油咸糕,又名脂油糕,早在清代已有,袁枚《随园食

单》记道："脂油糕，用纯糯粉拌脂油，加冰糖捶碎，入粉中，蒸好用刀切开。"然晚近则以咸味者为上。它常年应市，几乎处处都有。居人将它作早点尤实惠，既可独吃，佐以清茶，也能和大饼油条夹

苏式糕团

了一起吃，如和南瓜同煮，咸中有甜，清香肥糯，别具风味。此糕色泽莹润如玉，白绿相映，入口葱香满口，香咸肥糯，旧时现切现卖，后改切块上市。

桂花糖年糕，为春节传统食品，分红糖、白糖两种，红糖者加赤砂糖，白糖者加白砂糖，色不相同，然形制都如薄砖。糖年糕吃法颇多，可蒸可煮，可煎可烤。蒸了吃，只需将年糕切片后置于碗中，隔水蒸软后即可，为防黏碗，可将饼干屑或面包屑垫底；煮了吃，就是做成汤年糕，还可将糯粉小圆子同煮，盛入碗中，再加绵白糖；煎了吃，将年糕片放入菜油锅里，煎至起泡回软即可，另用小碟盛绵白糖，蘸食最妙；烤了吃，就直接将年糕片置铁钎或火钳上，搁火上烤软，具有独特之味，惟容易焦枯，故烤时不得分神。

猪油年糕，也为传统春节食品，以纯糯米粉制之，加较多板油丁而成，可分玫瑰、薄荷、桂花、枣泥四味，分别呈红、绿、白、褐四色，合装一盒，最为惹眼，为节日里馈赠亲友的佳品。

松糕，因色泽嫩黄，又称黄松糕，为最常见的苏式糕点。

吴江盛泽所出松糕颇有盛名,英国人呤利在咸丰九年(1859)秋去盛泽采办蚕丝,在那里吃到了松糕,留下深刻印象,他在《太平天国革命亲历记》中特记一笔:"我特别记住了盛泽,因为我在这里吃到了中国最美味的松糕。"松糕的主要原料是米粉,粳糯相合,以糯为主,求粗不求细,蒸制时,拌以赤糖,加糖腌猪油和胡桃肉,中夹赤豆沙,讲究一点的,糕面还嵌以松仁、瓜子仁、玫瑰花、桂花及红绿丝等,放入方形蒸笼内,用大火蒸,出笼时,软糯宜人,香甜可口,如放在通风罩篮里,多日不变质,可随蒸随吃。李渔《闲情偶寄》卷五称"糕贵乎松,饼利于薄",此即能得松糕佳味。

豇豆糕,以面粉、豇豆为原料,加赤砂糖、糖桂花、薄荷末等制成,其味独绝,为苏州糕团中绝无仅有。

油氽团,也称油墩,始产于吴江黎里,市上有售,家中也可自制。制油墩,需选用精细糯米粉,加水糅捏至韧而不散,然后搓成圆形,包入馅子,用滚油氽制即成,馅子常见有豆沙馅、全肉馅,考究一点的还用猪油、白糖、松子、桂花等调制而成,色泽金黄,外脆内糯,香味沁脾,鲜肉馅者含卤汁,为秋季大快朵颐之物。

粢毛团,为苏州冬令名点,制作时粉团外黏以糯米,蒸熟后米粒饱满,状如芒刺,故吴人称为刺毛团,分甜咸两种,甜者以豆沙作馅,咸者用鲜肉作馅。

精致的点心

炒肉团，为苏州夏令名点，用熟白粉加炒肉馅，炒肉馅以鲜肉为主，辅有虾仁、扁尖、金针菜、木耳等，中有卤汁，外形似小笼包子，现制现售。

糟团，以横泾所出最为有名。据说糟团始制于光绪三十一年（1905），时有女名邱三伯者经营小吃，生意不景气，就改制甜食糟团，加赤砂糖、蜜猪油、新上市的香糯、新摘下的桂花，故香味浓郁，应市的那天，正好吹北风，香味传至近处的义春园书场，听客循香味而来，纷纷解囊，吃后赞不绝口，从此邱家糟团远近闻名。

青团子，在江浙间流行久远，袁枚《随园食单》称"捣青草为汁，和粉作粉团，色如碧玉"。此青草各地取用不同，或用艾叶，或用菜叶，而昆山正仪所出用一种名为浆麦草的野草，相传晚清时里

青团子

人赵慧发现并用之于制团，至今已有一百多年的制销历史。正仪青团子葱绿似碧玉，油亮似翡翠，清香扑鼻，能存放七天，不破不裂不硬不变色，也属绝技。正仪有一家文魁斋以青团子著名，选用上白软糯米，馅心有百果、豆沙，并嵌入水晶般猪油一小方，吃时满口清香。

汤团，也即北方所称之汤圆，以水磨粉为之，袁枚《随园食单》称为"水粉汤圆"，曰："用水粉和作汤圆，滑腻异常，中用松仁、核桃、猪油、糖作馅，或嫩肉去筋丝捶烂，加葱末、秋油作馅

亦可。"苏州汤团沿用传统之法,馅心有鲜肉、虾仁、豆沙、玫瑰等。又有一碗之中甜咸皆备的五色汤团,旧时以玄妙观小有天所制为有名,五色者,即一客五只,分别用鲜肉、猪油豆沙、芝麻、玫瑰、百果五种馅心做成,吃一客可尝到五种不同美味。至深秋时节,店肆又有桂花汤水圆应市,为时令佳品。

　　闵饼,为吴江同里特产名品。嘉庆《同里志》记道:"闵饼,一名苎头饼,一名芽谷饼,在漆字圩,出闵氏一家,筛串精而蒸煎得法,为同川独步,著名远近,已有百馀年,康熙初年、乾隆十二年县志载入有此苎头饼之名。"其实苎头饼久已有名,沈周便有《苎头饼》咏之,诗曰:"**蒜**萌方长折,作饵糈相仍。香剂圆从范,青膏软出蒸。女红虚郑缟,士宴夺唐绫。我有伤生感,临餐独不胜。"《吴郡岁华纪丽》卷四记道:"麦芽饼色碧,用青苎头捣烂,和麦芽面、糯米粉。糅蒸成饼,以豆沙脂油作馅,甜软甘松,实山厨之珍味。新夏,人家争以携馈亲友。田妇亦以之饁饷亚旅,为耕锄之小食,亦谓之苎头饼。同里镇闵姓善制此饼,他处莫及,俗称闵饼。"闵饼的配料和蒸制方法有独到之处,秘不外传,而选用上等糯米粉和闵饼草嫩叶,则众所周知。所谓闵饼草,就是一种野生白苎,叶圆形,面青背白,中医称之为"天青地白草",可以入药的。闵饼以豆沙、桃仁、松子仁、糖猪油作馅心,为扁圆形,黛青色,光亮细洁,入口清香滑糯,油而不腻。民国十七年(1928)前后,同里人曾合资在上海三马路开设大富贵闵饼公司,受到普遍欢迎。

　　麦芽塔饼,类乎苎头饼,惟当油煎,吴江、昆山、太仓等地都有。皱叟《盛泽食品竹枝词》咏道:"节令时逢食品多,饼师手段竟如何。南郊今日方迎夏,粉饵和同新麦搓。"说的就是麦芽塔饼,也称麦芽塌饼或立夏塌饼。苏曼殊游吴江,特别喜欢吃,范烟桥《茶烟歇》记道:"麦芽塔饼他处不解为何物,盖吴江民间之自制食品也。以麦芽与苎(俗称草头)捣烂为饼,中实豆沙,杂以枣泥脂油,其味绝美,既无馉饤之病,又少胶牙之患。常人能下三四枚,已称健胃,而苏和尚能下二十枚,奇矣。所谓塔饼也者,言可以叠置而不粘合也。春日田家有事于东畴,每制之以饷佣工。童时观春台戏,吃麦芽塔饼,拉田氓话鬼,承平之乐,不知世变为何事。今伏莽遍地,农村荒落,不敢再作此想矣。"做麦芽塔饼,正是桃花流水鳜鱼肥的时候,先将苎草也称将军头草的汁榨出,和在大麦粉和米粉里,馅用的是细豆沙和桂花白糖渍过的猪油丁,大小仿佛青团子而扁,做好后放在油镬里煎,煎得两面焦黄即可,吃起来又甜又糯,清香四溢,难怪曼殊和尚口馋如此也。

闵糕,即吴江平望所产薄荷糕。道光《平望志》记道:"薄荷糕以粳米水浸数日,碓粉和白糖入甑,甑底用薄荷,同蒸熟,亦能耐久,闵姓造者佳。又有杨姓者,乾隆乙酉年高宗纯皇帝南巡,浙江巡抚熊学鹏曾备以充御膳,熊为书'雪糕'二字赠杨。"关于闵糕,还有一段故事,《平望志》记道:"嘉禾张生苕堂至平望,市闵糕一甑,馈龙泓丁徵君,徵君以奉母,作歌略曰:'闵姓名糕深雪色,到眼团团秋半月。张生携馈登我堂,径尺浅浅疏筠筐。镜花绎纸相掩映,招人榜子看几行。兰馀斋专殊胜寺,久专此斋别无房。慈眼倚桯见莞尔,婆娑鹤发神扬扬。淡然无味天人粮,黄庭有语义允臧。老人食之寿而康,感生之馈足慨慷。揽笔作歌嗟学荒,独立矫首风吹裳。'逸人录歌一通,付市寿梓,今市闵糕者,人人得读徵君歌矣。"这也是久远的事了,"招人榜子"者,即广告也。

饼 摊(摄于 1936 年前)

斗糕,原料是粗磨米粉,馅心有白糖豆沙、玫瑰糖浆、薄荷糖浆等,很受顾客欢迎。朱大黑《斗糕大王王巧生外传》记抗战前后富仁坊西口斗糕大王的制作:"斗糕大王工作有序,台面干干净净,动作利索,竹匾里盛粉,蚌壳爿就是量具和工具。只见他在斗糕模子里垫一片打了几个小洞的铜皮,再用蚌壳爿匀上些米粉作垫底,然后用刮刀把馅刮进模子,再用米粉垫满、刮平,就可蒸煮了。蒸糕的壶只有壶口,没有壶嘴,把模子往口上一放,蒸气从下而上,就起到蒸煮的作用。模子上可以再叠模子,能放三四层,只要不停地翻换,斗糕自能蒸熟。待到香气四溢,把模子里的糕反拍在白毛巾上,用粽箬衬着,送到顾客手里,一个个欢天喜地地捧着斗糕走了。"

粢饭团,旧时以糯米饭包着玫瑰、薄荷、白糖,近则包以油条、白糖,苏州人时常将粢饭团当做早点。吴江盛泽风俗,重阳日家家以糯米、赤豆、枣子做饭,两碗合叠,滚成高圆形,称为粢团饭,与市井常见的粢饭团有所差别,蚍叟《盛泽食品竹枝词》咏道:"并非梦得怕题糕,记取重阳节又遭。饭滚粢团和赤豆,欢呼今日去登高。"

海棠糕,状如海棠花瓣,故以得名。此糕由来已久,咸丰时已脍炙人口,潜庵《苏台竹枝词》咏道:"绣带盈盈隔座香,新裁谜语费商量。海棠饼好侬亲裹,寄与郎知侬断肠。"民国时,海棠糕以玄妙观内赵永昌小摊为有名,用铁制模型烘翻出来,嵌入几块猪油,抹上一层糖油,既香又甜,引人入胜。

梅花糕,制法同海棠糕,海棠糕为甜点,梅花糕有甜有咸,甜的是豆沙馅,上面撒些红绿丝;咸的是鲜肉馅,然其形状上大下小,与梅花并无相似之处。

景德路城隍庙前的小吃摊(摄于1944年前)

油氽萝卜丝饼,街头巷尾都有,旧时讲究的还在饼中放一只大鲜虾,经油氽后,饼鲜黄,虾鲜红,滋味更佳。

千层饼,大饼店或小食摊有卖,先将捏好的面团擀成阔带状,再将用盐拌好的胡葱大把地摊在上面,然后卷好捏拢放入油镬去氽,要氽得微焦黄褐色时捞起。外面的皮脆而香,里面的胡葱更散发出诱人的浓香，这是巧用胡葱的例子。千层饼要趁热吃，稍迟了，滋味就大减了。

盘笼糕，为吴江盛泽传统名点，有百年以上历史，《申报》曾撰文介绍，饮誉沪上，畅销苏嘉湖，创始人金顺观，有"金顺记"市招。制法是用铜皮将蒸笼分隔内、中、外三圈，精白糯米粉里拌入白糖、猪油、红绿丝等，浅浅装满蒸笼，上灶以大火蒸透，揭开笼盖，甜香扑鼻，因出笼形圆如盘，便以盘笼糕名之。当年盛泽丝号、绸庄、牙行鳞次栉比，商船塞满市河，往来上海的客商都要买点盘笼糕，作为馈赠礼品。

橙糕，为常熟地方特产，晚清时尚流行，相传翁同龢曾带入京中供光绪帝品尝。橙糕用新鲜橙橘为原料，加蜜饯、冰糖，精制而成，外观有橘红、橙黄两色，香味醇厚，入口而化，食后齿颊留香，经久不散，并有平肝、理气、开胃、健脾的功效。

定胜糕，旧时盛泽风俗，亲戚往来，都以糕点相馈，女子缔姻称为受茶，例以定胜糕用红绿色题吉祥语于其上，送往男家。沈云《盛湖竹枝词》："粆粗帐惶送劳，四时熟食亦堪豪。东邻有女茶新受，红绿忙题定胜糕。"

拖炉饼，以张家港杨舍所出最为知名，至今已有一百六十多年

苏式糕团

历史,拖炉饼烘烤需要用两只炉子,下为底炉,上为顶炉,两炉同时加热,并以顶炉的热量将饼吊熟,颇有顶炉拖底炉之意,故有拖炉饼之称。拖炉饼以上白面粉为原料,辅以白砂糖、净板油、荠菜、芝麻、桂花等,口味油而不腻,甜而不粘,清香可口,外形饱满,色泽金黄,酥层清晰。

此外,有水方糕,为旧时周庄地方特产,光绪《周庄镇志》称"以糖果脂油作馅,蒸熟出售,松软胜于他处"。又有软香糕,清时苏州著名糕团,袁枚《随园食单》记道:"软香糕,以苏州都林桥为第一;其次虎丘糕,西施家为第二;南京南门外报恩寺则第三矣。"岁月茫茫,今其形制、滋味已无可想象矣。

糖　果

粽子糖,为苏式糖果名品,因形似粽子而得名。粽子糖由谢家糖演变而来,顾震涛《吴门表隐》卷三称"谢家糖在洙泗巷口,明末谢云山创始"。粽子糖品种可分三味三色,玫瑰红色,薄荷绿色,纯糖本色,因其价廉物美,大街小巷处处有售。但滋味很有差别,以采芝斋所制历史最久,品质最好,故也最受青睐。据说采芝斋发迹与粽子糖很有关系,光绪年间,苏州名医曹沧洲应召入宫,带了些礼品,其中便有粽子糖一款,慈禧尝得后,赞不绝口,当即降旨,将采芝斋的粽子糖列为贡品,于是名声遍及

名医曹沧洲

朝野，成为非常时髦的糖食了。采芝斋的粽子糖很有特点，菱角分明，色泽鲜明，甜而不腻，化而不粘，甘美清香，滋润口舌；更有一种松仁粽子糖，如松香琥珀，油黄闪亮，吃起来油润甘香，别有风味，不仅有"甜头"，而且有"香头"。

梅酱糖，由粽子糖发展而成，也为四角粽子状，晶亮金黄色，开口露馅，甜中带酸，且有玫瑰、桂花香味。旧时玄妙观东脚门口有一家一枝香，出品精良，所制梅酱糖、麦精糖独出冠时，儿童买之，含饴为乐。梅酱糖后由采芝斋改进为薄皮多馅，并将梅子肉改为黄熟梅子泥，使其色、香、味形更佳。

脆松糖，因其形条状，长方扁平，也称为脆松糕，已有百年以上制销历史。脆松糖用白砂糖、饴糖、松子仁为原料，其中松子仁颗粒大而肥嫩，在糖中占很大部分，故而特别松脆。以采芝斋所出为最佳。《吴中食谱》称"脆松糖无胶牙之苦，有芳颊之美"。

脆糖球，为采芝斋所出，以核桃仁、白砂糖、饴糖、干玫瑰花等为原料，色泽金黄透明，形制自然美观，吃口松脆香甜，且富有营养，具有一定食疗功效。

松仁软糖，花色品种

五香百果梅比梅出现天
凤凉玫瑰
百果制高饷食之熏有芝
蔴香梅枝
有鉂延膝博搭酡牌尤糖
嬴速应戒
兒童切其去抽糖父母頭
常厭當來

營業寫真（四十六）

賣五香百果梅（梅）

卖五香百果糖(选自《营业写真》)

较多,有本色、双色、三色、楂精、桂圆、黑枣、玫瑰、桂花等。它选用肥嫩硕大的松子仁,还分别选配山楂肉、桂圆肉、黑枣肉、玫瑰花、桂花等,不但有松仁的脂香,还有桂圆或黑枣的醇香,玫瑰或桂花的芳香,甚至还有山楂的微酸。松仁软糖为采芝斋所创,以色泽鲜明、食不粘牙、肥润柔软、馀香萦口著名。

松子桂圆糖,乌黑光亮,外粘白糖,有松仁脂香,有桂圆醇香,香甜软糯,肥美可口,还具有一定的食疗功效,能开胃益脾、补心长智、安神补血。

轻糖松仁,为采芝斋所出,它以肥嫩、粒大、白净的松子仁为基本原料,拌上薄薄三层白糖,其色洁白,微有光亮,颗粒大小均匀,互不粘连,吃口清香甜美,风味隽永。与轻糖松仁相似的,还有一种轻糖桃仁,惟改松子仁为核桃仁,故其色洁白之中有点点小红,甜脆肥润,香松可口。

贝母糖,贝母属百合科多年生草本,中医用为止咳化痰、清热散结之药。采芝斋用贝母制糖,诚然为食疗名品。贝母糖是在梨膏糖的基础上改制的。旧时太监弄口有一家文魁斋,专卖梨膏糖,名闻遐迩。因梨膏糖为小方形,也称为方糖,采芝斋所制,便有种种名色,有白色的贝母糖、红色的玫瑰糖、黄色的桂花糖、绿色的薄荷糖、棕色的桂圆糖及橙黄色的橘子糖,花色多样,色彩鲜艳,既香又甜。

松子南枣糖,又名南枣子糕、南枣脯,实为软糖,采芝斋、文魁斋都有制售,具有较悠久的历史。它选用上等特大南枣和肥嫩硕大的松子仁,有的再嵌入花生米、核桃仁等,加绵白糖蒸制而成,甜肥软糯,醇香浓郁,营养丰富,尤为老年人喜爱。

芝麻葱管糖,为苏州饴糖中的传统名品,旧时以同森泰所制为有名。它是从民间自制糖果中演变而来,糖皮以饴糖为原料,包裹绵白糖、芝麻等。乾隆《陈墓镇志》称"以手炼之,洁白如霜,曰葱管糖";《苏州府志》也有"出常熟直塘市有葱管糖"之记,可见在城乡间极为普遍。后又在芝麻葱管糖的基础上改制豆沙猪油摘包,风味更佳。苏州的芝麻葱管糖,有玫瑰、薄荷、桂花、椒盐诸品,外沾饱满白麻,内裹细松麻馅,糖皮薄而馅料足,色泽鲜艳,口味迥异,酥松香甜兼顾。

皮糖,分为芝麻薄皮糖、松仁厚皮糖两种。芝麻薄皮糖以芝麻、砂糖、淀粉为原料,制作时拉成薄薄的糖皮,两面沾上均匀的芝麻,席卷成短段卷子状,吃口香而柔糯、肥而甘润。松仁厚皮糖以芝麻、松子仁、砂糖、淀粉为原料,经熬制成形,制成狭长小条,圈成三层的长形卷状,晶莹光亮,富有营养。

乌梅糖,也称乌梅饼,选用乌梅泥、绵白糖、山楂炭、玫瑰花为原料,经捣烂,印板成形而成,为一种银圆大小的扁圆印花糖,上下黑白分明,表层印纹清晰,上面覆有鲜红玫瑰花瓣,口味甜中带酸,食用清爽可口,已有百年以上历史,为夏令消暑的佳品。据《武林旧事》记载,南宋时已有乌梅糖,苏州的乌梅糖或许就是它的遗制。乌梅糖具有解热止渴、驱蛔清肠、退热抑菌、化食消积等食疗功效。

果酥,苏州特产名品,莲影在《苏州之茶食店》里写道:"糖果类中,又有所谓'果酥'者,系用炒熟落花生和以白糖,入臼研之,气香而味厚,且花生内含蛋白质及油分甚多,故可以健身,可以润肠,凡于大便艰涩者食之,其效力甚大,胜食香蕉也。其品初著名于宫巷颜家巷口之惠凌村,而碧凤坊巷西口之杏花村,实驾而上之,盖惠凌村之果酥,质粗糙而甜分少,杏花村之果酥,质细腻而甜分多,甲乙之判,即在于是矣。"

此外,太仓有寸糖、玉露霜,宣统《太仓州志》记道:"寸糖,出沙溪肆者佳。玉露霜,取木瓜根,磨细澄粉,和薄荷糖霜蒸之,清芬可口。"

蜜　饯

苏州蜜饯久负盛名,顾震涛《吴门表隐附集》称"业有混名著名者"有"小枣子橄榄"、"家堂里花生"、"小青龙蜜饯"等,这是道光初年的事。至同治年间,虽有糖果公所之设,但经营者屈指可数。光绪末年,苏州仅有朱祥泰、益昌尧、张祥丰、张长丰四家,以后其他都倒闭,惟有张祥丰一家,几乎垄断苏州蜜饯业,其间虽有成记、豫成丰、泰丰洽、张永丰等店家,但规模远不能和张祥丰相比。从民国初年至抗战前,苏式蜜饯遍及江南四乡集镇,行销各大城市,花式品种繁多,鼎盛一时。苏州蜜饯有丁香果、金橘饼、九制陈皮、青梅、话梅、大福果、金丝蜜枣等。蜜饯自然也是茶食的一种,有的具有一定的药用功效,然而并非是药,只能算是一点小小的意思而已。

张祥丰蜜饯做的
"五福盘寿"商标

九制陈皮,又称青盐陈皮,制销历史悠久,顾禄《桐桥倚棹录》卷十记道:"陈皮以虎丘宋公祠为著名。先止山塘宋文杰公祠制卖,今忠烈公祠及文恪公祠皆有陈皮、半夏招牌。制法既同,价亦无异。朱昆玉《咏吴中食物》诗云:'酸甜滋味自分明,橘瓣刚来新会城。等是韩康笼内物,戈家半夏许齐名。(吴郡戈氏制半夏,为时所尚。)'"实质橘皮也未必全从广东新会运来,苏州陈皮都取西山蟹橙之皮,也由来已久,想来当时洋货已大量输入,广东地方得风气之先,故而标榜以广货,也算异味,这在近世的消费心态变化里,也略略可以见得。取橙皮经九道工序而成,故称九制,成品呈橙黄色,片薄匀称,质地韧糯,味咸、甜、香、酸兼有,缓缓品食,津液徐来,具有解渴生津、理气开胃的功效。

糖渍青梅,苏州光福、西山梅林最盛,所产青梅松脆清酸,食之颇有回甘。小满前后,果农就摘青梅子,挑大者倒入缸中浴果,加入少量细盐,一昼夜后,即用铜针在每只梅子上刺八九针,然后用白糖腌制,每百斤梅子要用白糖八九十斤,半个月后,缸里泛起腌梅卤,吸入卤汁的梅子青绿发亮,三个月后,就可出品,色泽青润,甜中带酸,嫩脆爽口,健脾开胃。雕梅是苏式蜜饯中的珍品,也就是糖渍青梅的工艺化制作,将青梅用刀划十三刀六环,去核后糖渍,顺着刀纹拉开,环环相扣,形似花篮,玲珑剔透,在青翠之中镶嵌一颗红樱桃,鲜艳夺目,不啻筵席上的佳丽。

话梅,源于广东,抗战前传入苏州,为适应苏州人口味,改制为苏式话梅。选用芒种

梅 子

后采摘的黄熟梅子,俗呼黄梅,洗净后入缸用盐水浸泡,月馀取出晒干,晒干后用清水漂洗,再晒干,然后用糖料泡腌,再取出晒干,如此反复多次,人称"十蒸九晒,数月一梅"。出品时肉厚干脆、甜酸适度,可保存数年而不变质。话梅能生津缓渴,从"望梅止渴"的典故,便可知其功效了。苏州的话梅,酸甜咸香浑为一体,酸中有甜,甜中发咸,咸中带香,慢嚼细品,既能开胃,又能调味,也属茶食的佳品。

苏橘饼,相传清代曾进入宫廷,故也有贡饼之称。它精选东山料红橘,划纹烫漂,榨汁去核,然后反复糖渍而成,果形完整,饼身干爽,表面有结晶糖霜,但仍保持橘红颜色,橘香浓郁,鲜洁爽口,除佐食小吃之外,也作月饼、糕点之馅。

金橘饼,俗呼奎金饼,为金柑的糖制品。金柑果实较小,与柑橘不同,皮肉都可口,上好的金橘无酸味,陆游《杂咏园中果子》一首咏道:"不酸金橘种初成,无核枇杷接亦生。珍产已从幽圃得,浊醪仍就小槽倾。"金橘饼形态细巧似菊花,色泽金黄,饼身干爽,饼质滋润,甘甜爽口,具有开胃健脾的功效。

金丝蜜枣,约两百年前产于安徽歙县,后传入苏州,经改造而自成一格。顾震涛《吴门表隐》称"白露酥,枣之美者,出东山",白露酥即白蒲枣,每年八月成熟,果皮薄而光洁,肌质较松,味淡,苏式金丝蜜枣便取料于此。其色如琥珀,长扁圆形,枣身干爽,表面纹丝均匀整齐,宛如金丝,并泛有白色糖霜,故俗呼泛砂蜜枣,入口酥松甜糯。金丝蜜枣中的上品称为天香枣,枣形饱满肥大,伴有百果异香,做法是将白蒲枣加工后,剔去枣核,填入百果馅心,有瓜子仁、核桃仁、青黄丁、松子仁、冬瓜糖、糖桂花等,然后用糖液封口进行焙烤。

糖佛手,为雕花糖渍蜜饯,实则用胡萝卜为原料,色泽金黄透亮,形似纤纤素手,故以得名。糖佛手质地柔糯,食之清甜鲜洁,具有胡萝卜特有的芳香,可作为佐食小吃,也可作筵席的点缀。

橙皮脯,为苏式青盐蜜饯,用秋末时苏州所产香橙为原料,加白砂糖蜜渍,晒干后剪成方形薄小块,再用绵白糖拌和即成,吃口清香可口,能增进食欲、顺气止咳、健胃化痰。

白糖杨梅干,选用西山杨梅,剔选个大而均匀者,用白砂糖精工蜜渍,再用绵白糖拌和。吃口甜中带酸,能止呕泻,消食醒醉。

清水山楂糕,苏州所出有松子仁点缀,故与别处不同,它的色泽透明鲜红,质地细腻软糯,滋味甜中带酸,酒后食之,更为适口。它有化食消积、止呕止泻及降低胆固醇等食疗功效,尤适宜于患动脉硬化性的高血压者食用。

清水甘草梅皮,又称甜梅皮,取光福、东山、西山黄熟梅子皮精制而成。梅子皮愈薄愈佳,加白砂糖拌和晒干,反复多次乃成。其味甜中带酸,略微带咸,爽口开胃。

玫瑰酱,苏式清水蜜饯中的上品,采用鲜艳瓣厚、香味浓郁的玫瑰花,经梅卤腌制,能保持原有的色香,再经混合捣烂成酱,鲜艳玫红,酱细和润,甜酸适口,香味芬芳,具有越陈越香、色味不变的特色。用玫瑰酱蘸食粽子、馒头、面包、土司等,风味更佳,且能增进食欲。

杂　食

粽子,可谓是苏州点心中大宗,四季皆有,夜深人静之际,沿街悠悠叫卖,引人食欲。粽子有白水粽、赤豆粽、枣子粽;又有火腿粽,据陆鸿宾《旅苏必读》记每只仅三十文。另外还有两种特别的粽子,一是灰汤粽,是用少量碱水拌糯米后裹煮的,糯而烂,可蘸玫瑰酱吃,适合老人和孩子食用;二是水晶猪油豆沙粽,包成长方形,在旧时属于高档吃食。火腿粽民国时十分盛行,后为鲜肉粽所取代,虽不及火腿粽之味美,但入口香肥、咸中带鲜,尚存遗制。

酒酿,有极佳者,《吴中食谱》记道:"酒酿以玄妙观中王氏所制,无酒气,荷担者往往贪利,购自他处,不如远甚。"其肆名王源兴,在东脚门财神庙对面,窗明几净,宽敞明亮,所制酒酿,有甜醇酥糯之感。

豆浆摊(戴敦邦画)

豆腐浆,即豆浆,也以王源兴所制为高档,甜浆有杏仁、松子、桂圆等作辅料,咸浆则有火腿、肉松、开洋等作辅料,下浆的油渣,有软有硬,悉听客便,并且咸浆用的都是上等酱油,故而非同一般。

烧卖,也称为烧麦,为夏令点心,其时汤包落市,正以烧卖代之。烧卖顶端呈荷叶边状,周围有褶裥,中间束腰,底部圆整,馅心外露,以咸鲜为主,有鲜肉、虾肉、三鲜等,苏州以三鲜烧卖知名,取虾仁、蟹粉、鲜肉三味和制馅心而成,为诸品中之上品。入口鲜香汁多,上桌时备以香醋蘸食,又增味。

点心铺(摄于 1928 年前)

馒头,花色繁多,各有特色。苏州之出,以太仓城内陆家桥弄口沈永兴最有远名。店创于咸丰初,民国二十七年(1938),店主钱宝宝改进技艺,遂得知名,甜的有猪油豆沙馅馒头,咸的有荠菜肉馅馒头,也有用大白菜做馅,风味独绝。特点是皮薄不泄,馅鲜多汁。猪油豆沙馅取板油、豆沙,再加白砂糖制馅,入口肥、甜、鲜、滑、糯。另有油氽紧酵,苏州人称为兴隆馒头,含义美好,故在冬令上市,特别可作为春节馈赠亲友的吃食。所谓紧酵者,即做馒头时使用酵肥不多,蒸熟后不如其他馒头松软膨胀,并且呈扇瘪状,但油氽后,馒皮膨胀饱满,食时外脆内松,肉馅汁多味鲜。旧时常熟虞山下石梅,颇多茶馆,除卖茶之外,兼卖点心,其中馒头皮薄如纸,以蟹肉、虾肉、猪肉、豆沙夹板油等做馅,可称丰满、鲜美、多汁,妙臻上品,为他处所无。《调鼎集》特记有"常熟馒头"一款。小笼馒头比一般馒头小,鱼行桥堍的朱鸿兴即以五色小笼闻名。

汤包,可称是馒头的一种别裁,早在乾隆、嘉庆时即流行,应市者非苏州一地,但苏州的汤包以皮薄如纱、小巧玲珑、汁多味鲜著名,故称为绉纱汤包。在春秋冬上市,宜热吃,食时配以蛋皮丝汤一碗佐食。前人对汤包制法,归结为这样几句:"春秋冬日,肉汤易凝,以凝者灌于罗磨细面之内,以为包子,蒸熟时汤融不泄。"食用时因汤包中卤汁甚烫,不可因其小而一口吞之,故前人告诫:"到口难吞味易尝,团团一个最危藏。外强不必中干鄙,执热须防手探汤。"

山芋,文震亨《长物志》记道:"古人以蹲鸱起家,又云'园收芋栗未全贫',则穷一策,芋为称首。所谓'煨得芋头熟,天子不如吾',直以为南面之乐,其言甚过,然寒夜拥炉,此实真味,别名土芝,信不虚矣。"山芋的做法较多,街头有烘山芋、汤山芋、糖油山芋等应市。糖油山芋一定要用宜兴产的,质细易酥,人称栗子山芋。先将山芋洗净,放入锅内焐烧,待半酥时,陆续加入白糖收膏,要求甜味透心而不焦糊,起锅后,再浇上事先熬成的糖油,即可供客。那山芋表面油光透亮,剖开满心通红,浓香扑鼻,

烘山芋(戴敦邦画)

入口味若山栗，甜糯可口。有的还放一点桂花，更有异常的浓香。糖油山芋以黄天源做的最有名，抗战前，旅居东南亚的华侨也有不少来函邮购，寄出时必用油纸包裹，装入木箱，经数旬而滋味不减。沿街的小摊也有卖糖油山芋的，因为粗货细做，各有各的功夫，生意都极好。

糖粥，粥之一品。旧时苏州粥店、粥担甚多，有鸡粥、火腿粥、白糖莲心粥、赤豆粥、绿豆粥、蚕豆粥等，而焐酥豆糖粥，为他处罕见。蚕豆与糯米粥分别烧煮，取蚕豆以旺火转文火焐制，使之酥烂，再加赤砂糖水和桂

卖糖粥的骆驼担（摄于 1932 年前）

花。糯米粥里也加入赤砂糖，成为糖粥，食时先将粥盛入碗中，再将豆酥舀入粥里，有热、甜、香之特色，且价格低廉，深受百姓喜爱。另有八宝莲心粥，以玄妙观西脚门三官殿小有天为有名，莲心之外，还加入米仁、白果等八品。另外，小有天的藕粉圆子，也闻名苏城。至于白粥，则处处都有，《旅苏必读》记道："香粳米粥，朝晨晚上都有，兼卖粽子、白糖，另加玫瑰酱，甚为洁净，亦暑天时卫生之一物也。"当时大马路上还有一家苏州粥店。

熟菱，卖熟馄饨菱的，都用一个紫铜锅煮菱，馄饨菱出锅时生青碧绿，特别诱人。旧时玄妙观内便有所谓挑碗阿大铜

锅菱,一只特大的紫铜
大锅,装着百斤以上的
馄饨菱,下面是大炭火
炉,边上是一只很大的
风箱,火焰熊熊。这是
秋天傍晚一道极美的
风景。

卖铜锅菱(顾曾平画)

熟藕,为藕熟吃的
良法之一,将藕洗净
后,将一端藕节切下,
作为藕帽,在每个藕窍
中塞入糯米,然后盖上藕帽,并插入竹签钉,在大锅中铺荷叶,
先用旺火再用文火煮熟,将熟藕取出后,削皮切片,装盘浇桂
花糖液,糖为赤砂糖,故色泽酱褐,入口清香甜糯。

鸡头肉汤,鸡头即芡实,凡入馔都为甜食,以做点心居多。
制作桂花鸡头肉,宜用砂锅,不宜用铁锅,鸡头肉洗净后放入
砂锅煮熟,加入绵白糖,另备空碗放入桂花,再将鸡头汤盛入,
时色呈玉白,颗粒如珠,甜润软糯,常作为筵席甜汤。

血糯,血糯制品很多,血糯粥在粥中加白糖、红枣,为食疗

血糯八宝饭

名品;炒血糯粉作冬令
滋补品;血糯制的粉圆
子、酒酿、元宵、红米酥
为江南民俗小吃,而店
家则有血糯八宝饭、血
糯松子糕应市。血糯

八宝饭用血糯、白糯蒸熟成饭，加入熟猪油、白糖、糖桂花、去核蜜枣、青梅肉、松仁、桃仁、瓜仁、冬瓜糖、金橘、莲心、糖板油等用旺火复蒸，再下白糖，再淋油，即成，饭色紫红，并有白莲子相间，入口柔软滋润，香甜肥糯。血糯松子糕用血糯粉、白糯粉、松子仁、白糖蒸糕，冷却后切成菱形或长条小块，糕糯色喜，糖甜柔软，松子肥香。

排骨，旧时并不入菜肴之谱，而是零吃的杂食，先后以异味轩、五芳斋所制最鲜香美味。金孟远《吴门新竹枝》咏道："赤酱浓油文火煎，易牙风味忆陈言。郇厨掌故说排骨，吴苑今传异味轩。"小注写道："排骨之制，发明于沪上三十年前之陈言，其制法不得，吴苑有异味轩者，亦以排骨名，自谓得陈之秘制云。"程瞻庐在《吴侬趣谈》里风趣地记道："近数年中，苏州风行一种油煎猪肉，名曰排骨。骨多肉少，每块售铜元五六枚，前此所未有也。一入玄妙观，排骨之摊，所在皆是。甚至茶坊酒肆，亦有提篮唤卖排骨，见者辄曰：'阿要买排骨？'老先生闻而叹曰：'排骨二字，音同败国，宜乎？国事失败，一至于

玄妙观小吃（摄于1956年前）

是也！'"那时玄妙观里的排骨摊上，五香热油之味四溢，现汆现卖，摊主用草纸一包，再洒些五香粉，十分好吃，还有汆排骨时遗落下的碎肉，苏州人称为小肉，也味美非常。

鱿鱼，旧时玄妙观内有几处鱿鱼摊，以陶和笙、张小弟为有名，摊上置盆，盆中放着既大又白、肉质嫩软的鱿鱼，旁边是一只热油锅，将鱿鱼放入一汆，捞起后，用剪刀剪成碎块，再有一份特制的甜酱，边蘸边吃，既嫩又爽。还有鱿鱼干，将它剪成木梳状，夹入铁丝网里，用风炉烘烤，吃时一条条撕下来，颇耐咀嚼。

酱螺蛳，最便宜的小吃之一，旧时在玄妙观弥罗宝阁废墟上的酱螺蛳摊，一个铜板可买一盆，吃时，摊主还给你一根发簪，用以剔出螺蛳肉，那螺蛳的肉和汤，实在鲜美异常。

豆腐干，也称茶干，名类甚多，滋味悬殊。顾震涛《吴门表隐附集》有"徐家弄口腐干"之记，大概在晚明时已名闻遐迩。吴江震泽所出黑豆腐干，迄今已有一百多年的制销历史，具有色泽乌黑、味香醇厚的特点，既可作小吃，又可调味佐餐。吴江同里所出豆腐干也曾畅销一时，嘉庆《同里志》记道："腐干在陆家埭，出陆国珍隆兴斋，精洁香

卖豆腐干（戴敦邦画）

细,远近驰名。"卤汁豆腐干是苏州的特产,色泽乌亮,富有卤汁,鲜甜软糯,回味无穷,尤以蜜汁为主,既可作筵席冷菜拼盆之用,也是街头巷尾的寻常小吃。旧时常熟西门外山前二条桥一带有许多豆腐干作坊,所制花色繁多,有荤有素,荤的有野鸡腐干、火腿腐干、虾米腐干等,制法精工,滋味鲜美,以陈大魁一家为最著名。素干大小约一寸见方,用丝草扎成小捆出售,亦可零买。又有高庄豆腐干,豆腐干放在锅中蒸煮时,要按比例放入细盐、红糖、甘草、茴香、桂花、橘皮、陈醋七种调料,使之色泽好,味道美,百吃不厌,去集上兜卖,深受食客喜好。

素火腿,称之为素火腿的有几种,范烟桥《茶烟歇》记道:"王渔洋《香祖笔记》云:'越中笋脯,俗名素火腿,食之有肉味,甚腴,京师极难致。'然相传金圣叹于临刑时作家书致其子云:'花生与豆腐干同食,有素火腿之味。'又禅院须素食,以豆腐衣叠积而煮之,亦称素火腿,是则素火腿已有三物可拟矣。苏州糖果肆所制笋脯过甜,殊不类素火腿。"

炒　　货

西瓜子,顾震涛《吴门表隐附集》有"百狮子桥瓜子"之记,惜今已难以追索故实。周振鹤《苏州风俗》记道:"西瓜子,苏州各糖果店,如稻香村、野荸荠、叶受和、采芝斋、东禄、一枝香、嘉惠芳等,皆有水炒西瓜子出售。此种瓜子,形狭而长,肉厚而壳薄,且拣选皆极道地,其稍翘稍坏者,皆剔除务净,故既炒之后,肉甚洁白,香而且脆。其名目共有四种,一曰玫瑰瓜子,二曰桂花瓜子(所谓玫瑰、桂花者,乃于既炒之后加以玫瑰、桂花等油也。），三曰甘草瓜子，四曰盐水瓜子，而尤以前二种为佳。"又记道："吴人善食西瓜子，能食其仁而其壳不碎者，更有能使其壳相连而不分为两瓣者，诚神乎其技矣。"金孟远《吴门新竹枝》咏道："懒抛针线懒看花，丁字帘前沙法斜。长日如年听春雨，湖园瓜子嗑银牙。"小注曰："瓜子，为闺中女儿消闲胜品，昔以采芝斋、黄埭瓜子风行江浙间，近有琴川小贩出售湖园瓜子，粒较粗而味较佳，行销各地，几夺采芝专利之席矣。"湖园瓜子，本在湖园门前设摊销卖，因选择严格，粒粒平整，炒制时又独有其妙，加用玫瑰水、奶油、盐水各色调味，香脆易剥，由是驰名苏沪，得以行销。至于黄埭瓜子，为殷福熙者创制，在黄埭河渎桥东设殷瑞记，极一时之盛，后又有天福取代殷瑞记，在石家庄设分号，得以享誉京津一带。黄埭瓜子粒面油光乌亮，入口一嗑，即成两瓣，子肉白嫩松脆，拌有玫瑰清香，嗑者以白丝帕擦手，帕上仍洁白无痕，不粘油腻。

糖炒栗子，深秋初冬时处处可见。民国初年常熟有张三者，擅长糖炒栗子，剔选良乡名栗，颗小而壳薄者，

卖糖炒栗子（戴敦邦画）

在井中浸数小时取出,放入敞口锅里,用铁砂和糖浆炒熟,著名于时。

熏青豆,也称翡翠豆,用未成熟的青毛豆制成,苏州产的青毛豆品种较多,以白毛青和黄毛弯角毛豆为最宜,尤其后者壳薄而肉扁大,出率高,看相好,质地糯,作熏青豆最宜,民间取之,加盐煮沸,出锅晒干,可久藏,吃时有新鲜毛豆风味,可佐酒,也可作消闲零食。叶灵凤对"粒粒如绿宝石,如细碎的翡翠"一样的熏青豆推崇备至,他在《采芝斋的熏青豆》里这样写道:"这本是很冷僻的小吃。不喜欢吃的不屑一顾,以为这不过是普通的豆类食品,至多是孩子们嗜食的,没有什么了不起,说到'了不起',熏青豆当然没有了不起,不过这是一种季节性痕浓的食品,像杨花萝卜一样,转眼即逝。""这是一种滋味很淡泊的小吃,可以用来送茶,也可以用来吃粥,大约送绍兴酒也不错。抓一小撮放在口里,嚼几嚼,起先仿佛淡而无味,渐渐的就有一种清香微咸而甘。尝着这种滋味,简直可以令你忘去了人世的名利之争似的。""嚼着微硬的熏青豆,我想到了田野,想到江南,想到家乡。这种清淡的滋味,只有民谣

小巷里的炒货摊(摄于1940年前)

山歌一类的文艺作品可以与之相比,这时的鱼翅牛扒之类,仿佛都成了俗不可耐的俗物了。"吴江近太湖乡间,凡亲朋好友来访,都以一碗青豆茶相待,熏豆茶一般由熏青豆、胡萝卜丝、黑豆腐干、芝麻和上等绿茶冲泡,水是用紫铜茶吊在灶头上烧开,柴火用的是晒干的桑树枝桠,没有烟火气。熏豆茶喝起来,咸中带甜,甜中带鲜,又有点儿涩,故回味无穷。

笋豆,用青毛豆和春笋经加工、烧煮、晒干而成,民间煮食已逾两百年,作为坊肆制销也有百年的历史。笋豆是在笋脯的基础上发展起来的,笋脯作为一种茶食,每年春笋上市时供应,其味甜中带咸,鲜美可口。

甜咸花生米,又名甜咸果玉、椒盐花生米,20世纪30年代创制,这是由于糖精发明并应用于食品的缘故,选用扬州地区所出扬庄花生,加糖精和精盐浸泡,加白石沙炒制,特点是花生米粒粒肥大,色微黄起盐霜,甜咸口味适中,食后馀香满口,旧时以稻香村所出为最佳。

椒盐杏仁,杏仁有甜苦两种,甜者可以食用,苦者可以入药,甜杏仁以魁杏为最佳,白玉边略次之,其中又以河北张家口所出为上乘,新疆伊犁次之。椒盐杏仁为采芝斋所出,已遥百年以上制销历史,其色泽微黄,形如鸡心,甜中带咸,香脆可口,常食有益于人体,特别是对过敏性哮喘有效。

椒盐核桃,为苏州炒货中的名品,选用衣薄、仁白、肥嫩、微甜的核桃仁,经精心加工而成,松香肥嫩,甜咸皆宜,味美醇郁,具有滋补强身的食疗功能。

店　肆

　　苏州的茶食、糖果、糕团店很多，遐迩驰名，遍于各处，于此只能择要而谈。

　　野荸荠，由沈氏创于乾隆初年，颇负盛名，相传筑屋时，于地下掘得一只野荸荠，殊硕大可异，因即以"野荸荠"三字为铺号，那只野荸荠就供在柜中陈列，一时遐迩纷传。顾震涛《吴门表隐附集》有"野荸荠饼饺"之记，可见当时以精制的肉饺著名。苏城内外无人不知临顿路钮家巷口有家野荸荠，连当时苏州府进贡的干湿蜜饯，也都由它代办。由于野荸荠生意红火，同治六年(1867)有邹阿五者假冒野荸荠牌号，在养育巷开了一家茶食店，野荸荠店主沈世禄一纸告到官府，知府李铭皖予以禁止。民国以后，又出现了不少野荸荠，城内的道前街、景德路，郊外的黄埭、蠡墅等有老荸荠、老野荸荠等，有的自称为分号，乃至上海小东门外法租界内也有一家老野荸荠仁记茶食号，民国二十二年(1933)实业部商标局编印的《东亚之部商标汇刊》有一张商标，公然称为"荸荠商标"。对此，正宗野荸荠也没有一点办法。民国九年(1920)，店主沈坚

上海老野荸荠仁记茶食号商标

志将店址迁至萧家巷口,店面几乎对直观前街,因此,生意更加兴隆起来。野荸荠一方面保持特色,另一方面更新品种。据时人记载,它产的酒酿饼,以酒酿露发酵,其气芬芳,质松而软,虽隔数天,其质依然软如绵,还有肉饺、楂糕、云片糕、猪油糕、熏鱼等也首屈一指。当时稻香村、叶受和等茶食糖果店竞争激烈,至民国十九年(1930),野荸荠终于支撑不住,将店盘出,迁至阊门外,先后有野荸荠丰记、野荸荠义记牌号,民国二十四年(1935)一月二日因电线走火,遭回禄之灾,百年老店顷刻成为废墟。

王仁和,也属苏州老店,俗呼王饽饽,规模甚小,资本不丰,但名气绝响,几与野荸荠齐名。莲影《苏州小食志》记了它的兴衰小史,写道:"王仁和茶食店出世最先,而收场亦最早。其店初开张于十全街织署旁,即俗名'织造府场'是。该店出品并不见佳,而竟以月饼著名者何?盖以该店主自知手段太劣,货品欠佳,营业万难发达,乃异想天开,凡见织署中书吏差役等经过其门,必邀渠至店休息,奉以香茗水烟,日以为常,久之都稔,待月饼上市时必赠以若干,乘间进言曰:'小店生意清淡,可否拜烦在贵上人前吹嘘一二,俾得购用小号货物,藉苏涸辙之鲋,则感戴无涯矣。'吏役等果在居停前竭力揄扬该店茶食之佳。不久,织署中人渐来购货。久之,凡官场中投桃报李之需,惟王仁和一家所包办,皆系织署所介绍者也。盖织造一职,必系清廷所亲信之满人,故自抚、藩、臬以下,皆谄媚逢迎之不暇。今织署中人以为王仁和货物为佳,则苏之官场自无敢异议矣。此外更有一宗生意,为王仁和独家所专利,非他店所能觊觎者,厥惟秋试年之月饼券。盖苏州向有紫阳、正谊两书院,为生童肄业之所,每月有官、师两课,谓之'月课',除师课由山长按月命题考试外,官课则由抚、藩、臬三大宪轮流当值。无论官、师课,凡考试优等者,俱发给奖励金。惟逢秋试之年,于入闱之前由抚宪增加一课,名为'决课',谓如考优等者,决其今科必中式也。此课无论优劣俱给奖金,必加给月饼券一纸,计糖月饼一匣。紫、正两书院肄业生有七八百人,每逢秋试之年必多报名额若干,至决课时竟有一人作两三卷者,故决课与试者有千数百卷之多,此千数百之月饼券,利自不菲矣。科举既废,而王仁和之命运亦随士子之科名,同样寿终正寝矣。然王仁和既闭,王仁和之糖月饼犹盘旋于老学究之脑筋而不去。"王仁和既以糖月饼闻名,但又不佳,如何令人念念不忘,关键还是那些学子,多少年过去了,昔日抚台大人亲试的辉煌,是挥之不去的永久回忆,当然少不了那糖月饼的滋味。

稻香村,在观东,它的创始年代,说法不一,一说是乾隆三十八年(1773),一说是同治三年(1864)。莲影《苏州之茶食店》记道:"稻香村店东沈姓,洪杨之役避难居乡,曾设茶食摊于阳澄湖畔之某村,生意尚称不恶。乱后归城,积资已富,因拟扩张营业,设肆于观前街,奈招牌

稻香村(戴敦邦画)

乏人题名，乃就商于其挚友，友系太湖滨荸荠萝卜之某农，略识之无，喜观小说，见《红楼梦》大观园有'稻香村'等匾额，即选此三字为沈店题名。此三字与茶食店有何关系，实令人不解，而沈翁受之，视同拱璧。与之约曰：'吾店若果发财，当提红利十分之二以酬君

1964年的稻香村

题名之劳。'既而，店业果蒸蒸日上，沈翁克践前约，每逢岁底照分红利外，更滕鸡、鱼、火腿等丰美之盘，至今不替云。"至于稻香村的特色，莲影也记道："稻香村茶食店，以饼为最佳，而肉饺次之。月饼上市于八月，为中秋节送礼之珍品，以其形圆似月，故以月饼名之。其佳处在糖重油多，入口松酥易化，有玫瑰、豆沙、甘菜、椒盐等名目。其价每枚饼铜圆十枚，每盒四饼，谓之'大荤月饼'。若'小荤月饼'，其价减半，名色与'大荤'等，惟其中有一种号'清水玫瑰'者，以洁白之糖，嫣红之花，和以荤油而成，较诸'大荤'尤为可口。尚有圆大而扁之月饼，名之为'月宫饼'，简称之曰'宫饼'，内馅枣泥，和以荤油，每个铜圆廿枚，每盒两个，此为甜月饼中之最佳者。至于咸月饼，曩年仅有南腿、葱油两种，迩年又新添鲜肉月饼，此三种皆宜于出炉时即食之，则皮酥而味腴，泂别饶风味者也。若夫肉

饺,其制法极考究,先将鲜肉剔尽筋膜,精肥支配均匀,然后剁烂,和以上好酱油,使之咸淡得中,外包酥制薄衣,入炉烘之,乘热即食,有汁而鲜,如冷而再烘而食,则汁已走入皮中,不堪鲜美矣。后有三四月间上市之玫瑰猪油大方糕者,内容系白糖与荤油,加入鲜艳玫瑰花,香而且甜,亦醰醰有味。但蒸熟出釜时在上午六点钟左右,晨兴较早之人得食之,稍迟则被小贩等攫买已尽,徒使人涎垂三尺焉。"稻香村的方糕、黄千糕、定胜糕等也很有名,《吴中食谱》记道:"初夏,稻香村制方糕及松子黄千糕,每日有定数,故非早起不能得,方糕宜趁热时即食,若令婢仆购致即减色。每见有衣冠楚楚者,立柜前大嚼,不以为失雅也。""定胜糕亦以稻香村为软硬得宜,惜不易得热,必归而付诸甑蒸耳。"稻香村常年供应的茶食糕点有猪油松子枣泥麻饼、杏仁酥、葱油桃酥、薄脆饼、洋钱饼、猪油松子酥、哈喱酥、豆沙饼、耳朵酥、袜底酥、玉带酥、鲜肉饺、盘香酥等。至于时令茶食糕点,春季有杏麻饼、酒酿饼、白糖雪饼、荤雪饼、春饼,夏季有薄荷糕、印糕、茯苓糕、马蹄糕、蒸蛋糕、绿豆糕,秋季有如意酥、巧果、佛手酥及各式酥皮饼,冬季有核桃酥、酥皮八件。稻香村的熏鱼也很有名,据说非青鱼不熏,《吴中食谱》称"熏鱼、野鸭,亦以稻香村为最,叶受和足望其项背而已"。金孟远《吴门新竹枝》咏道:"胥江水碧银鳞活,五味调来文火燔。惹得酒徒涎欲滴,熏鱼精制稻香村。"小注写道:"中秋节后,稻香村熏鱼上市,购以佐酒,味殊鲜美。"

采芝斋,清同治九年(1870),有金荫芝者以五百枚铜圆起家,在观前街吴世兴茶叶店门首设摊,光绪十年(1884)其长子金忆萱租得观东山门巷口的采芝斋古董店,正式开设茶食糖果店,经营自制的糖果、炒货、蜜饯等,生意兴隆。因店无名,苏人仍称采芝斋,金氏顺水推舟,费重金请费念慈书写市招,挂起"采芝斋"金字招牌。光绪时,曹

采芝斋商标

沧洲为慈禧诊脉,以采芝斋贝母糖进奉助药,慈禧痊愈后大加赞赏,列贝母糖为贡品,故采芝斋店堂里有一方"贡糖"招牌。经半个世纪苦心经营,至民国十七年(1928),传至第三代金宜安、金杏荪、金岳石、金锡山手里时,已是三楼三开间门面,成为苏州城内数一数二的名牌老店,并有不少分号。时有"采芝图"商标,顾客一望而知为采芝斋所出。炒货中以玫瑰、奶油瓜子著名,粒粒如凤眼,壳薄仁厚,清香沁人,《吴中食谱》记道:"凡于佳节自他处来吴门者,必购采芝斋之糖食,其中尤以瓜子与脆松糖为大宗。瓜子之妙处,粒粒皆经选择,无凹凸不平者,无枯焦不穗者,到口一磕,壳即两分,他家无此爽快。"此外,还有楂糕、榧子糖,虽并称佳妙,然不足独步苏城。又,莲影《苏州之茶食店》写道:"凡茶食店必兼售糖果,亦有专售糖果者,谓之糖果店,以采芝斋为最佳。其著名之品,如玫瑰酱、松子酥、清水楂糕、冰糖松子等是。更有橙糕一味,色黄气馥,其味甘酸,为他店所无,殊堪珍贵也。"采芝斋的脆松糖、软松糖、轻松糖、粽子糖、白糖杨梅干、九制梅皮、九制陈皮等都很

有名。

叶受和，为浙江慈溪富绅叶树欣创于光绪十二年(1886)，莲影在《苏州之茶食店》里记道："叶受和店主，本非商人，系浙籍富绅。一日，游玩至苏，在观前街玉楼春茶室品茗，因往间壁稻香村购糕饼数十文充饥。时苏店恶习，凡数主顾同时莅门，仅招待其购货之多者，其零星小主顾，往往置之不理焉。叶某等候已久，物品尚未到手，未免怒于色而忿于言，店伙谓叶曰：'君如要紧，除非自己开店，方可称心！'叶乃悻悻而出，时稻香村歇伙某适在旁闻言，尾随叶某，谓之曰：'君如有意开店，亦属非难，余愿助君一臂之力。'叶某大喜，遽委该伙经理一切，而店业乃成。初年亏本颇巨，幸叶某家产甚丰，且系斗气性质，故屡经添本，不少迟疑，十馀年来渐有起色，今已与稻香村齐名矣。"叶受和能与稻香村比肩，原因是其苏式糕点中有宁式糕点特色，另外，店堂柜台用铜皮包裹，比稻香村更富丽堂皇。其也注重广告效应，民国十八年(1929)翻造三层楼房，特塑"丹凤"商标，图案为两只凤凰口衔稻穗(指稻香村)、足脚荸荠(指野荸荠)，也可见得同行竞争之激烈。叶受和做的月饼、肉饺虽不及稻香村为好，但零星食品则优美过之，如枣泥糕、绿豆糕、云片糕、小方糕、四色片糕、婴儿代乳糕、豆酥糖、芙蓉酥等，都制法甚精，饶有美味。特别是小方糕，不同于桂香村的大方糕，仅大方糕的四分之一，仍五色馅心，且皮薄、底薄、馅薄，一盒买归，能尝四种不同的风味，故而大得食客青睐。

周万兴，以米风糕为一枝独秀。朱枫隐《饕餮家言》记道："玄妙馆迤南，宫巷中之周万兴，年代亦悠久，专售米风糕者也。其糕质松而软，入口香甘，初出蒸笼时糕形圆大如盘，有欲零售者，切糕之法不以刀剖，而以线解，因其质太松软故也。他种食品，如面风糕等，皆以热食为可口，惟此糕则反之，故独为夏日之珍品。至于制糕之法，据云以糯粳米各半，淘净

周万兴所在的宫巷（摄于1948年前）

晒干，磨为细末，更加酒酿发酵，入笼蒸熟即成。窃谓制法未必如此简单，或恐别有秘法，否则该店自开张伊始，何以从未有步其后尘而与之争利者？近十馀年虽略有数家与之竞争，然质料不如周店远甚。盖周店之糕，虽隔数天质略坚而味不变。他店之糕，清晨所购至晚则味变酸臭，不知是何原因。周店生涯独盛必非幸致，但糕之大如盘者，改如小如碗耳。"关于周万兴米风糕的秘制方法，也很有同行想去探窥，《吴中食谱》记了一则故事："宫巷周万兴，制米风糕甚有名，寻常米风糕不能免酵味，而彼所制独否，故营业颇盛。有某甲羡之，赁其邻屋以居，每夜穴隙相窥，得其制法甚详，乃仿之，亦设一肆以问售，顾买者浅尝，辄叹不如远甚，卒弗振。于是更窃考其究竟，则见其杂搀一物于粉中，不审何名，因弃去不与竞，自是其肆生涯益盛。每至岁首，制酒酿饼，皮薄而不韧，亦佳作也。"

桂香村，在东中市都亭桥堍，创于乾隆年间，以五色大方

糕而家喻户晓,五色即黑之芝麻、红之玫瑰、白之白糖、绿之薄荷、黄之鲜肉,这糕造型精细,色泽鲜艳,底厚,馅多,面薄,特别是糕面,真薄如蝉翼,还模印出花卉、动物图案和桂香村的牌号,在这糕面之下,各式馅心拌着猪油、白糖、蜂蜜,如琼浆般历历可见,诱人食欲,咬上一口,香甜肥糯,妙不可言。

一品香,民国六年(1917)江仲尧创于石路小杨树里口,民国二十六年(1937)被日机炸毁,民国二十八年(1939)章顺荃重设于石路姚家弄口,时产销糕点、糖果、蜜饯、炒货、野味五大类,由于经营得法,生意较为兴隆。名品有奶油西瓜子,经两次生熟精选,故质量考究,并较早使用金属听装;松子枣泥麻饼,采用玫瑰花、松子仁、去核黑枣、糖渍板油丁,包馅均匀,圆周起纹双边,色泽褐黄油润,吃口极好,枣泥细腻醇郁,松仁肥嫩清香,麻仁粒粒饱满,且有玫瑰芬芳之气;南枣糖,取特级大南枣去核,枣必镶嵌松仁,入口甜而肥美,且有丰富的营养,适合老人胃口。此外,芝麻酥糖、杏仁酥等也很有名。

费萃泰和乾生元。木渎制销松子枣泥麻饼有悠久的历史,乾隆四十六年(1781)在木渎西街开办的费萃泰,即以松子玫瑰枣泥麻饼闻名,当地有"乔酒,石饭,费麻饼"的民谣,"乔酒"是指乔裕顺的糟黄酒,"石饭"指石叙顺的菜肴,"费饼"就是费萃泰的枣泥麻饼了。光绪七年(1881),费萃泰改由蒋富堂者经营,迁于邾巷桥北堍,更名乾生元,仍以枣泥麻饼为主业。麻饼以黑枣泥、松子仁、玫瑰花、糖猪油等为馅,形如满月,色泽金黄均匀,周边有均称的自然裂纹,但不露馅,吃口甜而不腻、香而不刺、油而不溢,松脆可口。1979年早春,赵丹游木渎时品尝乾生元枣泥麻饼后,有小词赞叹:"木渎好,生产节节高。石家饭店饮食美,下塘街弄倩女娇,麻饼呱呱叫。"

黄天源,创于道光
元年(1821)前后,为慈溪
人黄启庭所业,本在东
中市都亭桥塊,经营五
色汤团、挂粉汤团、咸味
粢饭糕、咸味猪油糕、黄
松糕、灰汤粽、糖油山芋
等。黄启庭父子相继逝

黄天源糕团

世后,店务由寡媳黄陈氏主持。同治十二年(1873),店中牵烧
师傅顾桂林以银洋一千元、招牌年租大米十二石为价接盘。
民国初年,迁玄妙观东脚门,租神州殿房屋营业,后又租观前
街一楼一底为店面。时称都亭桥老店为西号,称观前新店为
东号,生意兴隆。黄天源以制销苏式糕团而名闻天下,品种繁
富,据说一天有六十多种应市,并随四季更新花色品种,春季
有圆松糕、糖切糕、青团子、肉团子;夏季有蒸松糕、白松糕、炒
肉团、双馅、京冬菜团子、麻酥团、薄荷糕、黄千糕;秋季有油酥
糕、桂花条头糕、油余团、南瓜团;冬季有大麻糕、冬至糕、粢毛
团、萝卜团、糖年糕、猪油年糕等。这些时令糕团,适应苏州人
的饮食习惯,故天天门庭若市,生意兴隆,天蒙蒙亮,就有人排
队买刚刚出笼的热糕团,春节时供应糖年糕,店门前人流如
潮,晨聚暮散。黄天源还供应八宝饭、桂花赤豆圆子、五色汤
团等,深受食客欢迎。

广州食品公司,其前身为马玉山糖果饼干公司,民国十一
年(1922)前开设于观前街北仓桥对面,创办人马玉山,广东

观前街广州食品公司(左边洋楼　摄于 1944 年前)

人,后新会赵达廷以四千银元接盘,于十六年(1927)更名为广州食品公司。公司既经营上海冠生园、梅林、马宝山等产品,又聘用广东籍工人办工场,生产西式面包、蛋糕及广式糕点,以嘿罗面包、裱花蛋糕和广式月饼在苏州茶食糖果业内争得一席之地。同时,让小贩身背印有"广州食品公司"的面包箱在车站码头或走街串巷叫卖,以致嘿罗面包家喻户晓。然而在苏州,并非人人适合广式口味,朱枫隐《饕餮家言》便写道:"惟其价过甚,虽出品专仿西制,甜味颇逊,苏人士不甚欢迎也,远不若固有之国粹,价廉物美也。"20 世纪 30 年代,公司又自制冷饮,在二楼开设西餐厅。抗战爆发,赵达廷避难香港,红火一时的广州食品公司顿时萎缩。

市　声

明吴江人史玄《旧京遗事》曾记北京的市声:"京城五月,

辐辏佳蔬名果,随声唱卖,听唱一声而辨其何物品者、何人担市也。""京城三月桃花初出,满街唱卖,其声艳羡。数日花谢将阑,则曼声长哀,致情于不堪红久,燕赵悲歌之习也。"苏州的市声,至少北宋时就有了,赵彦卫《云麓漫钞》记道:"朱勔之父朱冲者,吴中常卖人,方言以微物博易于乡市自唱,曰常卖。"朱勔出身贫贱,父亲朱冲只是个沿街叫卖的小贩,至于

吆喝(戴敦邦画)

他卖些什么,又唱些什么,无从考得。晚近以来,苏州人于市唱的大都是小吃,如冬卖"生炒大白果",在第二字上曼声;夏卖"铜锅子熟菱",在第三字上引长;冬春的"檀香橄榄",春夏的"火腿粽子",叫声短促;康熙时人章法,也就是瓶园子,有《苏州竹枝词》一首咏道:"酒担豚肩匝地过,香甜柔脆到门多。五篮一点挑来卖,不买些吞待若何。"且称"其物可欲,其香触鼻,其涎直挂"。可见在叫卖声里,往往会引发人的一点食欲。

苏州的市声可略举数例。

卖糖,实有两种,一种是卖麦芽糖,一种是卖糖人儿。卖麦芽糖由来已久,明人曹学佺《木渎道中》便称"卖饧时节近,处处有吹箫",可见卖糖人是吹箫的,一边走一边吹着箫,神情颇为悠闲,这种箫是黄铜制的,较短,大概只有五个孔,吹奏起来,音色激越、清脆,很远就能听到,与竹箫的低沉、伤感迥然

不同。卖麦芽糖的,大都以糖来易换废铜烂铁或破衣、畜骨之类,故担子颇有不同,一头是放糖的木匣,另一头是安放废品的箩筐,也有仅担以一只箩筐,上置木匣,俗呼桥篮。麦芽糖很黏,切时需用较重的铁刀切下,再用另一把铁刀背敲打,长长的糖块才能切落下来,故又有"丁丁当当"的声音,这市声吸引塾中

敲锣卖夜糖(丰子恺画)

蒙童纷至沓来。清长洲人褚人获《坚瓠补集》卷一录前人《糖担圣人》诗一首,诗曰:"曾记少时八九子,知礼须教尔小生。把笔学书丘乙己,惟此名为大上人。忽然糖担挑来卖,换得儿童钱几文。岂知玉振金声响,仅博糖锣三两声。"可见那时已有敲铜锣卖糖的,其实明末已有了,且还有夜市,徐渭《昙阳》有一首咏道:"何事移天竺,居然在太仓。善哉听白佛,梦已熟黄粱。托钵求朝饭,敲锣卖夜糖。"虽然所咏是王锡爵女儿的故事,但确乎已见"敲锣卖夜糖"了。蔡云《吴歈》咏道:"昏昏迷露已三朝,准备西风入夜骄。深巷卖饧寒意到,敲钲浑不似吹箫。"清吴县人石渠有《街头谋食诸名色每持一器以声之择其雅驯可入歌谣者各系一诗凡八首》,称"卖糖者所击小锣"为

"引孩儿",咏道:"庭阶个个乐含饴,放学归来逐队嬉。底事红鞋快奔去,门前为有引孩儿。"真情景如画。但吹箫卖糖也是有的,潜庵于咸丰十年(1860)写的《苏台竹枝词》便有"卖饧天气听吹箫,拾翠人归冶服娇"之咏。卖糖人儿则较晚,都是敲小铜锣唤卖,有的还哼着小调:"来呀,

捏糖人(戴敦邦画)

换糖啰,武松打虎猪八戒,猴子爬树孙大圣,像不像由你看,甜不甜由你尝,来呀,换糖啰。"卖糖人儿的担子前是圆桶,桶内有炉,炉上有铜锅,盛着煮热的饴糖,苏州人称为"净糖",边上小盘放着色素,担上有稻草把,上面插着各式糖人儿,最常见的是《西游记》人物,孙悟空手里的"风风转",红孩儿脚下的"风火轮",微风一吹,就转动起来,最好看的是老鼠偷油和水烟筒,那是要用模子的,卖糖人将饴糖放在模子里,再吹口气就成了。草把上的糖人儿,如果不用废品来换,一样也只卖一个铜板,故引得孩子们围拢来,买一样两样,既能玩又能吃。还有就将两根小木棒捞一撮"净糖",孩子拿了,就不停地搅,那褐色的"净糖"就渐渐变白,变白了就放进嘴里慢慢吃起来,似乎特别有劲。

卖酱油热螺蛳，兜卖者大都是家道中落的女子，当晚霞与麻雀齐归的黄昏，她们就挽着一只竹篮出门了，篮里放一只用棉衣捂紧的砂锅，由小巷拐入大街，就开始叫卖："阿要酱油热螺蛳"，软绵绵的，羞怯怯的，那些小酒店里，顿时热闹起来，调羹的舀螺蛳声，"唑唑"的嗍螺蛳声，"丁当"的螺蛳壳落碟声，再加上席间酒客的猜拳嬉闹声，那是旧时苏城小酒家热闹的一景。

卖豆腐花，一副锅灶歇在街头巷口，顾客来了，摊主取一只敞口白瓷青花碗，用一柄扁平铜勺，将生豆腐一片片舀入汤镬中，须臾即将豆腐花连汤带水舀出，然后加入榨菜末、虾米、蛋丝、肉松、蒜叶、香葱等作料，喜欢吃辣的，还可加点辣油和胡椒粉，真是热吃的美味。卖豆腐花的，叫卖声只有一个字"完"，拖音到自然转为"安"音才收住。这里的"完"，或许就是"喂"，算是一种招呼，然要比"喂"婉转平和；也可能是"碗"，原来这叫卖的吆喝是"喝碗豆腐花"，"喝"字叫得短促，"碗"字叫得悠长，"豆腐花"三字叫得轻而快，渐渐就省去了。

卖白果，叶圣陶有一篇《卖白果》，这

卖豆腐花（戴敦邦画）

样写道:"我们试看看他的担子。后头有一个木桶,盖着盖子,看不见盛的是什么东西。前头却很有趣,装着个小小的炉子,同我们烹茶用的差不多,上面承着一只小镬子;瓣状的火焰从镬子旁边舔出来,烧得不很旺。在这暮色已浓的弄口,便构成个异样的情景。他开了镬子的盖子,用一只蚌壳在镬子里拨动,同时不很协调地唱起来了:'新鲜热白果,要买就来数。'"叶圣陶又回忆起这类乎儿歌的市声:"'烫手热白果,香又香来糯又糯;一个铜钱买三颗,三个铜钱买十颗。要买就来数,不买就挑过。'这真是粗俗的通常话,可是在静寂的夜间的深巷中,叫卖者这样不徐不疾,不刚劲也不太柔软地唱起来,简直可以使人息心静虑,沉入享受美感的境界。"这卖白果的叫卖,似乎轻松随意,然而有腔有调,字音清晰,柔软可人,真是十分动听,再加上装白果的铅丝笼周边悬有一两只小小铃铛,晃动起来,发出一串串欢乐跳跃的声音来,更引得孩子们垂涎欲滴。

卖糖粥,卖糖粥也常常是在黄昏时分开始,旧时是挑骆驼担的,晚近以来稍稍变迁。叫卖者用一根宽扁担,挑着两只木桶,木桶下铁箍着的是两只小炉子,炉火正旺,前面的木桶上还挂着一只竹梆或木梆,他一边敲着竹梆,"笃、笃、笃",一边吆喝"卖糖粥,卖焐酥豆粥",应声而来的,大都是孩子,拿着只空碗奔出门来,他先是在一只桶里舀了大半碗雪白晶莹的糯米粥,又在另一只桶里舀一勺焐酥豆,豆粥乌黑透红,厚厚的,香香的,几乎溢出碗口。

卖馄饨,叫卖者挑着一副骆驼担,一端是滚滚沸腾的锅子,还有一格格放着酱油、盐、醋、辣酱、葱末、大蒜、生姜、味精的小格子；另一端是一层层的竹抽屉，放着生皮子、包好的生馄饨、拌好的鲜肉馅，竹抽屉上面还有一口小竹橱，放着碗和调羹，也敲竹梆或木梆叫卖"笃，笃，笃"，苏州人称为"热烙烙"的。馄饨担上大小馄饨都有，小馄饨皮子薄，汤水鲜，虽只有星

卖馄饨（戴敦邦画）

点的肉，却特别讨人喜欢，价格也最便宜。其市声，石渠称"状似小木梆，卖点心所击"为"催饥"，真也十分贴切而有趣，咏道："乱如寒柝中宵击，静以木鱼朝课时。才是午牌人饱饭，一肩熟食又催饥。"

卖五香焐酥豆，叫卖声是那样欢快热烈，一字一顿仿佛如小快板："吃格味里道，尝个味里道，要吃格滋味。"

卖瓜，苏州人家大都后有小河，四乡八邻的农人摇着船儿，载着蔬菜瓜果进城来，橹声欸乃。夏天水巷里一声声"河浜啷卖西瓜"、"杀拉里格甜来"；秋天水巷里一声声"大生南瓜"，悠悠传入两岸临河人家，水面上馀音袅袅。

卖腌金花菜黄莲头，范烟桥在《茶烟歇》里写道："苏州人好吃腌金花菜，金花菜随处有之，然卖者叫货，辄来自太仓，不知何故，且其声悠扬，若有一定的节奏者。老友沈仲云曾拟为歌谱，颇相肖也。山塘女子稚者卖花，老则卖金花菜与黄莲

头,同一笼篮臂挽,风韵悬殊矣。"腌金花菜黄莲头"的市声还被徐云志吸收到弹词唱腔中去。

卖麻油,晚近已不见,道光之前,尚担卖于大街小巷,石渠称"似铜钲而薄且小,卖麻油者所击"为"厨房晓",有咏道:"提壶小滴清香绕,蔬菜盘中未应少。肉食朱门正击肥,人来曾否厨房晓。"

花 船 遗 韵

　　苏州地处水乡泽国,湖泊众多,河流纵横,
城里水巷蜿蜒,倚棹摇橹以行,最为便利。况且
苏州自古便称佳丽之地,物产丰饶盛于东南,文
采风流甲于海内,画舫朱楼,绮琴锦瑟,才子佳
人,芳声共著。故挟妓携娟,花酒箫鼓,滥觞已
久,成为古代苏州社会生活的一部分。白居易
守郡时,就以风流自赏,龚明之《中吴纪闻》卷一
记道:"白乐天为郡时,尝携容、满、蝉、态等十
妓,夜游西武丘寺,尝赋纪游诗,其末云:'领郡
时将久,游山数几何。一年十二度,非少亦非
多。'可见当时郡政多暇,而吏议甚宽,使在今
日,必以罪去矣。"宝历二年(826),白居易修筑
山塘后,有《武丘寺路》诗曰:"自开山前路,水陆
往来频。银勒牵骄马,花船载丽人。芰荷生欲
遍,桃李种仍新。好住湖堤上,长留一道春。"赵
嘏也有《入半塘》诗曰:"画船箫鼓载斜阳,烟水
平分入半塘。却怪春光留不住。野花零落满庭
香。"苏州可供泛舟游赏的地方很多,从郡城而

出，葑门外的黄天荡、澹台湖，西郊的横塘、石湖，稍远一点的，如光福、东山、西山，都是泛舟郊游的去处，垂杨系画船，柳阴停花舫，正是昔日一道绚烂的景致。郡城则以山塘尤称其萃，自阊门外至虎丘，画舫笙歌，绵延七里，四时不绝。垂杨曲巷，绮阁深藏，银烛留髡，金觞劝客，真可谓花天酒地，殆无虚日。

坐着画舫，作如此的冶游，一天或更长，也就需要有酒饭的安排，船菜和船点就是这样产生的。故谈及船菜和船点，得从冶游谈起。

冶　游

中国历史上，冶游一事，无处不有，无时不有，而坐画舫以游，大概以晚明时为最盛，自阊门、山塘至虎丘，歌台与舞榭相望，已稍胜金陵秦淮河、扬州瘦西湖。

至乾隆年间，关于山塘的繁华景象，杨模《虎丘竹枝词》咏道："斟酌桥边舣画船，碧纱窗里隐婵娟。绿杨深处红灯起，夜半犹闻奏管弦。"又狄黄铠有《山塘竹枝词》三首，咏道："花满长堤水满塘，堤头金勒水边樯。相逢何必曾相识，半是王孙半丽娘。""金阊门外水东流，载酒看花处处游。占断春光三个月，夜深还上妓家楼。""一枝柔橹一枝篙，二八吴娃弄画桡。载得游人去何处，东风吹过半塘桥。"

苏州放舟游赏，一年四季不绝，但也有时令节会，顾禄《桐桥倚棹录》卷十二便记道："虎丘游船，有市有会。清明、七月半、十月朝为三节会，春为牡丹市，秋为木樨市，夏为乘凉市。"这是虎丘山塘的情形，六月廿四荷花生日，楼船画舫，小艇野航,毕集黄天荡。邵长蘅《冶游》诗曰:"六月荷花荡,轻桡泛兰塘。花娇映红玉,语笑薰风香。"八月十八石湖行春桥看串月,又是一大盛会,画舫征歌,欢游竞夕,蔡云《吴歈》咏道:"行春桥畔画桡停,十里秋光红蓼汀。夜半潮生看串月,几人倚醉望湖亭。"一岁之中,尤以新秋时节棹游最宜,时溽暑初收,天气稍爽,泊舟水畔,浓绿成阴,垂阳罨画,浮瓜沉李,雪藕调冰,幽绝而闲雅。

《吴郡岁华纪丽》卷三则记道:"画舫之游,始于清明。其船四面垂帘帷,屏后另设小室如巷。香枣厕筹,位置洁净,粉奁镜匣,陈设精工,以备名姬美妓之需。船顶皆方棚,可载香舆。婢仆挨排头舱,以多为胜。城中富贵家起恒日晏,每至未申,始联络出游。或以大船载酒肴,穹篷如亭榭,数艘并集,衔尾而进,如驾山而来。舱中男女杂坐,箫管并奏,宾朋喧笑。船娘特善烹饪。后艄厨具,凡水盂笊帚、西灶箸籰、酱瓿醋瓯、镢勺盂铛、茱萸芍药之属,靡不毕具。湖鲜海错、野禽山兽,覆压庋阁。拙工司炬,窥伺厨夫颜色以施火候。于是画舫在前,酒船在后,篙橹相应,放乎中流。传餐有声,炊烟渐上,飘摇柳外,掩映花间,水碧回环,时往而复,谓之行庖。迨至日暮月升,酒阑筵罢,香舆候久,舍舟登岸,一时金阊门外,胥江埠头,火炬人声,衣香灯影,匆匆趋路,各归城邑。惟有带渚烟痕,满川月色,承平风景,真赢得一段好思量也。"

山塘河上的舟辑,形制各有不同,顾禄《桐桥倚棹录》卷十二介绍了五种,引录如下:

一是沙飞船,"沙飞船,多停泊野芳浜及普济桥上下岸,郡人宴会与估客之在吴贸易者,辄赁沙飞船会饮于是。船制甚

宽,重檐走舻,行动捩舵撑篙,即昔之荡湖船,以扬郡沙氏变
造,故又名沙飞船。今虽有卷艄、开艄两种,其船制犹相仿佛
也。艄舱有灶,酒茗肴馔,任客所指。舱中以蠡壳嵌玻璃为窗
寮,桌椅都雅,香鼎瓶花,位置务精。船之大者可容三席,小者
亦可容两筵。凡治具招携,必先期折柬,上书'水窗候光,舟泊
某处,舟子某人'。相沿成俗,寝以为礼。迓客于城,则另雇小
舟。入夜羊灯照春,凫壶劝客,行令猜枚,欢笑之声达于两岸。
迨至酒阑人散,剩有一堤烟月而已。沈朝初《忆江南》词曰:
'苏州好,载酒卷艄船。几上博山香篆细,筵前冰碗五侯鲜。
稳坐到山前。'盖承平光景,今不殊于昔也"。

山塘灯船(选自《点石斋画报》)

二是灯船，"郡城灯船，日新月异，大小有三十馀舟。每岁四月中旬，始搭灯架，名曰'试灯'。过木樨市，谓之'落灯'。多于老棚上竖楣枋椽柱为檠，有镨有镦，灯以明角朱须为贵，一船连缀百馀，上覆布幔，下舒锦帐，舱中绮幕绣帘，以鲜艳夺目较胜。近时船身之宽而长几倍于昔。有以中排门扃锢，别开两窦于旁，如戏场门然。中舱卧炕之旁，又有小弄可达于尾。舱顶间有启一穴作洋台式者，穹以蠡窗，日色照临，纤细可烛。炕侧必安置一小榻，与栏楹桌椅，竞尚大理石，以紫檀红木镶嵌。门窗又多雕刻黑漆粉地书画。陈设则有自鸣钟、镜屏、瓶花。茗碗、吐壶以及杯箸肴馔，靡不精洁"。"传餐有声，睹爵无算，茉莉珠兰，浓香入鼻，能令观者醉心。设有不欲明灯者，亦任客所指。其头中尾舱，必燃灯一二十盏，以自别于快船"。

三是快船，"快船之大者即灯船之亚，亦以双橹驾摇，行送甚速，故名曰'快船'，俗呼'摇杀船'。有方棚圆棚之别。户之绮，幕之丽，帘窗之琼绣，金碧千色，岜眼晃面，与灯船相仿佛，但不设架张灯耳。有等舟身甚小，位置精洁，只可容三四客者，谓之'小快船'，行动更疾如驶，即舒铁云诗所谓'吴儿驶船如驶马'是也。泊船之处，各占一所，俗呼'船涡'。捧轴理棹者多妇女，故顾日新有'理楫吴娘年二九，玉立人前花不偶。步摇两朵压香云，跳脱一双垂素手'之句"。

四是所谓"逆水船"，"其船多散泊于山塘桥、杨安浜、方基口、头摆渡等处。运动故作迟缓之势，似舟行逆水中，俗呼'逆水船'"。潜庵《苏台竹枝词》小注曰："船有妓者，名逆水船。六月中泊舟柳阴下，聚客挦蒲，以消长夏。"

五是所谓"水果船",为诸船服务也,"有等小本经纪之人,专在山塘河中卖卖水果为生。每值市会,操小划子船,载时新百果,往来画舫之间,日可得数百钱,俗呼水果船"。

舟楫停泊,往往一字排开,楼船高下,大小参差,也蔚然可观。雪樵居士《虎丘竹枝词》写得十分幽默:"一字船排密似鳞,好同战舰舣河滨。酒兵报道新降敌,娘子军擒薄幸人。"

至民国初年,花船依式样大小,有大双开、小双开之别,大都停泊在阊门渡僧桥畔和胥门万年桥畔。至民国十二年(1923)前后,花船已大为减少,凡花船者,大都以聚宴为主了,当然也可叫局。据记载,当时夏桂林船停枣市上归泾桥堍,金阿媛船停万年桥堍,张天生船停万年桥昌记桐油巷后,吴云生船停新摆渡口,顾宝生船停枣栈杨家弄,张阿土船停胥门城内盛家带,李掌寿船停阊门外,沈松山船停胭脂河头。

苏州郡城之外,吴江松陵垂虹桥也是花船麇集。潘柽章《吴江竹枝词》咏道:"吴江胜事谁能数,长桥宛转晴虹吐。可怜画舫酒如渑,不浇三忠祠前土。"吴江盛泽的山塘,也仿佛虎丘山塘,民国时人沈云《盛湖竹枝词》咏道:"山塘一带管弦柔,画舫参差古渡头。绝似金阊门外路,至今犹说小苏州。"小注写道:"居民以绸绫为业,四方商贾辇金至者无虚日。山塘及升明桥一带皆画舫停泊处,淡妆浓抹,清歌妙舞,竹肉并奏,日以继夜,故至今有小苏州之称。今则如谈天宝矣。"

关于清末时的情状,包天笑在《钏影楼回忆录》里有较详细的记述:"苏州自昔就是繁华之区,又是一个水乡,而名胜又很多,商业甚发达,往来客商,每于船上宴客。这些船上,明灯绣幕,在一班文人笔下,则称之为画舫,里面的陈设,也是极考究的。在太平天国战役以前,船上还密密层层装了不少的灯,称之为灯船。自遭兵燹以后,以为灯船太张扬,太繁縻了,但画舫笙歌,还能够盛极一时。"

船　娘

在花船上营生的女子,有妓女,有侍婢,有厨娘,一般称妓女为船娘,当然妓女兼而为厨娘的极多。

船娘大都善于烹饪,游人坐花船冶游,既可赏得艳色,又可尝得美食,这是花船生涯最为诱人的地方,清人于此颇多吟咏。袁景澜《续咏姑苏竹枝词》曰:"河豚洗净桃花浪,针口鱼纤刺绣缄。生小船娘妙双手,调羹能称客人心。"黄兆麟《苏台竹枝词》咏道:"蒲鞋艇子薄帆张,柔橹一枝声自长。舵楼小妹调羹惯,烹得霜鳞奉客尝。"暧溪梅花庵主人《吴门画舫竹枝词》咏道:"一声吩咐设华筵,盘菜时新味色鲜。人倦酒酣拳令毕,消魂待慢总须钱。"

船娘毕竟是水上生涯,稍有积蓄,就上岸另筑香巢,船菜之制,也就未必在船上了。当然在此以后,还雇船或自家备船,以供客人游乐。至少从清初时起,经过两百多年来船娘的努力,花船上的菜肴和点心不断变化,形成了独特的风貌,脱颖而出,成为苏州饮食的精品,即船菜和船点。

由于一是赏游之乐,二是朵颐之快,坐花船以游,成为苏州士人的一个特殊的享受,外来的客人,也向往着这种享受。清初时,苏州就流行这样的打油诗:"一饭家常便饭开,呼拳长饮肆中来。醉游且上酒船去,那管家无起火柴。"可见得花船

李双珠家彩舫(摄于 1911 年前)

自有这样一种诱惑。康熙时人瓶园子《苏州竹枝词》也咏道:
"门外城中多酒船,酒船肴馔讲时鲜。无分风雨兼霜雪,说着
闲游便出钱。"这种状况一直绵延至
清末,当时,周越然在苏州教书,他
在《六十回忆》里写道:"余在苏时,
尚有两事,一、吃馆子,二、坐花船
——虽属荒唐,但不妨言之。当时
馆子之佳而且廉者,司前街(?)之京
馆鼎和居(苏人读如'丁乌鸡')也,
与之交易者,大半为官员,其次则为
绅士,最次教员与学生。花船之最
著名者,李双珠家(鸭蛋桥)也。两
者余均享受之,而尤以末一年为
最多。"

名妓李双珠

船　菜

　　瓶园子《苏州竹枝词》已称"酒船肴馔讲时鲜","时鲜"是船菜的一个首要特点,其次是精致,而最关键的,是小镬小锅,聊供一桌两桌而已,故风味独绝,为人津津乐道。

　　民国三十六年(1947)出版的《苏州游览指南》,对船菜有如下的介绍:"苏州船菜,向极有名,盖苏州菜馆之菜,无论鸡鸭鲜肉,皆一炉煮之,所谓一锅熟也,故登筵以后,虽名目各异,味而皆相类。惟船菜则不然,各种之菜,皆隔别而煮,故真味不失。司庖者皆属妇女,殆以船娘而兼厨娘者,其手段极为敏捷,往往清晨客已登舟,始闻其上岸买菜,既归则洗割烹治,皆在艄舱一隅之地,然至午晷乍移,已各色齐备,可以出而饷客矣。其所制四粉四面之点心,尤精巧绝伦,且每次名色不同,亦多能矣。惟现值战后,社会经济困窘,真正之船菜已不多睹,惟于苏式餐馆中可以嚼其一脔。"

　　叶圣陶对船菜也颇为赞赏,他在《三种船》里写道:"船家做的菜是菜馆比不上的,特称'船菜'。正式的船菜花样繁多,菜以外还有种种点心,一顿吃不完。非正式地做几样也还是精,船家训练有素,出手总不脱船菜的风格。拆穿了说,船菜所以好就在于只准备一席,小镬小锅,做一样是一样,汤水不混和,材料不马虎,自然每样有它的真味,叫人吃完了还觉得馋涎欲滴。倘若船家进了菜馆里的大厨房,大镬炒虾,大锅煮鸡,那也一定会有坍台的时候了。话得说回来,船菜既然好,坐在船里又安舒,可以眺望,可以谈笑,玩它个夜以继日,于是快船常有求过于供的情形。那时候,游手好闲的苏州人还没有识得'不景气'的字眼,脑子里也没有类似'不景气'的想头,快船就充当了适应时地的幸运儿。"

民国十五年(1924)前后,雇船、船菜、叫局的价格,开销不靡,且读以下几则旧记。

陆鸿宾《旅苏必读》记道:"苏地船菜最为有名,各样小菜有各样之滋味,不比馆菜之同一滋味,菜有一顿头、两顿头之别,船有大双开、小双开之别,然虽曰大双开,究不能多请客人,故官场请客而人数多者,必用夏桂林船,菜亦嘉,船亦大,用轮船拖带,虎丘冷香阁,枫桥寒山寺,一日而可游两处。朝顿八大盆、四小碗、四样粉点、四样面点、两道各客点,酒用花雕,尽客畅饮。夜顿十二盆、六小碗、两道各客点,船酒菜一应主人出洋三十元,轮船外加二十元,客人各出酒钱洋两元,亦有主人包出,不费客人者,主人加出洋十六元或十二元,或照到客每客两元不等。船上尽可叫局,各就自己所认识者出条叫之,名曰发符。每局洋三元,出船坐场洋一元,在坐客人各叫一,则主人必赔叫一局,为一排或有叫两排三排,主人亦必须两局三局,以赔之。有初到苏地并无熟识倌人,则

船　菜(摄于1936年前)

主人或在坐客人代为出条,则条上必书明某代。而局钱虽非熟识不必当场开销,熟客则三节总付,新客则于明后日至倌人家内茶会再开销。最好有二三局后倌人打合请客还席总算,若一局即付者,谓为孤孀局,倌人甚不乐于此。"

陶凤子《苏州快览》记道:"船上所置之菜,名曰船菜,别样风味,名驰他方。有一顿头连船十元,二顿头连船二十元,不吃菜者六元,无论何之,均以一天计算,坐大双开者,亦可叫局。或山塘缓渡,或枫桥暂泊,或放棹石湖,或扣舷胥江,一声欸乃,山光纷扑,凭窗纵目,胸襟洒然,而浮家泛宅中,与二三知己浅酌低斟,远眺近瞩,赏心悦目,尤无复以加也。"

1935年,潘子欣六十生辰,雇花船欢宴石湖留影

至民国十七年(1928)前后,价又稍涨,周振鹤《苏州风俗》记道:"其价值则一筵一席,从前连船约十五六元,近则各物飞涨,大抵非二三十元不办矣。"

船上筵席一般只供应中餐、晚餐两顿,午餐为八冷盆、四热炒、六小碗、四粉四面两道点心,晚餐为四冷盆、六热炒、四大碗，可吃到半夜下船。船菜一只一只上桌，筵席时间任客延长，故特别讲究烹饪技艺，否则经不起食客细品。细据王四寿船菜单记录，正菜有三十道，各有名目，如珠圆玉

船　点

润、翠堤春晓、满天星斗、粉面金刚、黄袍加身、王不留行、赤壁遗风、红粉佳人、江南一品、鱼跃清溪、八仙过海等，也不知究竟；冷盆八道是豆腐皮腰片、鳌松卷、出骨虾卤鸡、牌南、呛虾、糟鹅、胭脂鸭、熏青鱼；船点则有四粉、四面、两道甜点，四粉是玫瑰松子石榴糕、薄荷枣泥蟠桃糕、鸡丝鸽团、桂花糖佛手，四面是蟹粉小烧卖、虾仁小春卷、眉毛酥、水晶球酥，两道甜点是银耳羹、杏露莲子羹。船点是值得一提的，《吴中食谱》记道："苏州船菜，驰名遐迩，妙在各有真味，而尤以点心为最佳，粉食皆制成桃子、佛手状，以玫瑰、夹沙、薄荷、水晶为最多，肉馅则佳者绝少。饮食业之擅场者，往往以'船式'两字相诩，盖船式在轻灵精致，与堂皇富丽之官菜有别。"船点用米粉或面粉为原料，米粉加天然色素，以花果、小动物为造型，包馅心蒸煮而成；面粉有酵面、呆面、酥面三种，以酥面居多。今菜馆筵席点心，都属船点旧规。

抗战爆发后，花船匿迹，然早在花船匿迹之前，船菜已被苏城菜馆引进，极大地丰富了菜馆的品种。沦陷时，松鹤楼名厨陈仲曾之子陈志刚与人合伙在大成坊口开办鹤园菜馆，专营船菜，悬市招称"正宗苏帮船菜"，有船菜三四十款，如烂鸡

鱼翅、鸭泥腐衣、蟹糊蹄筋、滑鸡菜脯、鸡鸭夫妻、炖球鸭掌、果酱爆肉、葱油双味鸭、环爪虎皮鸡等,一时生意兴隆,食客盈门,名声远播。

花　酒

苏州虽然以花船菜馔著名,但在妓家吃酒,也精致烹饪,别有风味,并非寻常店家可比,故于船菜之外,吃花酒也颇有名色,稍稍记述,聊备一格。

瓜果为妓家必备,个中生《吴门画舫续录》记道:"吴门瓜果,无所不有。近出洞庭光福、天池诸山,惟白杨梅只可贻赠,不肯售买;水蜜桃出沪渎;茄桃出荡口镇,桃之似茄者也;双凤西瓜出镇洋,子多檀香色,瓤黄白者为最,皮脆薄,甘美异常。厨娘预沉诸井,日长亭午,酒兴初阑,盛以晶盘,出诸瑶席。座中有不攘腕争取者,则知刚逢入月期矣。"此外,"近宋公祠法制半夏陈皮、仰苏楼各种花露,皆他处不能效。至西洋印花衫裙巾袖以及五色鬼子阑干等物,青楼中皆视为寻常日用所不可无"。

清末的苏州妓院集中于阊门外一带,叶楚伧《金昌三月记》记道:"金昌亭,为苏州胜游荟萃之地。香巢十里,金箔双开,夕照一鞭,玉骢斜系。留园之花影,虎丘之游踪,方基之兰浆,靡不团艳为魂,碾香作骨。亭午则绿云万户,鬟儿理妆;薄暮则金勒香车,搴帷陌上。迨灯火竞上,笙萧杂闻时,则是郎醉如醇,妾歌似水矣。阿黛桥在后马路,为萧鼓渊薮,伎家栉比以居。同春同乐诸坊,门临桥干,重阁覆云。下眺马路,斜照中,五陵少年,连骈而过,时与楼头眉黛眼波疾徐相映。"

叶楚伧又记他在妓家吃花酒数事:"绿梅影与花翡,姊妹行也。一色衣裳,两般娇小,哕哕然有雏凤竞鸣之概。虞山钱镜英昵之,至终日匿迹妆阁间,奉匜刷鞋,执美人役。伊家玫瑰酒,冠绝北里。余又酒人,至辄索饮,饮毕竟去,几忘其为赵李家也。""王三字宝宝,百花巷歌者女,居安乐里,丰腴朗润,尤以柔媚胜。豪于饮,斗不醉。与余约,余作七绝一首,伊亦陪尽一觞,自夜戌初起至晓,余成《金阊杂咏》三十绝,伊亦连引三十觥,淹才垂尽,环颜亦酕矣。其婢阿巧,亦能饮。故角饮斗杯,每每令人思王三。""一夕过王三家,时方为某伧所赚,因唱别鹄离鸾之曲,声韵凄婉,不可卒听。余急止之曰:'忧能伤人,卿好饮,余试以酒忏之。'乃设四碟:咸瓜、莲子、杏仁、云腿。出其自酿玫瑰酒,挑灯对饮。"

妓家所制的美食,各擅所长,自为特色。叶楚伧也记道:"王三家咸瓜,花翠家玫瑰酒,林霏家八宝鸭,周二家龙团茶,俱擅一时之美,而尤以王瓜、花酒为最。瓜着齿,脆嫩芬芳,咸不伤涩,令人有厌薄珍错之想。"

至民国初年,苏州妓院依然兴盛,陶凤子《苏州快览》记道:"吴宫花草,素负盛名,阿黛桥畔之桃源坊、同春坊、同安坊,粉白黛绿,列屋而居,灯火上时,珠帘银箔间,笙歌相闻,珠笑玉香,花团锦簇,依旧繁华景象,寂寂湖山,亦不可少此点缀也。"虽说清代也有在酒楼菜馆宴集叫局的,但大都还是在妓院里,入民国后,情况颇有不同了,《苏州快览》记道:"客有问津者,多假菜馆叫局,但初次局票,须注明何人所代,始克久坐,否则语冷颜冰,一坐即去。叫局以后,即可造访妆阁,稍坐片刻,名曰打茶围,如欲且住为佳,则事前须做花头。做花头者,碰和吃酒也。其酒菜叫自菜馆,价格照例十元,先付仆役费,名曰下脚,其数五六元不等,又给车夫饭费,名曰轿饭账,每人数角一二元无定。照例至多五人,啤酒、荷兰水有喝一二打者,至少加给十元,如但吃酒而不碰和,谓之赤脚酒,妓院素不欢迎。盖吃酒往往蚀本,而碰和则可抽头也。迁就之妓,有一和一酒,即能住夜者,谓之三响头;其自视甚高者,须吃双台,甚或四酒八和,方许留髡。如值开账路头、收账路头、本家生日、倌人生日等,稔客例应报效和酒。"

书寓菜都为苏州风味,朱文炳《海上竹枝词》咏道:"吴姬也有善烹庖,聊为钟情备酒肴。若到节边吃水菜,只须少约几知交。"因此吃花酒,除饮酒取乐外,品尝佳肴乃是一重要内容。周劭在《令人难忘的苏菜》里回忆:"但真正地道的苏菜,在四十年代的上海却还有一个地方可以吃到,那便是上海的长三书寓。那里的所谓'花酒',是地道苏州大师傅所掌勺的苏菜。余生也晚,已够不上冶游花丛与娼门才子为伍的时代,但因为当律师的职业关系,给当事人打胜了官司,除了应受'公费'之外,当事人若是有钱的商人,总要另备一席丰盛筵席表示谢意。而那时上海风气还不像现在那么奢侈,一席万金不算稀罕,那时最高级菜馆的酒席也不过百金,商人为了致敬和摆阔,往往在长三书寓设宴。那个地方价钱是没有底的,可以摆'双台'甚至'双双台',同样一席酒加上'双双台'的嘉名便须付四倍钱,不消说那花四倍钱的酒席当然是特别道地了。我对旧社会的娼门便只有吃的因缘,而且吃的正是地道的苏菜。"

茶 酒 谈 往

　　苏州素有品茗饮酒的风气,茶与酒是苏州市民生活的重要组合要素。三国时吴主孙皓,就有"以茶代酒"的故事。《三国志》卷六十五记道:"皓每飨宴,无不竟日,坐席无能否率以七升为限,虽不悉入口,皆浇灌取尽。曜素饮酒不过二升,初见礼异时,常为裁减,或密赐茶荈以当酒。"可见当时茶已经开始流行,并和酒一样作为一种饮料,使得饮酒风气发生转变。及至明清,随着人们日常生活水平的提高,茶和酒的品类更加繁复,加工技术更加进步,社会普及面也更加广泛。同时,饮与食的密切联系,品茗饮酒的礼仪习俗,茶酒所独有的保健药用功效,再加上商品经济的繁荣发展等因素,不但使茶酒文化的内涵不断延伸,并且不为其他形式的文化所替代。

　　古人善于食,善于宴,也善于品茗饮酒,因此从宫廷皇室到民间寒舍,从官宦士绅到市井细民,在一年四季的饮食活动中,特别表现出对

姑苏食话

酒茶品类、仪礼、器具、环境的关注，这种关注，绝不亚于对饮馔食品的重视，诸如对酒食、酒肉、酒菜、酒宴、酒仪、酒德、茶食、茶品、茶饮、茶规等等的讲究，更充分反映了各个历史时期不同的社会崇尚、民间风俗和文化特色。各地的茶酒风尚也有很大不同，如清代苏州民间的饮酒行令，就有自己的特色，松陵岂匏子在《续苏州竹枝词》小注里就说了四点，一是"吴人饮酒不说口令，惟取色子速掷，十掷名曰大盆。或一掷几快，一快几杯。以此席买彼席，彼席亦答"；二是"一令初行，连声请候，或对邻或左右邻，俱请候一杯，名曰苏州候。酒例无小杯，以撇饮之"；三是"吴人豁拳，多有唱曲。赢者吃酒，输者唱曲，以之定例"；四是"子弟苟能饮酒唱曲者，便是苏州尤物，即祖孙父子，亦豁一拳以见高低"。从中可以看出当时苏州风气的奢侈，所谓"唱曲"，也反映了昆曲在民间的流播。即使在苏州，城乡之间，官民之间，也有很大不同，如以茶奉客，城中则

吃菜茶

讲究以新茶为上,佐以精致细洁的茶食。乡间则不同,如周庄待客的茶食,则有腌菜一款,称为"吃菜茶",别成风俗。茶酒风尚又随时代而变化,如民国初年,苏州舞厅先是供酒,后则改为供茶,称为"舞茶",范烟桥《茶烟歇》记道:"今曰茶舞,则于薄晚行之,而舞客不必费香槟也。"乡村间有一种茶馆,俗呼"来扇馆",往往附以博局,民国初年推动社会教育,辟为民众茶园,作了移风易俗的努力。

苏州的茶和酒,也是一个颇大的题目,只能择要而谈。

茶　风

苏州人喜欢"孵茶馆",这个"孵"字实在用得妙不可言,就像老母鸡孵蛋似的坐在那里不动身。在茶馆里可以消磨一天,这并不是仅仅一天的事,而是天天如此,并且习惯固定于一家茶馆。这和苏州人的经济生活环境有关,苏州乃百货聚集之处,茶馆里有茶会,一部分人天天到茶馆里来,参与本行的茶会,进行交易,了解行情,统一同行的规则。对另外一部分人来说,家有薄田数亩,依靠租米可以过得很舒坦;家有小铺,无须自己操劳,自有人去经理琐碎;总之闲人极多,平日里闲着,就要想方设法去消闲。清人松陵岂匏子《续苏州竹枝词》咏道:"莫问朝饔与夕飧,点心荤素买来吞。取衣典押无他事,日饮香茶夜饮樽。"这"日饮香茶"也就是消闲的办法之一。在家中自然也可吃茶,但不少苏州人是喜欢上茶馆去的。既是消闲,又可与社会接触和融合,在新闻传播媒体尚未形成或尚不发达阶段,茶馆是一处传播各种信息的场所,既有时事大局,又有社会新闻、市井琐碎、风月情事、百货信息,也就有很大的趣味。然而谈论交流国家大事,也许会惹祸,所以过去的茶馆里往往有"莫谈国事"的帖子。旧时,在茶馆里吃茶,实在是苏州人的重要生活内容。范烟桥在《茶烟歇》里写道:"苏州人喜茗饮,茶寮相望,座客常满,有终日坐息于其间不事一事者。虽大人先生亦都纡尊降贵入茶寮者,或目为群居终日,言不及义。其实则否,实经济之交际俱乐部也。""经济之交际俱乐部",可说是对苏州茶馆的贴切概括。

1923年,郁达夫游苏州,他在《苏州烟雨记》里写道:"早晨一早起来,就跑上茶馆去。在那里有天天遇见的熟脸。对于这些熟脸,有妻子的人,觉得比妻子还亲而不狎,没有妻子的人,当然可把茶馆当作家庭,把这些同类当作兄弟了。大热的时候,坐在茶馆里,身上发出来的一阵阵的汗水,可以以口中咽下去的一口口的茶去填补。茶馆里虽则不通空气,但也没有火热的太阳,并且张三李四的家庭内幕和东洋中国的国际闲谈,都可以消去逼人的盛暑。天冷的时候,坐在茶馆里,第一个好处,就是现成的热茶。除茶喝多了,小便的时候要起冷痉之外,吞下几碗刚滚的热茶到肚里,一时却能消渴消寒。贫苦一点的人,更可以借此熬饥。若茶馆主人开通一点,请几位奇形怪状的说书者来说书,风雅的茶客的兴趣,当然更要增加。有几家茶馆里有几个茶客,听说从十几岁的时候坐起,坐到五六十岁死时候止,坐的老是同一个座位,天天上茶馆来一分也不迟,一分也不早,老是在同一个时间。非但如此,有几个人,他自家死的时候,还要把这座位写在遗嘱里,要他的儿子天天去坐他那一个遗座。近来百货店的组织法应用到茶业上,茶馆的前头,除香气烹人的'火烧'、'锅贴'、'包子'、'烤山芋'之外,并且有酒有菜,足可使茶客一天不出外而不感到什么缺憾。"

文载道则将苏州人的吃茶和上海人的吃茶,作了一番比较,他在《苏台散策记》里写道:"吃茶在上海,原是极其平凡普遍的。不过这里多少带些'有所为而为'的意味,譬如约朋友谈生意经之类。在苏州的吃茶,虽然一样有这类举动,然而更多的却是无所为而为。你尽可以从早晨泡一壶清茶,招几件点心,从从容容地坐上它几小时。换言之,他是占据苏州人生活的一部分。他的那种冲淡、闲适、松弛的姿态,大概是跟整个苏州人的性格不无关联。所以在紧张而活跃中过生活的上海人就无法调和适应了。再进一步说,它不啻反映了中国人的田园性格之一脉,自然,这和苏州的经济条件也息息相关。例如在比较贫脊的犷悍的其他区域,就开不成这样的风气了。"

郁达夫和文载道只谈到了苏州茶馆的一面,另一面作为经济活动的茶会,由于浮光掠影,他们是不甚了然的,这特别需要作点介绍。

顾震涛《吴门表隐附集》于茶会之设早有记载:"米业晨集茶肆,通交易,名茶会。娄齐各行在迎春

沿河茶馆

坊,葑门行在望汛桥,阊门行在白姆桥及铁铃关。"各行各业据不同的茶馆作为茶会。咸丰十年(1860)后,米业、油业、酱业在玄妙观三万昌,石灰瓦业、营造业在玄妙观品芳,绸缎业、锡箔香烛业在汤家巷梅园,棉布棉纱业在东中市春和楼,南北货业在阊门外乐荣坊彩云楼,鸭行孵坊业在石路福安居,豆腐业在临顿路全羽春,五洋业(火柴、肥皂、卷烟、食糖、煤油)在北局红星。此外,如蚕茧商都集中于枣市街明园,船帮则集中于小日晖桥易安。据不完全统计,苏州先后有商业性茶会近五十家。借茶馆做生意,是苏州商界的一大特点,也是苏州茶馆的一大特色。茶会虽不是固定组织,但某一行业在某一茶馆某一室,早茶还是午茶,全凭约定俗成。茶会既是交易之处,又是交际联谊、商定行价、同业聚议之处。茶会交易以趸批为主,卖方随带样品,如米商带"六陈"小纸包,布商带布角小样,注明商号和库存数量,一俟价格谈妥,买方带走小样,以样验货。茶会以现款现货交易为主,少数商品也有期货。

物以类聚,人以群分,这在苏州茶馆里也是如此,除了商业性茶会外,如宫巷桂坊阁先是为厨师茶叙之处,后又为房产业人聚集处,可分业(业主)、蚂(白蚂蚁,房产经纪人)、催(收租人)、数(账房师爷)四类;茂苑、道前街凤翔春和桃花坞胜阳楼为律师界和涉讼人聚集处,且有"律师掮客"奔走其间;养育巷胥苑为教育界聚集处,布置精雅,四周靠墙设卧榻,可来此吃"困茶";云露阁为文人雅士品茗处,彩云楼聚下象棋者,金谷聚下围棋者,玉露春是斗蟋蟀之处,茂苑则为鸟市一角,至于漱芳又是胥江三镇头面人物商谈议事之处。观前汪瑞裕茶号特设茶楼,凡买其茶叶者,可免费品茗,时《大光明报》主笔顾益生、姚啸秋、梅晴初、夏有文等人常驻其三楼茶座,吃茶编报。太监弄吴苑是当时苏城最大的茶馆,茶客日逾千人,则以堂口为分别,进门处的常客为旧货商,楼上是建筑商和木业商聚议之处,挂落前所聚是流氓,挂落后所聚是报业人士,四面厅所聚是社会名流、士绅,爱竹居所聚是省议员和地主,话雨楼所聚则是作家、画人,像周瘦鹃、范烟桥、程小青常于此茗谈。一个吴苑茶馆几乎是苏州社会的缩影。

茶　品

苏州历史上的名茶,有水月茶、天池茶、虎丘茶、碧螺春等,特别是晚近以来的碧螺春,名闻天下。然而苏州人吃茶,未必都爱碧螺春,其他地方的名茶,像西湖龙井、君山银针、六安瓜片、黄山毛峰等等,受到不同茶客的青睐,真是燕瘦环肥,各有所长,茶客也各有所好。

然而既介绍苏州茶事,还是说说碧螺春。碧螺春如小家碧玉,清雅淡然,佳趣无穷,抑或有一种隐隐的情愫,丝丝缕缕地萦绕着。俞樾在《春在堂随笔》卷二里记道:"洞庭山出茶叶,名碧萝春。余寓苏久,数有以馈者,然佳者亦不易得。屠君石巨,居山中,以《隐梅庵图》属题,饷一小瓶,色味香俱清绝。余携至诂经精舍,汲西湖水瀹碧萝春,叹曰:穷措大口福,被此折尽矣。"曲园老人所啜者,碧螺春中真佳品也,难怪有如此的赞叹。淡远的旧事可以不说,说点近事吧,一向不善饮茶的宗璞,对碧螺春却颇多留恋,她在《风庐茶事》里写道:"有一阵很喜欢碧螺春,毛茸茸的小叶,看着便特别,茶色碧莹莹,喝起来有点像《小五义》中那位壮士对茶的形容：'香喷喷的，甜丝丝的，苦因因的。'这几年不知何故，芳踪隐匿，无处寻觅。"情有独钟，而又不可复得，怅然之情，溢于纸面。又某年，汪曾祺在东山春在楼吃茶，是新采得的碧螺春，品啜之际，他不由信服龚定庵所说的"天下第一"，然而这碧螺春却是泡在大碗里的，感到不可思议，似乎只有精致的细瓷茶具，才能与这种娇媚的茶相得益彰，后来见到陆文夫，便问其故，陆文夫说碧螺春就是讲究用大碗喝，"茶极细，器极粗"，正是饮茶艺术的辩证法。汪曾祺听了，不由莞尔。

碧螺春也以雨前为贵，潜庵《苏台竹枝词》有"邀客登楼细品茶，碧螺春试雨前嘉"之咏。品饮碧螺春，宜用洁净透明的玻璃杯，先放开水，后放茶叶，茶叶入水，渐渐下沉，这时杯中茸毛浮起，如白云翻滚，雪花飞舞，并散发袭人清香。头酌色淡、幽香、鲜嫩，二酌翠绿、芬芳、味醇，三酌碧清、香郁、回甘。茶人于碧螺春都很钟情，有的还别出心裁，使之韵味更浓。周瘦鹃在《洞庭碧螺春》里记了这样一件事："某一年七月七日新七夕的清晨七时，苏州市文物保管会和园林管理处同人，在拙政园见山楼上，举行了一次联欢茶话。品茶专家汪星伯同志忽发雅兴，前一晚先将碧螺春用桑皮纸钨作十馀小包，安放在莲池里已经开放的莲花中间，早起一一取出冲饮。先还不

碧螺春

觉得怎样,得到二泡三泡之后,就莲香沁脾了。我们边赏楼下带露初放的朵朵红莲,边啜着满含莲香的碧螺春,真是其乐陶陶。我就胡诌了三首诗,给它夸张一下:'玉井初收梅雨水,洞庭新摘碧螺春。昨宵曾就莲房宿,花露花香满一身。''及时品茗未为奢,隽侣招邀共品茶。都道狮峰无此味,舌端似放妙莲花。''翠盖红裳艳若霞,茗边吟赏乐无涯。卢仝七碗寻常事,输我香莲一盏茶。'末二句分明是在那位十足老牌的品茶专家面前骄傲自满,未免太不客气。然而我敢肯定他老人家断断不曾吃过这种茶,因为那时碧螺春还没有发现,何况它还在莲房中借宿过一夜的呢;可就尽由我放胆地吹一吹法螺了。"

其实,这并不是汪星伯的发明,前人早就有这样的做法,沈复《浮生六记》卷二《闲情记趣》记道:"夏月荷花初开时,晚含而晓放。芸用小纱囊撮茶叶少许,置花心。明早取出,烹天泉水泡之,香韵尤绝。"另外,王韬《随游漫录·古墅探梅》记甫里古寺海藏禅院,"池中多种莲花,红白烂熳,引手可摘。花时芬芳远彻,满室清香。余戚串家尝居此,每于日晚,置茶叶于花心,及晨取出,以清泉瀹之,其香沁齿"。徐珂《清稗类钞》里将这种做法称为莲花点茶,"莲花点茶者,以月未出时之半含白莲花,拨开,放细茶一撮,纳满蕊中,以麻皮略扎,令其经宿。明晨摘花,倾出茶叶,用建纸包茶焙干。再如前法,随意以别蕊制之,焙干收用"。沈复和王韬都没有说用的是什么茶,想来应该是像碧螺春那样的嫩茶。

茶　　水

古今茶事,总将茶与水相提并论,精茶与真水融合,才称至高享受，才得至上境界。许次纾《茶疏》说："精茗蕴香，借水而发，无水不可与论茶也。"张大复《梅花草堂笔记》说："茶性必发于水，八分之茶，遇十分之水，茶亦十分；八分之水，试十分之茶，茶只八分耳。"张源《茶录》则称"茶者，水之神；水者，茶之体。非真水莫显其神，非精茶曷窥其体"。又，顾元庆《茶谱》说："凡水泉不甘，能损茶味之严，故古人择水，最为切要。"可见水质直接影响茶质，佳茗配好水，方能相得益彰。

茶水，应该首推山中乳泉，陆羽《茶经》便称"山水上，江水中，井水下"。

张又新《煎茶水记》记刘伯刍"称较水之与茶宜者"，以"苏州虎丘寺石水第三"；又记陆羽论水，以"苏州虎丘寺石泉水第五"。这泉水也称为陆羽石井，在虎丘剑池之旁，有大石井面阔丈馀，上有辘轳，然湮塞已久。至南宋绍兴三年（1133），主僧如璧重又疏浚，泉又汩汩流出。四旁皆石壁，鳞皱天成，下连石底，渐渐狭窄，泉出石脉中，据说甘冷胜于剑池。郡守沈揆曾作屋覆之，又别筑亭于井旁，以为烹茶宴客之所。明正德年间，长洲知县高第重疏沮洳，构品泉亭、汲清亭于其侧，请王鏊撰《复第三泉记》，另请人于品泉亭上石壁刻"第三泉"三字。虎丘除第三泉外，山道上又有憨憨泉，相传为梁时憨憨尊者遗迹。

虎丘憨憨泉

石韫玉《憨憨泉》诗曰:"清福天所吝,清才人所嗔。师憨泉亦憨,以憨全其真。"顾禄《桐桥倚棹录》称"池水甚清,今居人于此汲泉烹茗"。

天平山白云泉,自古有名。唐宝历元年(825),白居易任苏州刺史,往游天平山,于山腰发现一泓清泉自石罅涓涓流出,挂峭壁穿石隙,直流下山,白居易题《白云泉》诗一首:"天平山上白云泉,云自无心水自闲。何必奔冲山下去,更添波浪向人间。"至北宋景祐元年(1034),范仲淹出知苏州,得陈纯臣《荐白云泉书》,其中写道:"山之中有泉曰白云,山高而深,泉洁而清。倘逍遥中人,览寂寞外景,忽焉而来,洒然忘怀。碾北苑之一旗,煮并州之薪火,可以醉陆羽之心,激卢仝之思,然后知康谷之灵,惠山之英,不足多尚。天宝中,白乐天出麾吾乡,爱贵清泚,曾以小诗咏题。后之作者,以乐天托讽虽远,而有所未尽,是使品第泉目者,寂寂无闻。"范仲淹有感于陈纯臣对家乡名胜有挚爱,欣然作《天平山白云泉》,范仲淹题诗后十年,庐陵僧法远于此筑云泉庵,寺僧和游客常于此汲泉品茗。至南宋,白云泉已名声大著,范成大《吴郡志》称之为"吴中第一水"。元人倪瓒曾绘《龙门茶屋图》,并有诗咏道:"龙门秋月影,茶屋白云泉。不与世人赏,瑶草自年年。上有天池水,松风舞沧涟。何当蹑飞凫,去采池中莲。"乾隆三年(1738),范瑶于云泉庵废基重建云泉精舍,有如是轩、兼山阁诸构,为品茗胜处。

西山水月禅院旧时产水月茶,院在缥缈峰下,苏舜钦有《苏州洞庭山水月禅院记》,称"旁有澄泉,洁清甘凉,极旱为枯,不类他水",人称水月泉,李弥大改题无碍泉,以烹水月茶最宜,其诗《水月寺酌无碍泉》曰:"瓯研水月先春焙,鼎煮云林无碍泉。将谓苏州能太守,老僧还解觅诗篇。"又,毛公坛下有毛公泉,石池深广袤丈,旱岁不竭,皮日休有《以毛公泉一瓶上谏议因寄》,陆龟蒙也有《以毛公泉献大谏清河公》;上方坞有鹿饮泉,蔡羽有《酌鹿饮泉记》,王宠有《鹿饮泉游眺》。

东山名泉也多,水质澄碧甘洌,为品茶家赞赏。翠峰天衣禅院有悟道泉,相传天衣义怀禅师汲水折担于此,于是悟道,故以得名。吴宽《谢吴承翰送悟道泉》诗曰:"试茶忆在廿年前,碧瓮移来味宛然。踏雪故穿东涧屐,迎风遥附太湖船。题诗寥落怜诸友,悟道分明见老禅。自愧无能为水记,遍将名品与人传。"

光福以妙高峰下的七宝泉最有名声,都穆《游郡西诸山记》记道:"泉生石间,形如满月,深尺许,掬饮甚甘,僧接竹引之。"那最有名的故实就是倪瓒的事,顾元庆《云林遗事》记道:"光福徐达佐,构养贤楼于邓尉山中,一时名士集于此,云林为犹数焉。尝使童子入山,担七宝泉,以前桶煎茶,后桶濯足,人不解其意,或问之,曰:'前者无浊,故用煎茶;后者或为泄气所秽,故以为濯足用耳。'"又王宠《七宝泉》咏道:"七宝在空翠,谷口桃花流。诸天香雨散,百道白虹浮。华顶通海脉,□空鸣天球。阴山落寒气,二月思貂裘。渐令神思爽,坐使沉疴瘳。携来双玉瓶,酌以黄金瓯。云英入两腋,渐觉风飕飕。长歌赋归来,去向瑶池头。"真将七宝泉的好处说尽。

此外,雨水和雪水也可用之烹茶。

先说雨水,苏州人称为天落水,古人则称天泉,屠隆《考槃徐事》写道:"天泉,秋水为上,梅水次之,秋水白而洌,梅水白而甘,甘则茶味稍夺,冽则茶味独全,故秋水较差胜之。春冬二水,春胜于冬,皆以和风甘雨,得天地之正施者为妙。惟夏月暴雨不宜,或因风雷所致,实天之流怒也。"苏州地方却以梅水烹茶,以为上品。

芒种之后,江南进入梅雨季节,俗谚有"黄梅天,十八变",天气阴晴易变,往往多雨,古人有"黄梅时节家家雨"之语。旧时苏州人家都蓄贮黄梅时的雨水,称之梅水,作烹茶之用。《清嘉录》卷五记道:"居人于梅雨时,备缸瓮,收蓄雨水,以供烹茶之需,名曰梅水。"《吴郡岁华纪丽》卷五记道:"梅天多雨,檐溜如涛,其水味甘醇,名曰天泉。居人多备缸瓮蓄贮,经年不变,周一岁烹茶之用,不逊慧泉,名曰梅水。耽水癖者,每以竹筒接檐溜,蓄大缸中,有桃花、黄梅、伏水、雪水之别。风雨则覆盖,晴则露之,使受风露日月星辰之气,其甘滑清冽,胜于山泉,嗜茶者所珍也。"嗜茶者讲究水,梅水确乎为嗜茶者所珍。

雪水,也是可以烹茶的,且古已有之,白居易诗有"融雪煎香茗",辛弃疾词有"细写茶经煮香雪",元人谢宗可更有一首《雪煎茶》,诗曰:"夜扫寒英煮绿尘,松风入鼎更清新。月圆影落银河水,云脚香融玉树春。陆井有泉应近俗,陶家无酒未为贫。诗脾夺尽丰年瑞,分付蓬莱顶上人。"雪水是软水,用来泡茶,汤色鲜亮,香味俱佳,饮过之后,似有太和之气弥留于齿颊之间。

由烹茶的雪水,可让人想起曹雪芹《红楼梦》中的事来。第四十一回《贾宝玉品茶栊翠庵,刘姥姥醉卧怡红院》写贾母带了刘姥姥等人来到栊翠庵,要妙玉用好茶来饮,妙玉便用旧年蠲的雨水,泡了一盅老君眉给贾母。随后妙玉拉宝钗、黛玉进了耳房,宝玉也悄悄随后跟了来,妙玉又用另外的水给他们泡茶,宝玉细细吃了,果觉清纯无比,赏赞不绝。黛玉便问:"这也是旧年的雨水?"妙玉冷笑道:"你这么个人,竟是大俗人,连水也尝不出来。这是五年前我在玄墓蟠香寺住着,收的梅

玄墓山圣恩寺(摄于 1946 年前)

花上的雪,统共得了那一鬼脸青的花瓮一瓮,总舍不得吃,埋在地下,今年夏天才开了。我只吃过一回,这是第二回了,你怎么尝不出来?隔年蠲的雨水,那有这样轻清?如何吃得?""玄墓蟠香寺"相传即是玄墓山圣恩寺,近处即香雪海。收梅花上的雪用来泡茶,并非曹雪芹杜撰,《冷庐杂识》卷六便记乾隆帝弘历"遇佳雪必收取,以松实、梅英、佛手烹茶,谓之三清"。既然雪水可与梅瓣等烹茶,何妨直接从枝头梅花上收雪,这是一种神驰奔远的想象。

茶馆挑水人(摄于 1936 年前)

苏州茶馆里,不可能汲山泉、蓄梅水,更不可能以雪水烹茶,大都采用胥江之水。胥江自太湖而来,清澄甘洌,故多数茶馆雇挑夫至水码头向水船买水,并以此标榜。

苏州最大的茶馆吴苑,长期雇用挑夫八人,一日两趟去胥门外挑水,他们身穿印有字号的蓝马夹,列队走街穿巷,口吟号子,一路广告,以此招徕茶客。

至20世纪30年代,北局青年会打深井用自来水,玄妙观品芳等茶馆设法接引,一些大茶馆亦相仿效。

茶 馆

以饮茶活动为中心的经营性场所,唐宋时称茶肆、茶坊、茶楼、茶邸,至明代始称茶馆,清代以后惯称茶馆或茶室。起于何时,史无所记,汉人王褒《僮约》有"武阳卖茶"及"烹茶尽具"之说,但这是干茶铺,并非是卖茶水的坊肆。至南北朝,随着佛教的广泛传播,饮茶首先在寺院里流行起来。世称茶有

茶馆大堂

三德,一是坐禅时通夜不眠,二是满腹时助以消化,三是可作戒欲之药,这些客观的效果直接反映在人的生理上,而"茶禅一味"、"茶佛一味"则是茶和禅在精神上的相通,即都注重追求一种清远、冲和、幽静的境界,饮茶有助于参禅时的冥想和省悟,并体味出澄心静虑、超凡脱俗的意韵。苏州的虎丘寺、华山寺、云泉庵、水月禅院等,或以水得名,或以茶得名,都可称饮茶的佳处,士大夫入寺问茶,汲泉烹茗,以香火钱为茶资,大概就是最早的卖茶了。以后转相仿效,遂成风俗。最早是茶摊,《广陵耆老传》记东晋元帝时,有一老妇每天早晨提一器皿,"往市鬻之,市人竞买,自旦至夕,其器不减",这种茶摊是饮茶商业化的雏形。至唐代,则已有茶肆,封演《封氏闻见记》卷六记开元时,"自邹、齐、沧、棣渐至京邑城市,多开店铺,煎茶卖之,不问道俗,投钱取饮"。

至明末清初,苏州茶馆已遍于里巷,康熙时人瓶园子有《苏州竹枝词》咏道:"任尔匆匆步未休,不停留处也停留。十家点缀三茶室,一里参差数酒楼。"乾隆、嘉庆以后,苏州的茶馆更多了,顾禄《桐桥倚棹录》卷十记虎丘山塘一带的茶馆,写道:"虎丘茶坊,多门临塘河,不下十馀处,皆筑危楼杰阁,妆点书画,以迎游客,而以斟酌桥东情园为最。春秋花市及竞渡市,裙屐争集。湖光山色,逐人眉宇。木樨开时,香满楼中,尤令人流连不置。又虎丘山寺后一同馆,虽不甚修葺,而轩窗爽垲,凭栏远眺,吴城烟树,历历在目。费参诗云:'过尽回栏即讲堂,老僧前揖话兴亡。行行小幔邀人坐,依旧茶坊共酒坊。'"沈朝初《忆江南》咏道:"苏州好,茶社最清幽,阳羡时壶烹绿茗,松江眉饼炙鸡油。花草满街头。"当时讲究的茶馆,都以玻璃作天幔,上映星月,下庇风雨,男女之约,也往往在茶烟澹宕之间,故潜庵《苏台竹枝词》咏道:“玻璃棚上银蟾飞,玻璃棚下牵郎衣。为郎手理合欢带,今夜问郎归不归。”

玄妙观内有一处繁昌茶馆,约创于乾隆年间,至道光、咸丰时,为游冶聚集之所。袁景澜《续咏姑苏竹枝词》咏道:“邻姬相约聚繁昌,满座茶香杂粉香。路柳墙花无管束,雄蜂雌蝶逐风狂。”潜庵《苏台竹枝词》也咏道:“象梳绾髻麝油香,笑约邻娃到万昌。福橘猩红青果绿,问谁隔座掷潘郎。”

苏州茶馆之有说书艺人演唱,由来已久,明人李玉《清忠谱》已有记载。评弹和茶馆有非常密切的关系,茶馆为评弹艺术的发展提供了天地,吃茶者有闲,天天不缺,而说书人也就能将长篇大书一天天说下去,这些固定的茶客也就是固定的听众了。瓶园子《苏州竹枝词》就咏道:“不拘寺观与茶坊,四蹴三从逐队忙。弹动丝弦拍动木,霎时跻满说书场。”袁景澜《续咏姑苏竹枝词》也咏道:“蠡窗天幔好茶坊,赢得游人逐队

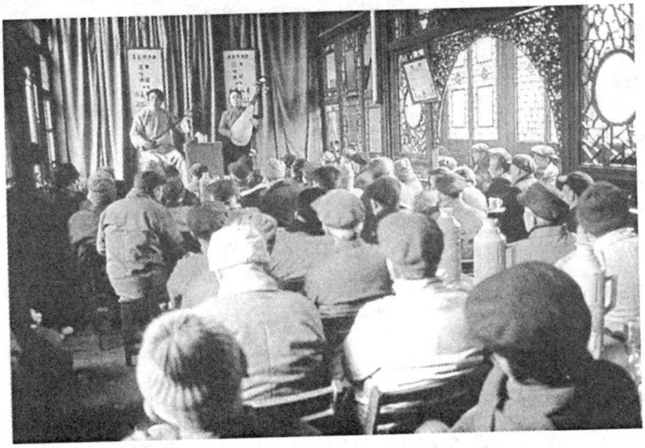

茶馆书场

忙。弹唱稗官明月夜,娇娥争坐说书场。"叶圣陶在《说书》里
也写道:"书场设在茶馆里。除了苏州城里,各乡镇的茶馆也
有书场。也不止苏州一地,大概整个吴方言区域全是这批说
书人的说教地。直到如今还是如此。"清代苏州的茶馆书场有
数十家,宫巷桂芳阁、阊门外湖田堂引凤园、临顿路清河轩、道
前街雅仙居、东中市中和楼、葑门横街椿沁园、山塘街大观园、
濂溪坊怡鸿馆等,历史都较悠久。道光年间,苏州的茶馆书场
以太监弄老意和、宫巷聚来厅、萧家巷金谷、皮市街隆畅四家
为最,称为"四庭柱",都为名家响档演出的一流茶馆,场内可
容三四百位听客。

小镇上的茶馆书场

苏州茶馆,向不准女子进入。道光十九年(1839),苏州抚
署特向茶馆业示禁,不准开设女子茶馆,然此风不能禁绝。咸
丰年间,苏州有一家蕙园茶馆,以妇女听书者为多,每夕总有
三四十人,潜庵《苏台竹枝词》咏道:"郎爱风流三笑记,昨宵丝
竹广场喧。郎心怎似侬心定,漫逐春风到蕙园。"当时,苏州妇

女喜欢上茶馆吃茶,其实都是为了听书。至光绪年间,谭钧培任苏州知府,禁止民家婢女和女仆入茶馆,然风气沿习已久,虽有禁令而并无效果。谭一日出门,正见一位女郎娉婷而前,将入茶馆,问是谁,如实已告,谭大怒,说:"我已禁矣,何得复犯!"即令随从将女郎的绣鞋脱去,并说:"汝履行如此速,去履必更速也。"这个故事在坊巷间流传,正说明禁止妇女听书并不容易。为适应越来越多的妇女听书,特设女宾专席,如梅园即辟一角,间以木阑,有二十馀座。当时吃茶加听书,约费七八个铜板,茶馆与说书人按书筹分成拆账,业内人称为拆筹。

　　咸丰十年(1860)后,因战火而城西商市萧条,茶馆则多在城东,尤以临顿路为多。至清末民初,茶馆业出现繁荣局面,生意兴隆,坊肆极多。时临顿路有富春楼、龙泉、壶有天、方园、群贤居、仝羽春、五龙园(后改四海楼)、九如、顺兴园、锦阁、怡鸿馆等;阊门外石路一带有辛园、大观园、和园、福安居、长安、啸云天、龙园、玉楼春、亦园、南星阁等;玄妙观内有三万昌、雅聚园、玉露春;观前有云露阁、汪瑞裕、茂苑;察院场口有蓬瀛、彩云楼;宫巷有桂芳阁、小如意、聚来厅;北局有清风明月楼;太监弄有怡和园(民国元年改吴苑);护龙街有啸云处、聚园;东西中市有德仙楼、中和楼(后改春和楼)、梅苑、大观楼、鸿春;皮市街有隆畅、齐苑、同春苑;道前街有凤翔春(后改茂苑);养育巷有胥苑、日升楼;胥门外有易安、万象春、明园、漱芳、易园;葑门有椿沁园、凤苑;娄门外有鸿园、昇平楼;盘门外有春风得意楼、四海楼等。此后未久,醋坊桥的金谷,玄妙观的雅月、吟芳,北局青年会的青年春,太监弄的蓬瀛,观前的玉露春、广南居,汤家巷的茂苑,阊门马路的怡苑、啸云天等纷纷开业。民国十年(1921)前后,苏州有名的茶馆书场,有桂芳阁、吴苑、彩云楼、茂苑、凤翔春、胥苑、福安居、怡苑、啸云天等,至民国十九年(1930),苏州的茶馆书场有四十九家。曾有好事者,将几家茶馆的牌号凑合联曰:"雅月玉楼春望月",可惜无有应答者。此外,民国初年胥门外有一家茶馆,名丹阁轩,苏州人读如"耽搁歇",也是很滑稽的。陶凤子《苏州快览》记道:"苏人尚清谈,多以茶室为促膝谈心之所,故茶馆之多,甲于他埠。其吸引茶客之方法,全侍招待周到,故茶役之殷勤和平,尤非他埠所能及。近年来各茶馆竞相装饰,多改造房屋,如吴苑深处、茂苑等,院宇曲折,花木扶疏,身临其地,与知友二三,饮茗谭笑,殊觉别有雅趣。其茶费大概铜圆八枚或十枚,其次者只四五枚而已。"

老茶馆里的老茶客

苏州的老茶客,都有"吃跷茶"的资格,程瞻庐《苏州识小录》有《茶寮》一则,写道:"苏人吃板茶之风颇盛(按日必往茶寮,谓之板茶),亦有每日须至茶寮二三次者。一次泡茶以后,茶罢出门,茶博士不收壶去,仅将壶倚戤一边,以待其再至三至,名曰'戤'。取得'吃戤茶'之资格者,非老茶客不可。仅出一壶茶之费,而可作竟日消遣。茶博士贪其逢节有犒赏,故对于此辈吃戤茶者,奉承之惟恐不至也。"

茶　馆

苏州吃茶的风气,还影响到中学生,叶圣陶当年放学后就到雅聚、老义和等茶馆吃茶。当时家庭订阅报纸的不多,学校或其他公家单位订阅报纸的也不多,而茶馆里则有报贩租报,付几个铜子,就可遍览当时报纸。叶圣陶在宣统三年(1911)九月就常到茶馆去读报,了解革命军与北军的战事状况。在茶馆里租报阅读,至20世纪30年代仍有,周劭在《苏州的饮食》里回忆:"吴苑记忆中最深的是'租报',那时上海的小报多到三四十家,鲁迅或洋人称它为'蚊报',都是些言不及义的消闲读物,每张总也得二三个铜板,要买齐它倒也所费不赀。但到了吴苑,你只要花角把'小洋',便会有报贩轮流换给你看尽当天上海的小报,因为每天头班火车到苏州不过七点钟,所以在吴苑吃早茶的茶客便能一早看到当天的沪报。"

姑苏食话

陆文夫《门前的茶馆》记了山塘街上的一家小茶馆,那是20世纪40年代初的事,正所谓是大千世界的一个缩影:"小茶馆是个大世界,各种小贩都来兜生意,卖香烟、瓜子、花生的终日不断,卖大饼、油条、麻团的人是来供应早点。然后是各种小吃担都要在茶馆的门口停一歇,有卖油炸臭豆腐干的,卖鸡鸭血粉汤的,卖糖粥的,卖小馄饨的……间或还有卖唱的,一个姑娘搀着一个戴墨镜的瞎子,走到茶馆的中央,瞎子坐着,姑娘站着,姑娘尖着嗓子唱,瞎子拉着二胡伴奏。许多电影和电视片里至今还有此种镜头,总是表现出那姑娘生得如何美丽,那小曲儿唱得如何动听等等之类。其实,我所见到卖唱姑娘长得都不美,面黄肌瘦,发育不全,歌声也不悦耳,只是唤起人们的恻隐之心,给几个铜板而已。茶馆店不仅是个卖茶的地方,孵在那里不动身的人也不是仅为了喝茶的,这里是个信息中心,交际场所,从天下大事到个人隐秘,老茶客们没有不知道的,尽管那些消息有时是空穴来风,有的是七折八扣。这里还是个交易市场,许多买卖人就在茶馆里谈生意。这里也是个聚会的场所,许多人都相约几时几刻在茶馆店里碰头。最奇怪的还有所谓吃'讲茶',就是把某些民事纠纷拿到茶馆店里去评理。双方摆开阵势,各自陈述事由,让茶客们评论,最后由一位较有权势的人裁判。此种裁判具

路边小茶馆(摄于1936年前)

有很大的社会约束力,失败者即使再上诉法庭,转败为胜,社会舆论也不承认,说他买通了衙门。"

再说一点茶馆的服务。较有规模的茶馆里都有正堂,也就是负责堂口的茶博士。旧时的茶馆正堂,也非一般人可做,《沙家浜》里阿庆嫂有一段唱:"垒起七星灶,铜炉煮三江,摆开八仙桌,招待十六方,来的都是客,全凭嘴一张,相逢开口笑,过后不思量,人一走,茶就凉,有什么周详不周详?"但阿庆嫂开的毕竟是小镇上的春来茶馆,不同于苏州的茶馆。苏州茶馆的正堂,全凭"周详"两字取悦茶客,老茶客的职业、家庭、习惯、性情、嗜好,甚至听书的曲目流派,无不悉记于心,投人所好,讨人欢喜,不仅嘴上敷衍功夫了得,且手脚勤快,真是全心全意地服务。譬如老茶客一到,就引到老座位上,老茶客大半有固定的座位,万一这座位给人占了,他自有办法让占座的茶客愉快换座,然后用客人专用的茶具泡好茶,再取出专为这位客人准备的香烟,哪位客人吸什么牌子的烟也绝不会弄错,并且为客人点上,在香烟尚未盛行时则是一把水烟筒,装上一筒烟丝,再递上纸捻。到了吃早

茶博士(选自《营业写真》)

餐或下午吃点心的老辰光，不用客人打招呼，正堂就将点心端了上来，如果吃面，吃什么浇头，面的软硬，汤的咸淡，重青还是免青，无不尽如人意。他对每位老茶客离去的时间，也大约有数，如果恰好下雨，路远的，门前早已歇好黄包车，离家近的，套鞋雨伞已替你从家里取来了。正堂还有一本小折子，记着茶客的名字、住址，将平日里的赊账，一笔笔记清，逢年过节便向茶客结算。老茶客都将茶馆服务视为一种享受，偿清赊欠后，必给一笔小费，这对正堂来说，的确是较为丰厚的收入。

此外，跑堂的续水也让人称绝，苏州人称之为"凤凰三点头"。那时泡茶都是茶壶，喝茶另有白瓷茶碗，跑堂拎着长嘴吊子前来续水时，左手拿起茶壶时用一只手指勾起茶盖，右手将吊子嘴凑近壶口，待水柱出来，将吊子一拉，一条白练从一尺多高的半空里飞泻入壶，待壶中的茶水浅满恰到好处时，吊子陡然落下壶口即时打住，壶外边是滴水也无的。

佳　处

苏州晚近的吃茶佳处，首推吴苑。吴苑创于民国元年(1912)，在北局太监弄，五开间门面，前后四进，后门直通珍珠弄。楼下有五个堂口，楼上有五开间大堂口和后面一个小堂口。各个堂口各有特色，方厅以木雕挂落分隔前后；四面厅四面空敞，冬暖夏凉，人坐厅中可望庭园里的湖石花木；爱竹居以幽静著名，窗外竹影婆娑；话雨楼则在楼上，布置雅洁，最宜读书对奕。吴苑里各个堂口，各据一方，雅俗不同，自成一体，故能各得其所，茶客川流不息，四季盈门。据说，自早至晚，每天茶客逾千人。金孟远《吴门新竹枝》咏道："金阊城市闹红尘，吴苑幽闲花木新。且品碧螺且笑语，风流岂让六朝人。"小注曰："吴人有品茗癖，而吴苑深处，为邑中人

老茶馆（摄于 1936 年前）

士荟集之所，一盏香茗，清谈风月，不知身在十丈软红尘中矣。"

郑逸梅《苏州的茶居》写道："我们苏州人真会享福，只要有了些小家私，无论什么事都不想做。他们平常的消遣，就是吃茶。吃茶的最好所在，就是观前吴苑深处。那茶居分着什么方厅咧，四面厅咧，爱竹居咧，话雨楼咧，听雨山房咧，不像上海的茶馆，大都是几开间的统楼面，声浪嘈杂，了无情趣可比。所以那班大少爷们，吃了饭没有事，总是跑去泡壶茶，消磨半日光阴。因为他们的生活问题，早已解决，自有一种从容容优哉游哉的态度。好得有闲阶级，大都把吴苑深处作为俱乐部，尽可谈天说地，不愁寂寞。他们谈话的资料，有下列的几种：一、赌经，二、风月闲情，三、电影明星的服装姿态，四、强奸新闻，五、讽刺社会……一切世界潮流，国家大计，失业恐慌，经济压迫，这些溢出谈话范围以外的，他们决不愿加以讨论。多谈了话，未免口渴，那么茶是胥江水煮的，确是绝妙的饮料，尽不妨一杯连一杯的喝着。多喝了茶，又觉嘴里淡出鸟

来,于是就有托盘的食品来兜卖,有糖山楂、桂圆糖、脆松糖、排骨、酱牛肉,甚而至于五香豆也有特殊的风味。所以同社徐碧波君,他在上海常托苏友代买吴苑的五香豆,其馀可想而知了。点心方面,什么玫瑰袋粽、火腿粽子、肉饼,就是要叫松鹤楼的卤鸭面也便捷。这种口福,真不知吴侬几生修到呢!"

当时凡有客来苏州,主人都邀请他们到吴苑去吃茶。1936年7月,朱自清来苏州,叶圣陶就邀他到吴苑吃茶,朱自清在日记里记道:"在中国式茶馆吴苑约一小时,那里很热。"1943年4月,周作人一行到苏州,也曾去吴苑吃茶吃点心,周作人在《苏州的回忆》里写道:"这里我特别感觉得有趣味的,乃是吴苑茶社所见的情形。茶食精洁,布置简易,没有洋派气味,固已很好,而吃茶的人那么多,有的像是祖母老太太,带领家人妇子,围着方桌,悠悠的享用,看了很有意思。"1944年2月,文载道、苏青等游苏州,汪正禾邀他们去吴苑,文载道在《苏台散策记》里写道:"吴苑的吃茶情形,跟记忆中的过去,倒并未两样,除了人数的拥挤之外,茶客和茶客之间,也没有像上海那样的分成很严格的阶级。相反,倒是短衫同志占着多数。这也见得吃茶在苏州之如何'平民化'了。听说吴苑的点心售卖是有一定的时间,我们这一天去时大约九点钟光景吧,已经熙熙攘攘的不容易找出隙地了。幸而给鲁风先生找到二张长方桌,大家围拢来随便的用点甜的、咸的、湿的、干的点心后,就乘'勃司'到了灵岩。"那次周劭因为赶着编《古今》,没有一起来,但他在战前曾在苏州住过一年,对吴苑留下非常深刻的印象,他在《苏州的饮食》里回忆:"最大的一个去处便是吴苑,为吃茶的胜处。这家啜茗之所,可不像老舍笔下的茶馆那样寒伧,而是轩敞宽广,四通八达,并且是多方面经营,集饮食和娱乐之大成。座位也不是方桌长凳那样单调,而是偃卧宽坐,各遂所欲。茶叶除了特别讲究的茶客,并不像北京那样必须自备,红、绿、花茶,各取所需,所费不过'小洋'一二角,以视今日上海的一茗三四十金,相去何啻天壤;而且上午罢饮,还可关照保留到下午,不另收费。有些茶客茗具是自备的,长期存在吴苑,并且不准洗涤,茶渍水痕,斑驳重叠,在所不惜。"

"吴苑的最大一角是书场,著名的评弹艺人无不从这里弹唱才能成名;但我这个人没有耐心,要听一位小姐或丫环走一条扶梯得花个把月时间,便没有这种闲处光阴了。"

三万昌相传创于乾隆年间,几度兴废,屡易其主。它坐落在玄妙观西脚门,后进直通大成坊,三开间门面,前后左右有四个堂口。莲影《苏州小食志》写道:"儿时即闻有'喝茶三万昌,撒尿牛角浜'之童谣。一般缙绅士夫,以及无业游民,其俱乐部集中玄妙观,好事之徒乃设茶寮以牟利。初只三万昌一家,数十年后接踵而兴者,乃有熙春台与雅聚两家。熙春台早经歇业,而雅聚亦更为品芳居矣。回溯三万

老茶馆(戴敦邦画)

昌开张之始,尚在洪杨之前,每当春秋佳日,午饭既罢,麇聚其间,有系马门前,凭栏纵目者;有笼禽檐下,据案谈心者;镇日喧阗,大有座常满而杯不空之概。间有野草闲花,为勾引浪蝶狂蜂计,亦于该处露其色相焉。百馀年来,星移物换,一切风尚与昔大不相同,惟此金字老招牌之三万昌,依然存在,而生涯之鼎盛犹不减当年。尽有他乡商旅道经苏州,辄问三万昌茶室在何处者,噫,盛矣!"三万昌的米油酱业茶会,始于光绪初年,茶会的时间、堂口都分开,油米杂粮茶会在南面堂口。一般每天上午以米业市场为主,又以糙米为大宗,下午则为米麦六陈及油料、油脂、茶油、油子的交易。米行、米店的老板、经理或代理人,每天就像上班那样准时去那里吃茶谈生意。他们有固定的座位,茶资记账,逢节结算,也没有抢着惠钞的场面。

公园里的茶室,也为人称道,郑逸梅《苏州的茶居》写道:"还有公园的东斋、西亭,都是品茗的好所在。尤其是夏天,因为旷野的缘故,凉风习习,爽气扑人,浓绿荫遮,鸟声聒碎。坐在那儿领略一回,那是何等的舒适啊!东斋后面更临一池,涟漪中亭亭净植,开着素白的莲花。清香在有意无意间吹到鼻观,兀是令人神怡脾醉。公园附近有双塔寺,浮图写影在夕照中,自起一种诗的情绪画的意境来。惜乎不宜于冬,不宜于风雨,所以总不及吴苑深处的四时皆春,晴雨无阻。"

九如茶馆在临顿路悬桥巷口,堂口也兼营书场,但有一间雅室,辟为茶客对弈之处,那间屋窗明几净,一边落地长窗外是个大小的庭院,一边矮窗外是一个夹弄天井,有几丛幽篁。屋里中间是张大菜台,专供下围棋者坐,四周贴墙是几张小方桌,供下象棋者坐。棋道高手常于此一边吃茶,一边手谈,几乎天天相聚,日日酣战。如果上午一盘棋没下完,可以将茶壶盖反过来盖,下午再来,残局依然在那里,也不必再付茶资。

北局的长乐茶社,也颇有名,金孟远《吴门新竹枝》咏道:"袖手旁观恬澹情,怕谈打劫感平生。风晨雨夕隐长乐,棋子丁丁听一枰。"小注曰:"北局长乐茶社,为棋家荟集之所,小集雅人,手谈数局,日长消遣,莫妙于此。"又有一处小仓别墅,也不知在何处,周振鹤《苏州风俗》记道:"小仓别墅则卉石错立,绿痕上窗,消夏湾也,且有扬式点心,则饶滋味。但自甲子战后,满城风雨,别墅亦即歇业,迄今尘封,架上鹦鹉,不闻呼茶声矣。"

旧时苏州茶馆在三伏天里,以金银花、菊花点汤,称之为双花饮,袁景澜《姑苏竹枝词》有"螺杯浅酌双花饮,消受藤床一枕凉"之咏,及至黄昏,普通市民都纷纷往玄妙观里吃风凉茶,既是吃茶的继续,又是乘风纳凉。袁景澜《吴郡岁华纪丽》卷六记道:"吴城地狭民稠,衢巷逼窄。人家庭院,隘无馀步,俗谓之寸金地,言不能展拓也。夏月炎歊最盛,酷日临照,如坐炊甑,汗雨流膏,气难喘息。出复无丛林旷野,深岩巨川,可以舒散招凉。惟有圆妙观广场,基址宏阔,清旷延风,境适居城之中,居民便于趋造。两旁复多茶肆,茗香泉洁,饴饧饼饵蜜饯诸果为添案物,名曰小吃,零星取尝,价值千钱。场中多支布为幔,分列星货地摊,食物、用物、小儿玩物、远方药物,靡不阗萃。更有医卜星相之流,胡虫奇妲之观,蹴弋流枪之戏。若西洋镜、西洋画,皆足以娱目也。若摊簧曲、隔壁象声、弹唱盲词、演说因果,皆足以娱耳也。于是机局织工、梨园脚色,避炎停业,来集最多。而小家男妇老稚,每苦陋巷湫隘,日斜辍业,亦必于此追凉,都集茶篷歇坐,谓之吃风凉茶。"真是一道夏日苏城的景观。

常熟的茶馆,集中于石梅,金廷桂《琴川竹枝词》:"石梅凉透夕阳斜,裙屐风流各品茶。太仆祠前来倚槛,雪红衫艳胜荷花。"王钟俊《琴川竹枝词》:"茶坊都傍石梅开,游客如云接踵来。走马看花忙不了,无人过访读书台。"石梅茶寮有枕石轩、挹辛庐、望山、新梅岭等,新年里茶市尤盛,杨无恙《石梅新年竹枝词》咏道:"绍兴人喊卖兰花,摊满宜兴粗细砂。枕石望山争座位,檀香橄榄雨前茶。"又佚名者《旧历新年竹枝词》咏道:"行行已到石梅场,锣鼓声喧杂戏忙。枕石挹辛来小坐,此间要道看烧香。"吴江盛泽也多茶馆,沈云《盛湖竹枝词》咏道:"五楼十阁步非遥,杯茗同倾兴自饶。晨夕过从无个事,赌经恶谑座中嚣。"注曰:"镇人多嗜茶,晨夕麇集,各有一定之所,友朋初晤,辄问何处吃茶。茶馆率名某楼某阁,触处皆是,有五步一楼、十步一阁之概。"乡间茶馆更其多矣,支塘有蔡家茶馆,清人姚文起《支川竹枝词》有"蔡家茶馆人如海,为听新书匝数围"之咏。

茶 食

周作人《丁亥暑中杂诗》中有一首《茶食》,作于1947年8月,当时他正在南京老虎桥坐牢,不知怎地忽忆起苏州的茶食来,起首写道:"东南谈茶食,自昔称嘉湖。今日最讲究,乃复在姑苏。粒粒松仁缠,圆润如明珠。玉带与云片,细巧名非虚。"苏州茶食被知堂老人如此推崇,并不意外。虽说知堂是绍兴人,后又长期住在北京,但对苏州茶食他是一贯称赏的,在文章里也不止一次地提到。所谓茶食,也就是随便吃吃的闲食,吃茶的时候,放上几小碟,使得清淡小苦之外,还有一点其他的滋味。而今所称之茶食,未必是在吃茶时享用,甚至反之,以茶食为主,以茶为辅,不使吃得唇燥舌干也。至于茶食的名字,唐代就有了,《土风录》称"干点心曰茶食"。又《北辕录》有记:"金国宴南使,未行酒,先设茶筵,进茶一盏,谓之茶食。"本来点心与茶食是有概念上的差别,近世以来便渐渐混同了。

南北的茶食,颇有一些不同,周作人曾在《亦报》上写过一篇文章,题为《南北的点心》,其中写道:"我又记起茶食店的仿单上的两句话,明明替我解决了疑问,说北方的是官礼茶食,南方的是嘉湖细点。"在同题的另一篇文章里,他又写道:"'嘉湖细点'这四个字,本是招牌和仿单上的口头禅,现在正好借用过来,说明细点的起源。因为据我的了解,那时期当为明中叶,而地点则在东吴西浙,嘉兴湖州正是代表地方。我没有文书上的资料,来证明那时吴中饮食丰盛奢华的情形,但以近代苏州饮食风靡南方的事情来作比,这里有点类似。明朝自永乐以来,政府虽是设在北京,但文化中心一直还是在江南一带。那里官绅富豪生活奢侈,茶食一类也就发达起来。"关于苏州茶食的品类与变迁,实在可以写篇大文章。

苏州茶馆里,供应的茶食极多,因时节又有变化,像夏天有扁豆糕、绿豆糕、斗糕、清凉薄荷糕,值得一提的,有一种袋粽,并不用箬叶包裹,而是将糯米灌入薄布袋里,比现在的红肠粗些长些,煮熟出袋,切成一片片装在盆里,另外还有一碟玫瑰酱。玉白的片片袋粽,蘸着鲜红的玫瑰酱,真是美艳夺目,香糯清甜,爽口不腻。当秋虫唧唧之时,除了茶食以外,则有新鲜的南荡鸡头、桂花糖芋艿和又糯又香的铜锅菱。其他像生煎馒头、夹肉饼、朝板饼、香脆饼、蟹壳黄、蛋面衣以及鲜肉粽、火腿粽、猪油豆沙粽等,则四季都有,随时可食。如果想换换口味,吃点咸味的,则可让茶馆的跑堂给你去买,各种面食和卤菜,像熏脑子、熏蛋、五香鸭翅膀、五香茶叶蛋、五香豆腐干。进了茶馆,可以说想吃什么就有什么。

茶馆里还有外来兜卖的小贩,他们布衣短衫,干净利落,头顶藤匾,里面有一只只草编小蒲包,盛着各种各样的吃食,精细洁净,甜咸俱备,有出白果玉、嘉兴萝卜、甘草脆梅、西瓜子、南瓜子、香瓜子、慈姑片、五香豆、兰花豆、糖浆豆、腌金花菜、黄连头,还有甘草药梅爿、拷扁橄榄、拷扁支酸、山楂糕、陈皮梅、冰糖金橘、冰糖蜜橘等等,甚至于话梅、桃爿、梅饼,真可谓是琳琅满目,色彩缤纷。

这些茶食为人称道,因为都是小贩自制自销,精选原料,精心制作,并讲究时新,适合节令,小量生产,有各家独特的风味,有的还是几代祖传的名品。

酒　品

南茶北酒,确乎是茶酒特产的大体概括。旧时苏州的酒,也很有名。《吴门补乘》记道:"苏州酒除志所载外,如陆机松醪,见宋伯仁《酒小史》;齐云清露双瑞,见《南宋市肆记》;徐氏酒,见王穉登《吴社编》。"此外,唐时有五酘酒,见白居易诗,北宋天圣时孙冕为郡守,传酿法于木兰堂,称木兰堂酒,梅尧臣《九月五日得姑苏谢士寄木兰堂官酝》诗曰:"公田五十亩,种秫秋未成。杯中无浊酒,案上惟丹经。忽有洞庭客,美传乌与程。言盛木兰露,酿作瓮间清。木兰香未歇,玉盏贮华英。正值菊初坼,便来花下倾。一饮为君醉,谁能解吾醒。吾醒且不解,百日毛骨轻。"此外,尚有洞庭春、白云泉等。惜制法都不传,无可稽考。至明代,松江人顾清在《傍秋亭杂记》里品评南北名酒时,就提到"苏州之小瓶",这"小瓶"究竟是什么,顾清没有说。另外,他还提到一种松江酒,"松江酒旧无名,李文正公尝过朱大理文徵家而喜之,然犹为其所绐,实苏州之佳者尔。癸酉岁,予以馈公,公作诗二首,于是盛传。凡士大夫遇酒之佳者,必曰此松江也。"这松江酒,实际就是"苏州之佳者",顾清在京师,便用这种办法酿酒,十分佳妙,饮者都以为是当时天下第一的山西襄陵酒。

苏州历史上最著名的酒,大概就是三白酒,它盛行于明代中期,何时创制,难以确考。王世贞《酒品前后二十绝》有咏三白酒者,小序曰:"顾氏三白酒,出吴中,大约用荡口法小变之,盖取米白、水白、曲白也。其味清而洌,视荡口稍有力,亦佳酒也。"诗曰:"顾家酒如顾家妇,玉映清心剧可怜。嗣宗得醉纵须醉,未许狼藉春风眠。"又,范濂《云间据目钞》卷二记道:"华亭熟酒,甲于他郡,间用煮酒、金华酒。隆庆时,有苏人胡沙汀者,携三白酒客于松,颇为缙绅所尚,故苏酒始得名。年来小民之家,皆尚三白。而三白又尚梅花者、兰花者。郡中始有苏州酒店,且兼卖惠山泉。自是金华酒与弋阳戏,称两厌矣。"从这段话里可以知道,在隆庆时三白酒已影响波及甚远。史玄在京师,尝到一种易州酒,《旧京遗事》记道:"易州酒如江南之三白,泉清味洌,旷代老老春。"三白酒又可制成花酒,浸以梅花瓣或桂花瓣,使之别有风味。此外,谢肇淛《五杂组》卷十一记道:"江南之三白,不胫而走半九州矣。然吴兴造者胜于金昌,苏人急于求售,水米不能精择故也。泉洌则酒香,吴兴碧浪湖、半月泉、黄龙洞诸泉,皆甘洌异常。富民之家,多至慧山载泉以酿,故自奇胜。"从这段话里又可知道,苏州的三白酒非常畅销,畅销了就往往粗制滥造,它的酿制办法便被浙人学了去。但学去之后,也未必都能如吴兴之酒,四明人薛岗《天爵堂笔馀》说:"南则姑苏三白,庶几可饮。若吾郡与绍兴之三白,及各品酒,几乎吞刀,可刮肠胃。"可见即使如酒乡绍兴或颇多清洌甘泉的四明,酿制的三白酒也往往不得要领。

三白酒自明入清,仍不失为酒中佳品。金圣叹《声色移人说》称其"喜残夜月色,喜晓天雪色,喜正午花色,喜女人淡汝真色,喜三白酒色。"袁枚《随园食单》的"茶酒单"里谈到"苏州陈三白酒",这样写道:"乾隆三十年,余饮于苏州周慕庵家,酒味鲜美,上口粘唇,在杯满而不溢,饮至十四杯,而不知是何酒。问之主人,曰:'陈十馀年之三白酒也。'因余爱之,次日再送一坛来,则全然不是矣,甚矣!世间尤物之难多得也。"佳酿之不再,好事之难全,简斋的感慨是颇深的。但这个知识渊博的美食家认为三白酒之"三白"即是"醽白",实在说得不够道地,或许也是方言造成的障碍。"醽白"是白酒的泛称,郑康成注《周官·天官·酒正》"盎齐"曰:"盎犹翁也,成而翁翁然葱白色,如今醽白矣。"其实,这"三白酒"在《事物绀珠》里有记载,"三白酒出吴中顾氏,盖取米白、水白、曲白也,味清洌"。三白酒外,《调鼎集》记载,苏州的艾贞酒和福真酒也很有名。

明代太仓有靠壁清白酒,王世贞《酒品前后二十绝》曾咏之,小序写道:"靠壁清白酒,出自家乡,以草药酿成者,斗米得三十瓯。瓿置壁前,一月后出之,味极鲜洌甘美。"诗曰:"酒母啾啾怨夜阑,朝来玉液已堪传。黄鸡紫蟹任肥美,与汝相将保岁寒。"顾禄《清嘉录》卷十引苏州诸县志曰:"以草药酿成,置壁间月馀,色清香洌,谓之靠壁清,亦名竹叶青,又名秋露白,乡间人谓之杜茅柴,以十月酿成者尤佳,谓之十月白。"

清康熙时,苏州五龙桥西仙人塘,居人都以酿酒为业,以状元红最为著名,用生泔酒浸秫米饭酿成,味极醇厚。瓶园子《苏州竹枝词》咏道:"仙人塘畔酒家翁,佳酿陈陈瓮尽丰。载向市廛零凳卖,乞儿都醉状元红。"道光时,苏州又有以洞庭真柑酿酒,称之为洞庭春色,袁景澜《姑苏竹枝词》咏道:"洞庭春色满杯中,泛艇垂虹数友同。正是莼香鲈脍熟,三高祠下醉秋风。"晚近又有煮酒,周振鹤《苏州风俗》记道:"惟煮酒以腊月酿成,煮过,泥封,经两三岁最醇。或加木香、砂仁、金橘、松仁、玫瑰、佛手、香橼、梅兰诸品,味更清洌。"吴江盛泽有土酒数品,称生泔、三白、茅柴,沈云《盛湖竹枝词》有"生泔白酒暖茅柴,羊肉开缸

1935 年苏州吴万顺绍记酒行商标

味最佳"之咏。这生泔也就是冬酿酒,皈叟《盛泽食品竹枝词》咏道:"生泔薄酒好消闲,有客提壶市上还。更尽一杯成浅醉,天寒一样可酡颜。"又据说民国时,新郭、横塘、蠡市诸乡,比户造酒,而其酿酒之人,多自横泾而来,故有横泾烧酒之说。

民间家酿米酒,有"菜花黄"和"十月白",久负盛名,"菜花黄"酿于菜花盛开季节,酒略带黄色;"十月白"则酿于十月,色如玉液,两者都清冽醇厚。蔡云《吴歈》咏道:"冬酿名高十月白,请看柴帚挂当檐。一时佐酒论风味,不爱团脐只爱尖。"吴谚于蟹有"九雌十雄"之说,持螯下酒,诚为美食胜事。常熟北门外盛产桂花,那里的居民自酿白酒时,用糯米和桂花同蒸酿制,称桂花白酒,清洁醇厚,有浓烈的桂花香气,特别适口,是常熟民间的佳酿。

酒　店

酒店有别于菜馆饭馆,菜馆饭店虽也卖酒,但以卖菜肴为主,酒店则以卖酒为主,略卖一点下酒菜,这在苏州有悠久的历史。城中的大井巷,实就是大酒巷之讹,乾隆《长洲县志》记道:"大酒巷,旧名黄土曲。唐时有富人修第其间,植木浚池,建水槛风亭,醖美酒以延宾旅,其酒价颇高,故名。"此外,《太平广记》卷三百三十七引《广异记》,说唐代宗广德年间,有位范俶的人"于苏州开酒肆"。由此可见唐代苏州就有酒店了。

苏州的酒店,和其他地方一样,都有女子当垆。唐寅《齐门晚步》诗便有"卖酒当垆人袅娜,落花流水路东西。"大概当垆女都有几分姿色,也就是所谓"活招牌"也。即使面貌平常,但善于应酬,秋波笑语,在酒人眼里,又添几分妩媚。故历来写到酒店,则都为当垆女描绘几笔。冯班《戏和吴中竹枝词》咏道:"垆头红袖正留宾,千里青枫入眼春。卖尽鸡豚与新酒,江边贾客赛江神。"狄黄铠《山塘竹枝词》咏道:"绿杨堤上杏花楼,红粉青娥映碧流。卖酒卖茶兼卖笑,教人何处不勾留。"袁景澜《姑苏竹枝词》咏道:"齐女门前绿草肥,桃花桥畔燕双飞。鸦鬟窈窕当垆女,飘荡春心在酒旗。"

苏州向有夜市,酒店的夜市,生意更是兴隆。唐寅《姑苏杂咏》有一首咏道:"长洲茂苑占通津,风土清嘉百姓驯。小巷十家三酒店,豪门五日一尝新。市河到处堪摇橹,街巷通宵不绝人。四百万粮充岁办,供输何处似吴民。"又《阊门即事》诗曰:"世间乐土是吴中,中有阊门更擅雄。翠袖三千楼上下,黄金百万水西东。五更市贾何曾绝,四远方言总不同。若使画师描作画,画师应道画难工。"由此也可见得一斑。清人黄任《虎丘竹枝词》:"楼前玉杵捣红牙,帘下银灯索点茶。十五当垆年少女,四更犹插满头花。"潜庵忆及咸丰十年(1860)战火之前的盛况,在《苏台竹枝词》里咏道:"卓氏门前金线柳,折腰有意情人扶。盈盈十五当垆女,夜半犹闻唤滴苏。"小注曰:"漏下十馀刻,尚有闹市。唐六如诗云'五更市贾何曾绝'是也。暖酒,曰急须,俗谓滴苏。"

苏州人有好饮的风气,略有几个铜子都要去酒店小酌一杯,这常常是在黄昏时分,这样的酒,苏州人称为"落山黄"。金孟远《吴门新竹枝》咏道:"延龄美酒郁金香,生愿封侯得醉乡。携取杖头钱数串,晚来风味落山黄。"小注曰:"苏人好晚酌,夕照衔山,则相约登酒家楼,一杯在手,万虑多消。吴语称之曰落山黄。"

至民国年间,苏州的酒店满街遍巷,随处都有,陆鸿宾《旅苏必读》记录当时的主要酒店,有福康泰(南濠)、王济美(分设察院场、张广桥、道前街三处)、宝裕(分设渡僧桥、东中市

小酒店(戴敦邦画)

两处)、章东明(西中市)、全美(阊门马路)、老万全(观前)、益大(平桥)、元大昌(石路)、延陵穗记(申衙前)、同福和(观前)、其昌(石路)、金瑞兴(分设都亭桥、西中市、鸭蛋桥、石路四处)、复兴(山塘街)、宝丰(临顿路)、大有恒(石路)、方吉泰高粱(渡僧桥北)、东升(西中市)、王三阳(临顿路)、张信号行(山塘街)、童大义(沿河街)、谭万泰(都亭桥)、丰泰(阊门外上塘街)等。这些都是当时规模较大或有楼座的酒店。

其中,老万全在观前街,莲影《苏州小食志》记道:"老万全开张于光绪初年,今观东同福和酒肆,即老万全之原址也。该店以绍酒著名,且以地点适在城中,故阖城之具刘伶癖者,莫不以此为消遣之场。每当红日衔山,华灯初上,凡贵绅富贾,诗客文人,靡不络绎而来。时零售菜肴之店尚未盛行,且各酒

肆预备供客下酒者,仅腐干、芽豆耳。然老饕难偿食欲,辄唤奈何,因以为利者乃设小食摊于该店门前,如虾仁炒猪腰、醋煮鲫鱼之类,物美价廉,座客称便焉。数十年来,生意非常发达,嗣后与之争利者多,营业遂一落千丈,今已休业矣。"

还有一家王宝和,在太监弄,曹聚仁《吴侬软语说苏州》写道:"吴苑的东边有一家酒店,卖酒的人,叫王宝和,他们的酒可真不错,和绍兴酒店的柜台酒又不相同,店中只卖酒,不带酒菜,连花生米、卤豆腐干都不备。可是,家常酒菜贩子,以少妇少女为多,川流不息。各家卖各家的,卤品之外,如粉蒸肉、烧鸡、熏鱼、烧鹅、酱鸭,各有各的口味。酒客各样切一碟,摆满了一桌,吃得津津有味。这便是生活的情趣。"

苏州更多的是街头巷尾的小酒店,在青龙牌前的曲尺柜台,只有几盘自制的下酒菜,像虾、笋、豆、蛋之类的冷菜,如果想要添一两只热菜,可着堂倌往近处的菜馆饭店买来,事后一并算给。酒菜都很便宜,据陶凤子《苏州快览》记载,"京庄每斤一角二分,花雕每斤一角三分,小账加一"。

酒堂倌(选自《营业写真》)

店堂内没有什么陈设,只有两三只方桌、十来条长凳,它的顾客大都是负贩肩挑、引车卖浆之流。但也有例外,民国时护龙街大井巷北有一家文学山房,堪称东南旧籍名铺,当时南北藏家都于此访书,张元济、孙毓修、叶景葵、傅增湘、朱希祖、顾颉刚、郑振铎、阿英、谢国桢等常常光顾,主人江杏溪善于交际,凡有三四名家来店,常邀至富仁坊口的朱大官酒店小酌,虽说是弄堂里的简陋小肆,但菜肴精核可口,价又极廉,促膝谈心,交流心得,探讨宋元椠刻、校抄源流,则另是一种书缘。此外,像名书家萧退庵,也常常在宫巷碧凤坊口的小酒店里悠然独酌。

那时的酒店,是真正的当垆卖酒,供应的酒,种类也不多,只有本地产出或是邻近地区的洋河大曲、绍兴花雕、横泾烧酒以及红玫瑰、绿豆烧等花色酒。这些酒都向酒行称重量批进,以容器计量卖出。容器是一种竹制的端子,分四两、半斤、一斤(十六两制),然后倒入容量相同的串筒,递给顾客,酒后点串筒多少结账。这串筒用薄铁皮制成,圆形筒状,上面的圆口大于筒身,边上有把。集饮的人多了,桌上的"串筒"放不下,就往地上掼,掼瘪了不要紧,店主只有高兴,似乎越瘪越好,瘪了的串筒就容纳不下端子里本来就不足的分量,店主又可稍稍赚一点。至于烧酒的质量,那是用一种用红茶等煎成的液体来检验成色,分十色、五色、平酒三种,平酒是低度酒,每一百市斤十色酒可加水十斤兑成平酒,但不少酒店加水过多,酒味便淡。这种酒中兑水的事,古已有之,明万历间长洲县令江盈科在他的《谐史》里记了一则笑话:"有卖酒者,夜半或持钱来沽酒,叩门不开,曰:'但从门缝投进钱来。'沽者曰:'酒从何

出?'酒保曰:'也从门缝递出。'沽者笑。酒保曰:'不取笑,我
这酒儿薄薄的。'"民国时,吊桥汇源长是洋河大曲的专营店
家,以信誉著称,但据说他们的洋河大曲里仍加入本地的土
烧,只是饮者不易分辨而已。

秋风起,螃蟹上
市,酒店里也就有螃蟹
供应,螃蟹有大小雌雄
之分,价格不同,每只
的价格就写在蟹壳上。
两三知己持螯对饮,也
是胜事。金孟远《吴门
新竹枝》咏道:"杏花村
里酒家旗,金爪洋澄映

吃蟹(摄于 1936 年前)

夕晖。最是酒徒清福好,菊花初绽蟹初肥。"小注曰:"秋来洋
澄湖蟹上市,酒肆中多兼售者,以爪尖作金黄色者为上品。酒
徒一杯在手,对菊持螯,风味独绝。"太仓地方的酒店,则有特
色,酒人喜吃黄雀,味极腴美,邵廷烈《娄江杂词》咏道:"木落
霜飞气渐寒,重阳节后菊初残。鲈羹莼菜寻常味,黄雀啾啾又
上竿。"

大小酒店里,还时常有提篮小卖下酒菜的少妇,穿梭往来
于酒座间兜卖。抗战以后,从事小卖的少妇更多了,她们中的
不少人曾经养尊处优,又能亲自掌勺,烧得一手苏式小菜,同
样一只虾仁跑蛋,一经她们烹调,就不同凡响,只见洁白晶莹
的虾仁镶嵌在金黄色的蛋糊面上,鲜红的番茄片加上生青的
辣椒条,色香味俱臻上乘。还有像香醋拌黄瓜、笋片拌莴苣

等,也都是以色诱人、以味取胜的佐酒佳品。即使是用葱姜加香料烧的酱螺蛳,热气腾腾,加上胡椒粉,实在也是一味极好的酒肴。相同的菜,因为是不同的人家烧出,故而滋味又有不同,今天吃这家的,明天吃那家的,换换口味,再作一番评议,当然还要评议菜之外的人来。民国时人王德森《吴门新竹枝词》咏道:"私街小巷碰和台,妇女欢迎笑语陪。兼善烹调多适口,吝翁也把悭囊开。"

陆文夫《屋后的酒店》描写了当时酒店里特有的情景:"酒店里的气氛比茶馆里的气氛更加热烈,每个喝酒的人都在讲话,有几分酒意的人更是嗓门宏亮,'语重心长',弄得酒店里一片轰鸣,谁也听不清谁讲的事体。酒鬼们就是欢喜这种气氛,三杯下肚,畅所欲言,牢骚满腹,怨气冲天,贬低别人,夸赞自己,用不着担心祸从口出,因为谁也没有听清楚那些酒后的真言。也有人在酒店里独酌,即所谓喝闷酒的。在酒店里喝

独酌(摄于1936年前)

闷酒的人并不太闷,他们开始时也许有些沉闷,一个人买一筒热酒,端一盆焙酥豆,找一个靠边的位置坐下,浅斟细酌,环顾四周,好像是在听别人谈话。用不了多久,便会有另一个已经喝了几杯闷酒的人,拎着酒筒,端着酒杯捱到那独酌者的身边,轻轻地问道:有人吗?没有。好了,这就开始对谈了,从天气、物价到老婆、孩子,然后进入主题,什么事情使他们烦恼什么便是主题,你说的他同意,他说的你点头,你敬我一杯,我敬你一杯,好像是志同道合,酒逢知己。等到酒尽人散,胸中的闷气也已发泄完毕,二人声称谈得投机,明天再见。明天即使再见到,却已是谁也不认识谁。"

酒店之设,遍及城乡,如常熟北门酒店丛集,王钟俊《琴川竹枝词》咏道:"北门风景最清幽,茶社才离酒国游。莫道侑觞无妙品,红鸡炒栗菌熬油。"吴江松陵也酒店鳞次,金之浩《松陵竹枝词》咏道:"行行处处酒帘斜,三月阳春烂漫夸。梅里居人无雅致,梅花不种种桃花。"甚至像太仓的近海小村也有酒店,汪元治《烟村竹枝词和葆馀》咏道:"蕙兰为带芰荷裳,大好当垆窈窕娘。一角青帘高出树,风吹满店酒笭香。"值得一说的是周庄的德记酒店,仅一楼一底,楼上是堂口,楼下是灶间。1920年前后,柳亚子寄寓周庄,时常与叶楚伧等于此饮酒,店主为母女两人,寡母当垆,女儿阿金劝酒,据说阿金颇有姿色,故而生意不薄,后来柳亚子将诸君咏唱阿金的诗词辑集刊印,称之为《迷楼集》。如今迷楼已修缮一新,作为周庄的一处旅游景点。

这类小酒店的存在,直至公私合营,在这之前的1951年,何满子在苏州华东人民革命大学学习,他在《苏州旧游印象钩沉》一文里,回忆起当时常常在傍晚与贾植芳一起去酒店小酌的情景:"开头是不择店家,后来就固定在临顿路上那家王姓的酒店,叫什么店号记不起了,也许就没有店号。临街一开间的门面,有四张小桌子和一些矮椅子。当时没有卖瓶头酒的,都是零酤。老贾和我都还有点量,白干是每人半斤,绍兴酒则每人大约两斤。老贾专喝白干,但这家的白干不佳,我就改喝苏绍。一次店主人还郑重其事地献出了一小坛陈酿,据称已是二十年的旧藏。启封后已凝缩得只剩大半坛,酽如蜂蜜,沾唇粘舌。经潘伯鹰开导,方知必须掺以通常的新酒方能饮用。果然香醇异常,为平生所饮过的最陈年的老酒,令人难以忘怀。但更难忘的是那时在酒店里吃到的菜肴,那也算是我一生中所享受到的难得的口福。菜肴不是酒店供应的。酒店里也出售菜肴,只是小碟发芽豆、猪头肉、凉拌海蜇之类,我们通常也要一两碟。所说的可称之为'口福'的,是小姑娘和妇女们提着食盒到酒店来兜卖的。这些都是地主家的妇女,烧的全是过去做给主人享用的家常美味,和通常餐馆供应的菜肴比起来别具一格,风味大异。餐馆里的菜肴大抵带一种无以名之只好称之为'市场味'的流行口味,犹如罐头食品那样规格一律、带有批量生产的统货味道,而这些妇女提来卖的却是精致的家常菜肴。苏州人是讲究吃食的,地方绅士等有钱人家尤其精于食事,即使寻常菜肴也都精美别致。通常的红烧牛肉、鸡脯、虾球、葱烤鲫鱼等并不名贵的品色,滋味都各有与众不同的个性,和餐馆中的菜肴相比,一品味就觉得不是庸脂俗粉,真叫大快朵颐。"于此,何满子不由感叹:"我们尝到的是苏州大家巧妇的美食,这种机遇应当是空前绝后的,那些日子我们真过上了苏州的地主饕餮家的生活。"也可以说，大家巧妇的美食，入市兜卖，也是日常中馈精馔的延伸。

旧时苏州买醉的地方，不仅在酒店，酱园也是一个饮酒的去处。

民国初年，苏州有两家酱园最为有名，一是潘氏所宜酱园，取"食肉用酱各有所宜"之意；一是顾氏得其酱园，取"不得其酱不食"之意，真很有意思。还有一处王颐吉，大概就在司前街南口，金孟远《吴门新竹枝》咏道："王颐吉外酒旗招，矮桌芦帘月映瓢。一片闲愁无着处，自携杯

酱园（戴敦邦画）

箸喝元烧。"苏城酱园，营业同酒店，也有下酒菜供应，但例无堂倌招待，一杯一箸，都得自己亲自取携。酱园里都自制土酒，称为元烧，以王颐吉最为著名。各家自制更有特色，潘所宜以豆制品素鸡闻名，顾得其以乳腐闻名，同丰润则以酱油闻名。吴江盛泽镇西北隅有圆明寺，旧名白马寺，旁有酱园一家，以自制酒冰雪烧负有盛名，蚍曳《盛泽食品竹枝词》咏道："佛寺圆明古白马，出门西笑尽徘徊。腐干还有盐筋豆，冰雪烧刀吃一开。""冰雪烧"是地方名酒，"一开"为盛泽方言，也就是一盅的意思。

陆文夫在《屋后的酒店》里写道："我更爱另一种饮酒的场所，那不是酒店，是所谓的'堂吃'。那时候，酱园店里都卖黄

酒,为了招揽生意,便在店堂的后面放一张桌子,你沽了酒以后可以坐在那里慢饮,没人为你服务,也没人管你,自便。那时候的酱园店大都开设在河边,取其水路运输的方便,所以'堂吃'的那张桌子也多是放在临河的窗子口。一二知己,沽点酒,买点酱鸭、熏鱼、兰花豆之类的下酒物,临河凭栏,小酌细谈,这里没有酒店的喧闹,和那种使人难以忍受的乌烟瘴气。一人独饮也很有情趣,可以看看窗下的小船一艘艘咿咿呀呀地摇过去。特别是在大雪纷飞的时候,路无行人,时近黄昏,用朦胧的醉眼看迷蒙的世界。美酒、人生、天地,莽莽苍苍有遁世之意,此时此地畅饮,可以进入酒仙的行列。"饮酒至此,可算是进入境界了。

后　记

　　这本小书应苏州大学出版社约写,完成于两年之前。由于乘兴漫作,居然忘了丛书规定二十万字以内的例则,字数竟超过了三十万。陈长荣兄屡屡索稿,无可奈何,费十天时间,将全书删削一过,圈去一些闲话和引文,也圈去一些可有可无的篇章,然而字数还是多出了一些,再作删削,当然也是可以的,但实在有点倦怠了。反复去读一本旧作,总是很乏味的。

　　苏州饮食的题目很大,我不是专家,故而写来也不是厨内的经验或品尝的体味,如果以漫谈式的单篇出之,大概较为适宜。近些年来,海峡两岸颇有几位擅写饮馔美食的文章家,写得有情有味,实在可看得很,我想效颦,一来笔力不及,二来也与丛书体例不合,故只能写成这样一本东西,好坏得失,也就随它去了。但这本小书,作为苏州文化现象的描述性读物,提供了一点历史上的故实,提供了一点昔年烟景的素描,且稍有统系,虽不能说面面俱到,但自以为要紧的都或深或浅地写到了。这好像游山看风景,有的登巅俯瞰,有的临流观赏,有的遥遥望之,有的则可以留在想象里,否则就像看地图,固然一览无馀,其实什么也没有。

于我自己来说,写这本小书,谈的虽然是吃,意思却还是在吃之外的。

2003 年 5 月 31 日

附:本书插图书目

老苏州百年历程	江苏古籍出版社版
苏州旧梦	苏州大学出版社版
三百六十行图集	古吴轩出版社版
三百六十行大观	上海画报出版社版
八童杂事诗图笺释	文化艺术出版社版
天堂美食	江苏美术出版社版
苏州家常菜点	古吴轩出版社版
姑苏美食节展示菜点精选	古吴轩出版社版
苏州	中国旅游出版社版
苏州水乡	中国旅游出版社版
吴中精粹	五洲传播出版社版